徐州历史文化丛书
*Xuzhou Lishi Wenhua Congshu*

徐州历史文化丛书

政协徐州市文史委员会 编

# 徐州饮食

钱峰 ◎ 著

中国文史出版社

# 让千年文脉在薪火相传中绽放魅力

周铁根

历史文化是一座城市的根脉和灵魂，源远而流长，历久而弥新。徐州是国家历史文化名城，拥有五千多年的文明史和两千六百多年的建城史，素有"彭祖故国、刘邦故里、项羽故都"的美誉。从历史深处走来的徐州，文化吐纳东西、融汇南北，在多元开放、兼收并蓄中熔铸了博大深厚的人文气象。

自古彭城列九州，汉风激扬绘锦绣。徐州古称彭城，早在大禹分疆之时就雄列华夏九州。秦末刘邦率领丰沛子弟揭竿而起，反抗暴秦。其后楚汉相争，刘邦打败项羽，建立了强盛的汉朝。享誉中外的汉文化由此发祥，形成了"汉人""汉字""汉语"等特定称谓，奠定了华夏民族"大一统"的坚实文化基础。"大风起兮云飞扬"，徐州独树一帜的汉文化恢宏雄壮、激荡千载、生生不息，在中华文化的历史长河中熠熠生辉。

山河形胜要冲地，龙争虎斗几千秋。徐州北连齐鲁、南屏江淮、东濒大海、西接中原，自古就有"五省通衢"之称，历来为兵家必争之地。从春秋争霸、楚汉逐鹿，到隋唐藩争、明清征伐，再到近现代的台儿庄大捷、淮海决战，史载发生在以徐州为中心的较大战役就有六百余起，千百年来的刀光剑影和战火硝烟，锤炼了这座城市"以天下为己任"的豪情大义，形成了充满英雄气概和传奇色彩的军事文化。

地灵人杰帝王乡，英才辈出竞风流。徐州钟灵毓秀，历史文化名人如满天星斗，映照古今。在这片热土上先后走出了刘邦、刘裕、萧道成、萧衍、李昇等十一位开国皇帝，涌现出人文始祖彭祖、文献学家刘向、文学家刘义庆、道教始祖张道陵、史学理论家刘知几、国画大师李可染等文化巨匠。苏轼、白居易等名士也在此建功立业，为官为文。真可谓"龙吟虎啸帝王州"，人文荟萃古彭城。

徐虽古州，其命唯新。改革开放以来，特别是近年来，徐州聚力老工业基地和资源型城市转型发展不动摇，深入践行新发展理念，解放思想抓机遇，凝心聚力促跨越。大力推进"三大转型"，产业转型凤凰涅槃，城市转型破茧成蝶，生态转型华丽蜕变，初步走出了一条具有徐州特色的振兴转型之路。我们牢记习近平总书记"文化建设迈上新台阶"重要指示，大力推动优秀传统文化创造性转化和创新性发展，文化强市建设取得了骄人业绩，开创了文化繁荣发展的新局面。去年年底，习近平总书记十九大后首次地方视察就来到徐州，对我市转型发展实践予以充分肯定，对徐州高质量发展寄予殷切期望，徐州迎来了千载难逢的历史性发展机遇。

文化是人们共同的精神家园。新形势下推动文化建设迈上新台阶，必须要更多地从民族精神中汲取养分和力量，让优秀传统文化浸润心灵，让千年文脉薪火相传，谱写新时代徐州文化的"汉风华章"。市政协以强烈的文化使命担当，组织专家团队编撰出版了《徐州历史文化丛书》。该丛书选题广泛、内容丰富、纵贯古今，有帝王建国、兵家征战，有文人风华、风土人情，也有城市毁建、街巷变迁，还有商贸互换、歌舞相娱，等等，用通俗易懂的语言和图文并茂的形式，全景式再现了我市历史文化的发展脉络，是一部不可多得的地方文化百科全书。丛书的出版发行，对于保护徐州传统文化、延续地域文脉、彰显文化魅力、建设文化强市，都具有十分重要的意义。

不忘本来，才能开创未来。当前，全市上下正坚持以贯彻落实党的十九大精神和习总书记视察徐州重要指示为主线、以推动高质量发展为主旋律、以建设淮海经济区中心城市为主抓手，凝心聚力、团结拼搏，努力以高质量发展的过硬成果向总书记交上满意答卷。希望大家能够认真阅读《徐州历史文化丛书》，从历史的兴衰沉浮中获得启迪智慧，从文脉的传承发展中增强文化自信，自觉肩负起时代使命，勠力同心交出高质量发展满意的答卷，让徐州这座历史文化名城绽放出更加耀眼的光芒！

2018 年 12 月 9 日

（本文作者系中共徐州市委书记）

# 目　录

**第一章　徐州饮食文化** ················································· 1

第一节　徐州饮食文化概述 ·········································· 1

第二节　徐州彭祖饮食文化 ·········································· 20

第三节　徐州两汉饮食文化 ·········································· 39

第四节　徐州酒文化 ·················································· 70

第五节　徐州"伏羊文化" ············································ 75

**第二章　徐州饮食特色** ················································· 85

第一节　徐州早点的风味特色 ······································ 85

第二节　徐州民间乡土菜的风味特色 ····························· 93

第三节　徐州古今筵席的风味特色 ································· 103

第四节　徐州面食的饮食风味特色 ································· 113

**第三章　徐州物产** ····················································· 133

第一节　徐州野味 ···················································· 133

第二节　徐州水产 ···················································· 141

第三节　徐州馃子 ···················································· 145

第四节　徐州名特原料 ·············································· 155

**第四章　徐州饮食习俗** ··············································· 219

第一节　日常食俗 ···················································· 220

第二节　节日食俗 ···················································· 226

第三节　婚丧食俗 ……………………………………… 231

第四节　饮食方言 ……………………………………… 234

第五章　其他 …………………………………………… 242

第一节　名人与徐州饮食文化 ………………………… 242

第二节　徐州饮食"老字号" ………………………… 256

参考文献 ………………………………………………… 277

后　记 …………………………………………………… 278

# 第一章　徐州饮食文化

## 第一节　徐州饮食文化概述

徐州古称彭城，拥有五千多年的文明史和两千六百多年的建城史，尧舜时期，因彭祖制羹献尧而被封为大彭氏国。大禹治水时就将徐州分为华夏九州之一，自古就是北国锁钥、南国门户、兵家必争之地和商贾云集中心，有"彭祖故国、刘邦故里、项羽故都"之称誉，也有"千年帝都""帝王之乡"之美誉。不仅是彭祖文化和两汉文化的发源地，也是"道家基地、天师故里"（中国道教创始人张道陵，徐州丰县人）。现为中国历史文化名城，淮海经济区中心城市。徐派作家王茂飞这样评价自己的家乡徐州："一州，两汉，三楚之西，乾隆四巡，五省通衢，六千年文明，主席七访，八百寿彭祖，九朝帝王徐州籍，十里长街淮海路。"

饮食是人类生存发展的基础，是人类与自然界的一种物质交换。饮食活动创造了一个色彩斑斓的"文化世界"，饮食文化在人类的整个文化中拥有不可替代的独特地位，更是中国传统文化中最具有特色的现象之一。从火的发明和应用，变生食为熟食起，人类的饮食文化史就翻开了第一页。从那时起，饮食就已经不仅是满足人们的生理需要，而且也在一定程度上满足了人们的精神层面的需求。国以民为本，民以食为天，在历史的长河中，勤劳的徐州人民逐步创立了浓厚的地方饮食文化，在中国饮食文化发展史上占有举足轻重的地位。

## 一、夏商周时期的饮食

远古时期，徐州处于获水与泗水之交，周围山岭叠嶂，具备部族定居和获取生活资料的条件，神农氏以后，人类饮食文明从远古的生食到熟食、从本味到调味已经积累了大量的经验。这一时期，陶器已经出现，农业经济有了一定的发展，饮食的方式得到了一定的改善。在六千多年前邳州（徐州东部八十公里）大墩子遗址出土的文物中，有大量的陶器，以夹沙红陶和泥质红陶为主，有少量单色彩陶，全是手工制品，器型简单，钵为平底。还有石斧、石匕首、骨针、鱼形镖、鹿角镰、石镐、骨镞等。另外出土了大量牛、羊、猪、狗、鹿、雉的遗骸，狗的遗骸最多，并用整狗作殉葬品。并掘出一陶罐粟，联系古籍所载，炎帝教人民种五谷，人民开始吃粥饭，证明六千年前大墩子先民已从游猎为主向农耕为主的生活迈步，农业、渔猎生产已见端倪，徐州地区的饮食文明自那时起逐步建立。

从大墩子出土文物可知，远古先民已有饲养禽畜之事。先时是狗、猪，后来由于有了更多的饲料（包括粮食作物的禾秸），牛、羊、鹿、雉等渐有饲养，还发明了各种各样的农业生产工具，如翻土用的石铲，收割用的獐牙勾形器、石刀、古镰，碾磨谷物的石磨棒。此外，鱼镖、镞、网坠等工具和鹿、獐、牛、鱼、龟、蚌等残骸的发现，说明当时渔猎生活仍占有一定的地位。这一时期农业和渔猎的发展、粮食的种植、动物的饲养，为饮食提供了丰富的食物资源；陶器的使用，形成了原始的煮、炖、熬、蒸等烹调技法；石具的应用，改善了食物的外观，形成了一定的食物加工技法。盐的食用和酒的酿造已成规模，这在邳州大墩子遗址出土的陶制容器中可以发现。黄帝作灶、昆吾作陶、彭祖制羹等故事传说得到了验证。从挖掘状况看，当时主要生产工具多发现于男性墓内，纺轮多发现于女性墓内，这说明在当时的生产活动上，男女已有了比较明确的分工，男耕女织的生活模式开始形成。

2

古代徐州，土地肥沃，气候暖湿，山水陆地相间，是古人良好的栖息地。徐者，舒也，徐州称徐，说明这里地势平缓、土地宽舒，适宜人类生存。《禹贡》中记载："海、岱及淮惟徐州。淮、沂其乂，蒙、羽其艺，大野既猪，东原底平。厥土赤埴坟，草木渐包。厥田惟上中，厥赋中中。厥贡惟土五色，羽畎夏翟，峄阳孤桐，泗滨浮磬，淮夷蚌珠暨鱼。厥篚玄纤、缟。浮于淮、泗，达于河。"可以看出，古代徐州地理环境优越，物产丰富，但由于当时生产力水平的限制，人们的生存条件仍然十分艰苦，"太羹不和，粢食不凿"，时常受到干旱、洪水、战争、疫疾等不利因素的影响，特别是洪水。古籍记载尧帝率民抗洪，积劳成疾，身染沉疴，竟然卧体不起，一连数日，粒米滴水未进。彭祖上山打来野鸡，配以稷米，熬制成"雉羹"，献与尧帝，治好了尧帝的沉疴，于是尧帝封彭祖为大彭氏国的酋长。爱国诗人屈原就此留下来"彭铿斟雉帝何飨？受寿永多夫何久长？"的诗篇。东汉王逸《楚辞章句》注曰："彭铿，彭祖也。好和滋味，善斟雉羹，能事帝尧，帝尧美而飨食之也。"宋代洪兴祖《楚辞注》补注曰："彭祖姓篯名铿，帝颛顼玄孙，善养气，能调鼎，进雉羹于尧，封于彭城。"彭祖的"雉羹之道"逐步发展成为"烹饪之道"，雉羹也成为我国典籍中记载最早的名馔，被誉为"天下第一羹"。陶文台教授在他的《中国烹饪史略》中称彭祖"是我国第一位著名的职业厨师"，而且是"寿命最长的厨师"，至今被尊为厨行的祖师爷。彭祖不仅是一位美食家和制作者，更是一位养生大家，创立了"爨阵八法"的厨房布局，其"麋角鸡""水晶饼""雉羹"流传至今。因此也可以说，徐州是中国饮食文化的发源地。

相传，汉字的"鲜"字，来源于彭祖的"羊方藏鱼"。传说彭祖小儿子夕丁喜捕鱼，但彭祖恐其溺水而坚决不允，一日夕丁捉到一条鱼，恐父亲责备，央母亲将鱼藏入正在烹煮的羊肉罐内。彭祖品尝羊肉时感到异常鲜美，当弄清原因后如法炮制，使"羊方藏鱼"这一名菜流传至今，后来演变为"鲜"字的来源。

据文献记载，商周时期，饮食业已经相当发达，青铜器的发现和使用，使传统的食具和盛器有了变化。《史记·殷本纪》："大聚乐戏于沙丘，（纣）以酒为池，县（悬）肉为林，使男女裸相逐其间，为长夜之饮。"说明商代饮食业的发达。《诗经》作为我国第一部反映周代礼教文化和社会生活的诗歌总集，为我们提供了大量的饮食方面的资料。周朝灭殷商，徐州被合并入青州内。在徐州贾汪庙台子发现了周代遗址，遗址揭露出三千年前周代人居住的房屋残存和一些器物残片，让我们感受到先人们农耕渔猎、安居乐业的生活气息。这一时期，徐州的饮食业也发展到了一个新高度。

商周时期是中国饮食文化的成形时期，以谷物蔬菜为主食。主要农作物有：稷，指小米，又称谷子，是主要的食物来源，为五谷之长；黍，又称粟，仅次于稷；麦，主要指大麦；菽，指豆类，主要是指黄豆和黑豆；麻，指大麻。南方还有稻等。

## 二、春秋战国时期

公元前 1046 年周灭商统一全国后，实行分封制，建立了许多诸侯国。徐州初属吕国，吕亡于宋（年代不可考）后改属宋，始称彭城邑。这是徐州正式被称为彭城的开始。这一时期农业经济逐渐发展起来，手工业和商业也开始兴起。各诸侯国为了发展和保护本国的经济，巩固自己的统治，防御敌国的入侵，先后在国都和新兴起的城邑正式筑城。可以肯定，在吕国统治时期的徐州，也同吕国首都吕城（城址在徐州东南六十里处吕梁洪旁）一样，已具城市规模，这就是宋灭吕占领彭城称为彭城邑的原因。"子在川上曰：'逝者如斯夫，不舍昼夜。'"这是孔子从曲阜沿泗水南下，途经吕梁而发出的感慨。

战国初期，宋国为避强敌锋芒，又可占据战略要津，把都城从睢阳迁到彭城，彭城为宋邑，当时，彭城是"商贾云集，酒楼市肆星罗棋布"，并有"驿站馆舍"，饮食业发展比较迅速。公元前 286 年，齐国乘宋树敌较多和内政衰微之机，联合燕国一举灭亡了宋国，彭城纳入齐国版图。公元前 284 年，秦、魏、韩、赵、楚等国组成联军，大举进攻齐国，齐国大败，原先占有的宋国土地也被魏、楚重新瓜分。楚国得到了沛城和彭城。公元前223年，秦灭楚，彭城最终归秦国所有。

徐州离曲阜（孔子故里）、邹城（孟子故里）较近，受孔孟礼教的思想影响较深，孔子多次到徐州求教于老子，宣传儒家思想。由于儒家思想的传播和近邻习俗的影响，徐州的饮食习俗中包含有浓厚的礼仪习惯，影响流传至今。

这一时期，徐州从宋国到齐国，最后归到楚国，虽然彭城一带属楚的时间只有六十余年，但受楚文化的影响较深，楚风俗非常浓厚。徐沛一带的人自称为楚人，操楚音。汉高祖刘邦所作的《大风歌》就是楚音。

春秋战国以来，以铁器和牛耕技术为主要代表的先进生产工具和技术的诞生和推广运用，大大提高了社会劳动生产率，促成了社会全面的变革。由于生产力和生产技术的进步，社会分工的发展，经济结构和经济规模发生了较大的变化。

在食物的来源上，扩大和提高了粮食的栽培区域和技术，农耕工具得到了极大的改善，人们对饮食的追求进一步提高。孔子在《论语·乡党》说道："齐必变食，居必迁坐。食不厌精，脍不厌细。食饐餲而洁，鱼馁而肉败不食，色恶不食，臭恶不食，失饪不食，不时不食，割不正不食，不得其酱不食。"可见人们对饮食的需求较前人有了很大的变化。

在饮食器具、食品生产加工上，也有了一定的发展，青铜器替代了陶器，促进了烹饪加工技术和烹调技术的发展。

### 三、秦汉时期

秦朝从统一六国到灭亡，只有十五年时间，从此被汉代所取代。两汉时期跨越四百余年，是中国历史上大一统的发展时期，对中华民族的文明发展，乃至对世界文化的发展都产生了重大而深远的影响，也是中国饮食文化发展的重要阶段。

公元前202年，刘邦战胜项羽，建立西汉，定都长安。徐州仍称彭城县，属楚国，以彭城为国都。楚国是楚元王刘交（刘邦的弟弟）封地。

两汉时期，徐州共有十三位楚王、五位彭城王。解忧公主是第三代楚王刘戊的孙女，为了维护汉朝和乌孙国的和亲联盟，奉命出嫁到西域。自幼生长在徐州的解忧，自然而然也将徐州的饮食风俗、物产食品等带到了西域，扩大了徐州饮食的影响。不少学者在"一带一路"的影响下，也在研究"一带一路"的饮食交流。

汉代的徐州，生产力得到了很大的发展，农、林、牧、副、渔得到了全面发展，这为汉代的饮食提供了丰富的物质基础，饮食资源得到了充分的开发。在这期间，饮食原料、饮食器具、加工技术、烹饪技术、饮食礼仪等都得到空前发展，这从汉画像石中出现的许多饮食场面可窥一斑。在出土的汉画像石上，有官场宴会、市肆酒楼、歌舞宴宾、二人对饮、四人小酌的动人画面；也有鸡、鱼、兔、鹿、雁等原料图案；还有庖人凭案宰牲、厨人烧火、烹制作炊、案头操作等场景；特色技艺烤羊肉串，腌制的腊鱼、风肉高悬于庭的食物场景也呈现在众多的画面中。在徐州市铜山县汉王乡发现的汉画像石中，尤为引人关注的是庖厨内容占了一半。在出土文物中，有各式汉代炉灶，如炮台灶、连眼灶、拔烟灶等。从徐州出土的汉墓中的食物、汉画像石上饮食原料图案以及史料记载来看，当时的食物主要有：稻米、小麦、谷子、高粱、粟、豆等农作物；猪、牛、羊、狗、兔等畜类；鸡、鸭、鹅等禽类；鱼、鳖、鳝等水产；菠菜、葵、蔓菁、韭菜、茄子、萝卜、白菜等蔬菜；桃、杏、柿、梅、枣等水果。说明汉代食物原料来源丰富。随着张骞出塞，开拓了汉朝与西域诸国的贸易，开辟了"丝绸之路"，中西（西域）饮食文化得到了广泛交流，引进了石榴、芝麻、葡萄、胡桃（即核桃）、西瓜、甜瓜、黄瓜、菠菜、胡萝卜、茴香、芹菜、胡豆、扁豆、苜蓿、莴笋、大葱、大蒜，还传入一些烹调方法，如炸油饼、胡饼（芝麻烧饼，也叫炉烧）。

淮南王刘安发明豆腐，使豆类得到了广泛的应用，物美价廉，可做出许多种菜肴。1960年河南密县发现的汉墓中的大画像石上就有豆腐作坊的石刻。东汉还发明了植物油，但很稀少，南北朝以后植物油的品种增加，价格也便宜。同时域外烹饪技术进入了中原，饮食市场日益繁荣。

汉代，徐州的烹调技术已有较大发展。《汉书》记载有"汉颍川尹暹为徐州刺史，以小铜釜甑，一日十炊"。于此不难看出，当时已将粗笨的陶釜改为轻薄小巧的铜釜，这是炊具的一大进步，用小锅旺火，是速成菜肴脆、嫩、鲜的起源，这在出土的汉画像石中也有表现。随着冶炼技术的提高，铁器逐渐取代铜器，铁制器具和工具在西汉得到普及，并不断被改良革新，不仅有生铁铸的鼎、釜、甑、炉等器具，还出现了铁煅的厨刀、轻薄的供小炒用的小釜、大口宽腹的小爨、类似隔舱锅的五熟釜和夹层蓄热的诸葛行锅等。铁釜的广泛使用，为炊事提供了方便。睢宁双沟出土的东汉画像石有"牛耕图"，描述了使用"二牛抬杠"方式耕种的场景，说明铁制工具得到了普遍使用。

在刘、项争霸的楚汉时期，项羽称霸，定都彭城。传说在"开国大典"时，虞姬娘娘设制"龙凤宴"。当时彭城已成为军事中心，客栈、菜馆、酒楼随之盛兴。楚汉相争的结果，刘邦取得了天下，称汉高祖，定都于长安。据《三辅旧事》载："太上皇（刘邦的父亲）不乐关中，高祖徙（迁徙）丰沛屠儿、沽酒卖饼商人，立为新丰县，故一县多小人。"此段《西京记》也有记载。历史上称为"东食西迁"。

《后汉书·楚王刘英列传》载："帝以亲亲不忍，乃废英，徙丹阳泾县，赐汤沐邑五百户。遣大鸿胪持节护送，使伎人奴婢妓士鼓吹悉从，得乘辒辌，持兵弩，行道射猎，极意自娱。男女为侯主者，食邑如故。"这段历史被称为"北食南迁"。

据《史记·高祖本纪》载，公元前195年，刘邦讨伐英布叛乱后，回师来故里沛县（今徐州沛县），设宴同父老子弟欢聚，酒酣，刘邦击筑作《大风歌》："大风起兮云飞扬，威加海内兮归故乡，安得猛士兮守四方。"史料记有刘邦集名师、汇珍馐,大宴百官于沛。后有人题联云:"集四海琼浆高祖金樽于故土,会九州肴馔铿铿膳秘以彭城。"当时宴会盛况,可见一斑。

汉代的主要农作物以粟、麦为主,随着水稻种植北移,稻谷也逐渐成为当时的一种主要食物来源。饼是当时的主要食物之一,刘邦在长安建新丰城,曾迁徙丰沛屠儿和沽酒、卖饼的商人等。

汉朝饮酒之风甚盛,从史料记载以及汉画像石中可窥见,各种宴饮的场面比比皆是,在出土的文物中,也经常发现饮酒器具。

汉代食狗之风盛行,跟随刘邦打天下的樊哙,就曾是杀狗卖狗肉的,关于"鼋汁狗肉"的传说流传至今。樊哙后裔传承的"鼋汁狗肉"已成为徐州市非物质文化遗产,影响深远。

汉代养殖业发展迅速,羊为当时主要的饲养动物之一,古代祭祀中,羊是主要的祭品。当今的徐州(彭祖)伏羊节,延续了几千年的食羊风俗。

经有关专家学者和厨师的挖掘研究,汉代流传下来的主要名菜有:裹炸豚吭、整炸肝菁卷、沛公狗肉、鱼汁羊肉、犬鼋烩、凤凰卧巢、鸳鸯鸡、牝鸡抱蛋、霸王别姬、炸长春卷、煎椿芽托盘、荷叶蒸鱼、瓢花篮苹果等。主要筵席有:高祖宴、汉王宴、凤城宴、汉御宴、汉宫宴、汉风宴、刘邦布衣宴、全狗宴等。尤其是徐州流传至今的"八大碗",是"吃大席"的戏称,特别是在乡村,过年过节,遇到喜事,吃大席是非常普遍的。这种大席每桌八个人,八道凉菜过后,八道热菜一碗一碗上,都用清一色的大黑碗,徐州称为"窑黑碗",看起来爽快,吃起来过瘾,具有浓厚的乡土特色。"八大碗"的前身是徐州市非遗保护项目沛县汉宴"十大碗",起源于东汉初年,至今已有两千多年的历史。据传说,东汉初年,光武帝刘秀率文武百官赴沛县高祖原庙祭拜。沛县县令闻报后十分忧愁,这么多的王侯将相,口味各异,饮食招待成了最大难题。一位老厨师建议不妨做出十道大菜,有荤有素,酸、辣、甜、咸风味各不相同,任由挑选。县令闻听大喜,当即吩咐照此办理。光武帝及文武百官食用后，果然个个满意，皆大欢喜。光武帝回京后参照此法置办筵席，并传至民间，被当地人称为"水席"，传承至今。

徐州东部日常所食的煎饼这一时期已经出现，东晋王嘉《拾遗记》记载："江东俗称，正月二十日为天穿日，以红丝缕系煎饼置屋顶，谓之补天漏。相传女娲以是日补天地也。"南梁宗懔《荆楚岁时记》："北人此日食煎饼，于庭中作之，支薰火，未知所出。"文中的"此日"指正月初七这一天。

徐州特产烙馍、盐豆起源于汉代。相传在楚汉相争时期，刘邦的大军追击项羽，项羽在逃亡中，粮草供给不上，士兵没有饭没有菜，于是将黄豆煮熟，既当饭又当菜。但是刘邦还是在不停追杀，于是没有吃完的黄豆就被装进蒲包，藏在粮草车里。等到摆脱刘邦，已是五六天后，此时煮熟的黄豆已经长满白丝，士兵自叹命苦，连黄豆都没得吃。有的人在长白丝的黄豆里面加了盐，没想到，加盐之后的黄豆比原来的更好吃。于是，盐豆便在项羽的军中流行开来。后来，刘邦战胜了项羽，盐豆就成了刘邦的战利品，而这道菜也开始在徐州民间广为流传。徐州烙馍是徐州很独特的一道美食，据传说在楚汉相争的年代，韩信的军队行军时，所带军粮是当地盛产的小麦，既不好携带也不方便食用。足智多谋的大将军韩信令部众把小麦磨成粉，用生铁做成鏊子，放在火上，烙成薄饼，流传至今。烙馍的吃法很多，最普遍的吃法就是用烙馍卷上各种炒菜，既好吃又快捷，很适合军队边行军边吃。后来徐州人还把油炸馓子卷在烙馍里吃，外面酥软里面脆香，美味无比，到徐州旅游的游客，都要专门尝一尝。

徐州特产羊角蜜，因其形态似山羊之角，内含蜜糖而得名。民间传说，霸王项羽率军与刘邦大战于九里山前，在人困马乏、饥渴难耐时，山上牧童用一只羊角盛满野蜂蜜，敬献给项羽及虞姬饮用，饮后顿觉神清气爽、愉悦无比，霸王大喜，把随身的镶满金银珠宝的佩剑送给牧童。后来，军师范增命御厨房用面粉制作成羊角形的点心，里面灌制蜂蜜、麦芽糖，成为楚王宫里的一道名点。随着岁月的变迁，昔日楚王宫的御用名点逐步演化成古城徐州一种著名的特产点心。

至东汉末年已有"徐方百姓殷盛，谷食甚丰，流民多归之"之美名，成为可与中原媲美的发达地区，拥有完备的市场，市肆酒铺林立。

### 四、魏晋南北朝时期

三国初年，徐州开始成为兵家必争之地，后来曹操占领彭城，彭城在曹魏控制下，转入安定和恢复的时期。当地军民发展灌溉，种植杭（粳）稻，连年丰收，成为曹魏在淮北用兵时军粮的主要供给地。汴水的通航也促进了徐州与外地的交流和合作。公元420年，刘裕篡东晋建立宋国，是为南北朝的开始。宋文帝于元嘉二十一年（444）曾下诏书说："徐豫多稻田而民间未务陆作，可符二镇修立旧坡，开课垦辟。"可见当时徐州附近仍然盛产稻米，是农业发达的地方。宋明帝泰始三年（467），徐州入于北魏。北魏就把徐州作为进攻南朝的军事基地，仍然重视徐州一带的农业发展，大力扩大灌溉面积，实行屯田，大获粟稻。魏晋南北朝时期，贾思勰的《齐民要术》集中、系统、全面地反映了中国古代农学成就，尤其是总结了当时北方的生产经验，是我国现存最早的完整农书。

2015年7月，在徐州金地商都地下城考古发现两汉至元明清不同时期的地下城遗址，在南北朝出土的文物中，生活用陶器有瓮、罐、盆、釜、钵、壶、缸、豆、甑、纺轮、网坠、玩具及少量原始瓷壶、瓷罐等，有些罐及釜上刻画有文字，标明其用途及制造或使用者，最多的为"酒官"，另外还有"食""桓""甲""酒官二十九斗""王戎"及数字等。还发现有铜镜、铺首、构件、"五铢"和"半两"钱币等。出土文物以陶瓷器居多，陶器主要有双系罐、盆、板瓦、筒瓦及莲花、葵花纹瓦当等；瓷器有杯、碗、平底钵、鸡首壶、罐等。特别值得一提的是粮仓遗迹。粮仓壁及底部皆铺有板瓦、筒瓦或残片。仓内尚存有粮食，但已炭化严重，品种单一，全部是小米。据史料记载，徐州城在这一时期遭遇过几次围城之灾，而且时间都不短，城内守军就得依靠存粮来解决吃饭问题，而在城内修建大型粮仓则可以供给军需。

这一时期，由于连年战争，以汉族为主体的中国传统文化，无论是精神文明还是物质文明都受到了巨大的破坏，徐州经济也受到了阻碍，饮食业一度出现萧条。南朝陈宣帝太建十年（578），吴明彻北伐围彭城，久攻不下，堰泗水灌城，徐州城再次遭到毁城，再度趋向萧条衰落的境地。虽然经济萧条，但也不乏富人花天酒地，西晋富豪石崇就是一例。

晋朝战争期间，徐州一带的居民大批南下，司马睿遂于京口（今镇江）设侨治徐州（也称南徐州），一度驻广陵等处，故有南北徐州之说。南北文化的交流以及北方少数民族的入侵，客观上带来了徐州饮食交流和外传的机会，原料的丰富坚实了徐州饮食的基础，菜点造型、筵席组合也有所进步。

## 五、隋唐时期

在我国历史上，隋朝仅存在了三十七年，但统一了全国，结束了中国数百年分裂的局面。由于连年的战争，饮食业发展受到阻碍，在隋文帝和隋炀帝的统治下，中国又迎来了第二个辉煌的帝国时期。大一统的中国重新建立起来，开凿了大运河，使黄河、淮河水运得以贯通，流经整个徐州地区，漕运畅通，加上发达的陆路交通，促进了经济发展。农耕技术较为先进，农业器械和生产工具有完整的体系。耕作农具有犁（曲辕犁）、耧、耙、碌碡等；农业生活用具有石碾、石磨、石臼等。农作物主要是大麦、粟、豆、黍，水稻也有种植。

唐朝是公认的中国最强盛的朝代之一，这一时期，国富民强，经济发展，人们生活得到了保障，烹饪原料、烹调技法、筵席等得到空前发展，是中国饮食文化的高峰。在徐州古城遗址隋唐地层的遗迹中，有夯土高台一处、砖井一眼及五处砖砌水池。出土文物主要为碗、壶、罐等瓷器，另外还有"开元通宝"钱币、铜盆、石球、三彩俑片、铁臼等。此次出土的瓷器数量较大，以青瓷为主，还有少量的黑瓷。青瓷器中数

11

量最多的是大小不等、品种不一的瓷碗，其次还有一些时代特征明显、制作精致的盘和大量的生活用陶。这些器物的出土足以说明这一时期徐州城社会生活的富庶繁荣。

唐朝诗人白居易曾跟父亲在徐州生活过，他在《朱陈村》一诗中写道："徐州古丰县，有村曰朱陈。去县百余里，桑麻青氛氲。机梭声札札，牛驴走纭纭。女汲涧中水，男采山上薪。县远官事少，山深人俗淳。有财不行商，有丁不入军。家家守村业，头白不出门。"描写了徐州地区日常生活的场景，说明社会稳定，国泰民安。

这一时期，徐州饮食也得到了快速发展。据传说，唐朝贞观年间，朝廷重臣张愔任徐州武宁里节度使时，有宠妾关盼盼，烹饪女红、音乐歌舞无所不能，尤其是关盼盼擅用面筋、蜂蜜、麻油、果料制作一种蜜制蜂糕作日常食用，以保持红颜不老，姿色动人，深得张大人的喜爱。张愔特为关盼盼独选一楼，名曰"燕子楼"。张愔病故后，关盼盼独居燕子楼十多年，闭阁焚香，坐诵佛经。其侍女将蜜制蜂糕的制法传至民间，徐州百姓争相仿制，成为一道名点。

到了唐代，徐州有了茶的记载。徐州文史学者李世明老师在 2014年 8 月 25 日《徐州日报》发表的《从唐代茶碾看徐州茶文化》指出：徐州茶文化历史开端起码要归于唐代诗人刘禹锡，给了他一个美冠。他的《西山兰若试茶歌》，不仅记叙饮茶，而且在历代茶事记载中首次叙述茶的制作，成为一篇很重要的茶史文献。此外，还有一位与茶有关的大诗人白居易，也算是徐州人，他在徐州度过了青少年时代，把徐州称为"故园"。白居易的茶诗颇多，《山泉煎茶有怀》当属其首，被广为传颂："坐酌泠泠水，看煎瑟瑟尘。无由持一碗，寄与爱茶人。"在徐州市政建设中，在南门彭城路、北门大街等地挖掘出唐朝时期的城下城，从中发现了唐代茶文化中的重要器具——瓷茶碾轮，是徐州唐代饮茶的实证，也折射出徐州唐代饮茶活动的普及，当时茶已进入官府及市肆，成为他们生活的日用品。至于这些茶碾的产地，有待考证，或是徐州当地民窑生产，或是由外地转运而来。唐代封演的《封氏闻见记·饮茶》中说："开元中，泰山灵岩寺有降魔师大兴禅教，学禅务于不寐，又不夕食皆恃其饮茶。人自怀挟，到处煮饮，从此转相仿效，遂成风俗。自邹、齐、沧、棣渐至京邑，城市多开店铺煎茶卖之。不问道俗，投钱取饮。茶自江淮而来，舟车相继，所在山积，色类甚多。"其中所言"邹、齐、沧、棣"皆临近徐州；茶自江淮舟车而来，必先经过徐州。《封氏闻见记》中有多处言及徐州，由此推及，徐州饮茶的兴起，至迟亦在此时，即唐开元之后，距今一千三百余年。可以想象，当时徐州城内或已出现茶馆，或者是煮茶卖之的茶摊。

唐朝中后期，由于徐州特殊的地理环境，有过辉煌时期，也有衰败时期，徐州的饮食市场也随着社会的动荡而出现摇摆不定。

## 六、宋元时期

徐州有着良好的地理环境和优越的地理位置，属于经济发达之地。北宋思想家石介对此做了概括：徐州"通江淮之运，来吴楚之货，又为会津，而况土膏地润，足蒲鱼，宜稻菱，实为乐土"。说明徐州土地肥沃，水源充足，物产丰富，尤以水产丰富。连对北方风物很挑剔的南方人对此也比较满意。如北宋哲学家、文学家福建人杨时《龟山集·卷十九》记载："彭城风物质陋，与吾乡大异。幸有鱼、稻、鹑、堆之类，足以充食。故南人处之差为便耳。"

就农业而言，徐州因地处中原南北方交界处，农作物种类可以地兼南北，不但盛产水稻，小麦和豆类生产更为发达。苏轼在给神宗皇帝上书中称徐州："（徐州）地宜菠麦，一熟而饱数岁。"是说徐州适宜小麦、豆类生产种植，一年丰收，可供数年食用。类似粮食生产盛况的史料仅见此一例，与南宋时"苏、湖熟，天下足"的谚语所形容的农业发达情况相类似。

宋代的徐州是京城开封的东方门户，市场繁荣，酒楼林立，建筑宏伟，装饰繁华，有无可挑剔的服务和吹拉弹唱的伴奏助兴，成为雅俗共赏的文化娱乐场所。

著名美食家苏东坡于宋神宗熙宁十年（1077）初夏来徐州任知州，在徐州一年十一个月，留下了许多饮食方面的诗句和动人的饮食传说。

苏东坡曾经在徐州虚白斋酒楼款待杭州诗僧道潜（参寥），参寥有诗序云："虚白斋与子瞻共坐，有客馈鱼于子瞻，子瞻遣放之，随命赋是诗。"苏轼在给司马光的书信中曾赞扬"彭城嘉山水，鱼蟹侔江湖"，说明徐州鱼蟹甚美。苏轼在徐州频频举行酒席宴会，其诗文多有记述，并流传许多他创制的"蕈馒头""芹芽鸠肉烩"等。在徐期间，洪水泛滥，他率领民众抗洪，保住了徐州城，徐州人民杀猪宰羊，送他以示感谢，苏东坡将这些礼物做成菜肴和食品，送还百姓，这就是流传下来的"东坡四珍"。苏东坡爱吃徐州的麦饭，在《和子由送将官梁左藏仲通》有"城西忽报故人来，急扫风轩炊麦饭"，句下自注："徐州所出。"这首诗的开头有"雨足谁言春麦短，城坚不怕秋涛卷"，说明麦饭是春天才有，也说明徐州小麦品种优良。相传他曾制作过一道"青山鸡"菜肴，形色俱美，味醇鲜香，直到中华人民共和国成立前仍然是铜山县和徐州市高级筵席上一道主菜。苏东坡所用之鸡为铜山县青山泉之鸡，故曰"青山鸡"。该鸡有肉厚、头小、臀大诸特点，在徐州厨师行业流传"青山鸡"和"杏花盛开雏鸡成"的歌谣。

这一时期，徐州食品业相当发达，蜜三刀、金钱饼等糕点应运而生。

据说蜜三刀最早产于徐州，也与苏东坡有关。苏东坡在徐州，与云龙山上的隐士张山人过从甚密，常借酒相会。一天，苏东坡与张山人在放鹤亭上饮酒赋诗，酒酣之时，苏东坡抽出一把新得宝刀，在饮鹤泉井栏旁的青石上试刀，连砍三刀，在大青石上留下三道深深的刀痕，看到宝刀削铁如泥，苏轼十分高兴。正在这时，侍从送来茶食糕点，有一种新作的蜜制糕点十分可口，只是尚无名称，众友人请苏东坡为点心起名，他见这种糕点油润金黄，表面上亦有浮切的三痕，随口答曰"蜜三刀是也"。

徐州蝴蝶馓子、热粥这时候已经相当出名。在他的《寒具诗》中写道："纤手搓成玉数寻，碧油煎出嫩黄深。夜来春睡无轻重，压扁佳人缠臂金。"（"寒具"是馓子两汉时期的别称。）馓子也常被百姓作为一种中药而采用。故此，徐州民间常用馓子泡汤，配以延胡索、苦楝子治疗小儿小便不通；用地榆、羊血炙热后配馓子汤送下，治疗红痢不止。尤其是产后妇女，在月子里喝红糖茶泡馓子，以利于散腹中之瘀。徐州的蝴蝶馓子外形美观，口感颇佳，以其香脆、咸淡适中、馓条纤细、入口即碎的特点，赢得人们的喜爱。不过徐州人最喜爱的食法是烙馍卷馓子，配以稀粥，吃起来惬意舒坦。

徐州传统热粥以黄豆提浆，辅以贡米、上等白面精制而成。粥味浓香、不粘碗，喝一口留下一个"窝"，喝完不用刷，碗都是光光的。熙宁十年（1077）四月，苏轼任徐州知州，次年春旱，灾情严重。不久下了一场透雨，按当时习惯，他去"徐门谢雨"。筵席上，苏东坡空腹干喝了四两烧酒，一时酒困欲睡，口渴思茶。农夫艾贤便把一碗放了糖的热粥送给苏轼喝了下去。当他知道这碗粥原是艾贤给自己卧病已久的父亲喝的时候，感叹不已，命人请来文房四宝，赋《热粥诗》云："身心颠倒不自如，更识人间有真味。"并挥毫写下"人间真味"四字。一赞粥香，二赞艾贤品德高尚。后来，艾贤便以"真味香"字号开了小饭铺。他坚持薄利多销，生意越做越大，后来竟成了大饭庄的老板。从此，连鱼米之乡的江淮一带也经营起热粥来了。

苏轼还有一首《豆粥》诗，就是在徐州热粥的激发下，触景生情写出的。他在《豆粥》诗中，一开头写了东汉光武帝刘秀在干戈中把生命寄于热粥的典故，介绍了热粥的营养价值。诗曰："君不见滹沱流澌车折轴，公孙仓皇奉豆粥。湿薪破灶自燎衣，饥寒顿解刘文叔。"原来，刘秀起兵时，有一次兵败逃至滹沱河下游，遇大风雨，天冷无食，患了感冒。刘秀引车道旁空舍处，有个叫冯异的抱薪煮粥，光武帝对灶燎衣，食热粥，汗出，伤风愈。接着，他又写了晋时大豪门石崇在声色犬马之中，醉心于热粥的故事，并指出即使一碗平平常常的热粥，烹制亦须得法。他写道："又不见金谷敲冰草木春，帐下烹煎皆美人。萍齑豆粥不传法，咄嗟而办石季伦。"是说晋时石崇与另一大豪门王恺比阔斗富。石家的粥做得又快又好，为王家所不及，其中有法，密不告人。后来，王恺买通了石崇的家人，才知豆子本是久煮才熟，之所以快，是磨成粉先煮熟，客来以滚开的白粥浇兑而成，再配上干韭菜末佐餐，更是别有风味。

烙馍，是徐州独有的主食，传说起源于楚汉相争时期。烙馍的擀制翻挑，堪称徐州妇女的一绝，民谚云"薄如纸，轻如烟，斤面能烙一十三"，又大又圆，熟而不焦，柔软适口。

熙宁十年（1077），黄河夺泗入淮，鳝随水泛滥，捕不胜捕。楚人（即徐州人）以鳝辅以作料煮汤，此即徐州辣汤之雏形。苏轼赋诗"巨野东倾淮泗满，楚人恣食黄河鳝"。

元代大德年间，徐州有樊信犬肉馆，供应品种有叉烤犬脯、砂钵犬肉、水晶犬腿、烧犬头等名菜，元代著名书法家鲜于枢为该店题写了"夜来香"匾额。

元代道教盛行，徐州有真武观、玄通观等众多道观，道家饮食别具一格。徐州名菜养心鸭子、四谛丸子、杏仁豆腐、三正鸡，也相传自元代流传而来。

**七、明清时期**

元明两朝对大运河的利用与整治十分重视。徐州作为黄金水道上的枢纽城市，其重要标志之一，就是明朝在徐州修建广运仓，成为全国漕运四大粮仓之一。

明成祖迁都北京后，徐州隶南京，领丰、沛、萧、砀四县。明代的徐州虽然历经黄河水患，但官

府的重视使得城池得到修缮，加之又是漕运的重要枢纽，使徐州成为既是民船的交粮地，又是官兵接运处，舟车鳞集，贸易兴旺。在徐州古城遗址的发掘过程中，出土文物非常丰富。有锡壶、铁剪刀、围棋子、麻织物、石磨、纺线用的骨坠、冶铁用的坩埚，还有做饭用的铁刀、盖锅用的木拍等，还有大量的青花瓷器，品种繁多，碗、盘、碟、盏、杯等应有尽有。这些大量市民们日常使用的生活用品，展现出明代生动的生活场景。

明代中后期，农产品呈现粮食生产的专业化、商业化趋势。手工业的发展，非农业人口的剧增，经济作物种植面积的不断扩大，使本地生产的粮食不能满足需求，因而每年需从外地输入大量粮食。

天下第一奇书《金瓶梅》，由徐州人张竹坡点评，书中记述了大量的宋明时期的饮食生活，点评人张竹坡也加入了大量的徐州饮食元素，不少专家学者质疑其观点，但书中记述了明代运河的许多真实地理特征，可以证明它主要写的是徐州运河，书中的一些方言和建筑服饰等，也大多具有徐州的传统特色。这说明明代徐州饮食市场繁荣，讲究饮食，筵席种类多，注重礼仪，等级森严，讲究美食美乐结合，筵席环境优雅，装修富丽堂皇。其中许多菜肴、点心和筵席至今还有传承。特别是民间饮食，琳琅满目。1989 年在徐州召开了首届国际《金瓶梅》学术研讨会，徐州烹饪泰斗胡德荣先生根据《金瓶梅》研究其饮食状况，率弟子制作"八盘五簋宴"，深受与会者喜爱，并出版了《金瓶梅饮食谱》一书。

在徐州 2015 年"溯源十二五徐州考古成果展"中，展示的出土文物与饮食有关的有明代的秤砣、中药碾子、烙馍的铁鏊子，还有百姓人家的青花瓷盘子、碗。这些不会说话的文物，向观众讲述的就是明代百姓的真实生活。

清代是徐州饮食发展的又一高峰，混入满蒙的特点，饮食结构有了很大变化。北方黄河流域小麦的比例大幅度增加，面成为宋以后北方的主食；马铃薯、甘薯等蔬菜的种植达到较高水准，成为菜肴制作主要原

17

料；人工畜养的畜禽成为肉食主要来源。满汉全席代表了清代饮食文化的最高水平。

清代的《调鼎集》是一部饮食专著，全书记录了许多徐州菜和小吃，如"铜山风猪天下驰名"等。

清朝嘉庆年间，先有山东济宁回民底姓来徐州开设皮货商号，致富后，在他带领下，不少回民在徐州定居，清真馆子在徐州出现。

清代徐州的酿酒业较为发达，这与当时盛行的饮酒风气有关。徐州的酒产量大，质量上乘，口碑与销量极佳，徐沛高粱酒远近闻名，宿迁洋河镇所产大曲酒也是味道甘美，十分畅销。作为御贡酒的窑湾绿豆烧，更是清代徐州酿酒业的杰出代表。

清咸丰年间，黄河北徙后，南关奎河沟通南北，货运繁忙。光绪年间，坐落在徐州南关商业区的著名饭店有宴春园饭庄、兴隆园饭庄、兴廉园饭庄、西苑饭店等，有的还附设花园，规模相当可观。1912年津浦铁路通车，徐州火车站附近有大鹏居、佛香居、德兴楼等饭店，市内大同街有花园饭店、九华楼、一品香、春和饭店等名菜馆。20世纪二三十年代，徐州有菜馆酒楼二百余家，饭店摊点近千户，主要经营饭点、面食、熟食等。名菜有：西苑饭店的彭城鱼丸、扒海参、众星捧月；兴盛园的红烧鱿鱼、爆炒腰花、糟熘鱼片；庆和园的梁王鱼、龙门鱼、烹虾仁；功德林的素火腿、素糖醋鱼、素板鸭；畅春楼的薏米鸭子、清蒸兜鸡、冰糖肘子，最有名的是八卦鱼，外脆里嫩，为全市第一；兴盛园的东坡肉、鸳鸯鸡、炒苔菜荚；宴春园的羊方藏鱼、葱扒野鸭、牝鸡抱蛋、春卷；奎光阁的吊炉烤鸭、白煮鳜鱼；东兴楼的八宝饭；颐和园的糖醋鱼；东来春的青蛙凉肴；致美楼的乌云压白雪、九眼豆腐、烧蜇头、牛肉干、锅巴虾仁，最有名的是烤鸭；九华楼的虾仁涨蛋，最拿手的烧鱼兰蓝；树德义的八卦鱼、龙门鱼；花园饭店的叫花鸡等。可承办的风味筵席有：释家风味"天花宴"；儒家风味"鹿鸣宴"；道家风味"八卦宴"；官场筵席"八盘五簋""龙凤宴""满汉席"；市肆筵席"鱼翅全席""八盘海参席""四二红鱼皮席""大十样""水十样""大中小三滴"等。风味特色有山东、安徽、北京、天津、上海、河南等地方风味特色。

清末民初，徐州饮食仍保持传统，有许多住家式花园酒楼。如李会春（国画大师李可染之父）开设的"宴春园"，系私家园林式饭庄，有虎座门楼，三进庭院设有厨房、客厅，厅内悬挂名人字画，摆放锣鼓乐器。花园内设有客房，廊庑掩映，名人雅士多来此饮宴聚会，酒香外溢，乐声远播，为当时徐州名园之一，可惜毁于日寇战火。

晚清时期，徐州盛产高粱、大豆等农作物，又处水陆交通要道，商贾云集，酿酒业与榨油业一直很发达，晚清时期形成规模，酒油槽坊多达二十余家。糖果糕点食品发展迅速，徐州著名特产"小儿酥糖"，清末已开始生产，流传有"徐州特产小儿酥糖，人人不可不尝尝"；徐州桂花楂糕，色似玛瑙，鲜艳晶莹，酸甜适口，风味极佳。清末《铜山县志》记载："土人磨楂实为糜，和以饴，曰楂糕。"特色产品酥糖，也称董糖，据说清代徐州董记作坊所产酥糖曾作为贡品进献皇帝。

## 八、近代

民国时期，徐州的饮食文化更加丰富多彩，冻豆腐、酥鱼、蹄卷、芙蓉肉、糟猪耳、搅瓜等普遍食于民间。乾隆六下江南，所到之处行宫接驾的饮食都是当时珍稀的美味，他四驻徐州，留下了许多动人的故事。近代中国改革思想家康有为品尝到细嫩的彭城鱼丸时，高兴地赋诗赞誉"彭城鱼丸闻遐迩，声誉久持越北南"。

1923年5月6日发生了"抱犊崮"事件，孙美瑶在临城毁轨劫车，劫走美、英、法、意、德等国家旅客39人，一时间外国人云集徐州。为招待国外人士，当时徐州"一品香"老板从上海雇来西餐厨师，传授西餐制作，西餐开始落户徐州。其后有蒋志明在大马路东头开西餐馆，花园饭店也增设西餐部。徐州开始真正有了西餐的经营。

新中国成立初期，饮食业有菜馆100余户，从业人员936人，另外有摊点600个，从业人员3600人，年营业额200万元（旧币）。除上述固定营业的业户外，还有许多挑摊挎篮串街叫卖的小商贩。1956 年对私有制改造，使私有饮食业纳入社会主义全民所有制经济和集体所有制经济的轨道，挽救了一批濒临倒闭的私营企业，但是因网点集中合并，撤点过多，菜饭馆由 100 户、936 人合并为 21 户、144 人，摊点由 600 个、3600 人合并为 379 个、3300 人。在人民政府的扶持下，饮食业基本稳定有所发展。改革开放以来，徐州饮食迎来了大好时光，恢复了部分的老字号，挖掘和整理了部分传统名菜名点名宴，引进和吸收了大量的外地饮食元素，举办了各类大赛，增强了徐州饮食与国内外的交流。

1955 年 1 月 23 日，经徐州市人民委员会同意，成立了徐州市地方国营饮食公司。1959 年 10 月，徐州饮食公司鲁兴菜馆厨师金传忠被选送到北京参加国庆十周年国宴执厨。

徐州菜具有苏鲁融合的特点，介乎于鲁菜和苏菜之间，是山东菜的豪放和苏菜的柔美的结合，其主食是米食和面食的结合。中国饮食习惯的格局为南甜北咸、东酸西辣和南米北面、南茶北酒。徐州居中的地理位置，能借鉴和传播各地风格，形成了今天以鲜为主、兼蓄五味、浓而不浊、淡而不薄、南北适宜的特点。

# 第二节　徐州彭祖饮食文化

## 一、彭祖饮食文化的形成

彭祖作为烹饪鼻祖、长寿之星，对其研究者众多。徐州作为彭祖故里，已把彭祖文化作为振兴徐州经济的资源来开发。彭祖文化作为一种文化现象，已经渗透到中医、烹饪、养生、道教、哲学等领域，彭祖饮食文化或叫彭祖烹饪文化，是中国饮食文化的重要组成部分。

彭祖饮食文化是以彭祖饮食内容为载体产生和发展起来的文化现象，是徐州饮食文化的重要组成部分，也是精神文明赖以产生的前提和基础。它以彭祖文化为背景，在漫长的历史时期中，在自然环境、人文环境、社会生活等多种因素下形成和发展的。它与徐州的历史、区域、经济、民俗、物产、烹饪技法等密切联系，是人类社会发展和进步的标志。

文化是一种社会现象，是人们长期创造形成的产物。同时又是一种历史现象，是社会历史的积淀物。确切地说，文化是指一个国家或民族的历史、地理、风土人情、传统习俗、生活方式、文学艺术、行为规范、思维方式、价值观念等。

广义的彭祖文化是指与彭祖有关的一切生活方式和为满足这种生活方式进行的物质文明和精神文明创造，以及基于这些方式形成的心理和行为。其具体内容包括三个层次：一是彭祖物态文化，指与彭祖有关的遗迹、遗存；二是彭祖制度行为文化，指由彭祖或其后学所创造的系列"养生之术"，以及各种纪念彭祖的风俗习惯、行为礼仪、谚语故事等；三是彭祖精神心理文化，指人们在长期的养生实践和意识活动中形成的价值观念、思维方式、审美情趣、心理性格等。狭义的彭祖文化则是指由彭祖开创、经后人完善、以养生长寿为目的，以摄养、导引、烹饪、房中等系列养生术为手段的生命哲学，及其对中国民族精神所产生的影响。

彭祖饮食文化是彭祖文化的重要组成部分，彭祖因"雉羹"而被誉为厨行的祖师爷、烹饪的鼻祖、烹调的创始人，受到历代厨师顶礼膜拜，开创了中国饮食文化的先河，也形成了独特的彭祖饮食文化。

1. 独特的自然环境，奠基了彭祖饮食文化

彭祖建都于获水之阴，南依青山，名大彭山，背山面水，地势平坦，是一片藏风聚气的宝地。彭祖治理大彭山水不遗余力，爱民如子，导民有方，迎来了大彭大治的好时光。在此期间，彭祖还率领民众行导

引术、服气术等养生之道，教民开荒种地，饲养动物，种植粮食和蔬菜，不仅有日常饲养的家畜、种植的蔬果、湖塘中的水鲜、山间的野味，还有一些特殊野草、野菜、动物等，除雉羹外，他还制作了羊方藏鱼、麋角鸡、云母羹等菜点和汤点。这种独特的自然环境，为植物的栽培、动物的养殖、矿物的开采、食物来源的扩大提供了有利条件。在徐州的汉画像石中就有烹饪原料鸡、鱼、兔、雁、鹿等；有庖人凭案宰牲、烧火做菜等场面。在烹调技法上，善于煮、炖、炒、熬、煸、拔丝等技法。这些为彭祖饮食文化的形成，提供了物质基础。

现代徐州周围有山有水，古语云："三片平原三片山，故黄河斜贯一高滩。"仅山就有五十余座，水有故黄河、奎河、京杭大运河、云龙湖、微山湖、骆马湖。夏季暖热湿润，高温多雨，冬季干燥寒冷，雨量较少，全年光照充足，积温高，降水较为充沛，水分资源比较丰实。这些气候和地理环境为发展彭祖饮食文化提供了物质条件。

2. 彭祖的烹饪术，孕育了彭祖饮食文化

"雉羹"是中国有文字记载的最早的一道菜，彭祖因制羹献尧帝，被后人奉为烹饪行业的祖师爷，其影响甚大，徐州人民至今还保留早点喝汤（雉羹）的习惯，并且汤已被列入中华名小吃。在烹饪方面，彭祖为徐州的后人们留下了许多经典菜品，包括其传人在其基础上创作的一些精品，至今仍在流传。

彭祖菜和彭祖宴是彭祖饮食文化的重要组成部分，是由彭祖及其再传弟子创作的菜肴，如"羊方藏鱼""麋角鸡""云母羹""水晶饼"等菜肴，至今仍是筵席上的珍馐；"八盘五簋宴"等筵席更是徐州地区民间不可缺少的筵席形式。这些对后世影响甚大，促进了彭祖饮食文化的形成和发展。

彭祖烹饪术的另一特点，是彭祖创制并流传下来的烹饪行业的"爨阵八法"。彭祖"爨阵八法"的烹饪之道，皆为"口传心授，传贤不传长，述而不作"，鲜为人知。"爨"字下有大火，中有双木，上有"兴"

字，仿佛生着火的一台炉灶，爨的意思是烧火煮饭。《仪礼注疏卷》中云："爨，灶也者，周公制礼之时谓之爨，至孔子谓之灶。"也有爨房之说。"爨阵八法"是指厨房的布局分工，"阵"者厨房布局；"八"者厨行中的八种分工；"法"者则也，即规律。"爨阵八法"不仅包含厨房布局分工，而且包含各种技艺之法，是厨行不可缺少的技艺法则，是徐州厨行世代相传独有的爨法技理，无论是多人同作，还是一人独作，都离不开这八法技艺。随着历史发展，爨阵八法的内容更加丰富多彩，厨行行谱记有"燧人取火熟食兴，彭铿执鼎起烹精；三材五味有调理，爨法技艺源彭城"，语句不多，但是道出"爨阵八法"的起源。直到现在，厨房布局仍导用其法，可见其合理性和科学性。

彭祖烹饪术的直系传人，从《史记》上无以考证，但从过去厨师的"行谱"中，及当时名人的诗句中，可找些一些线索。康有为有诗云："元明庖膳无宋法，今人学古有清风。彭城李翟祖篯铿，异军突起吐彩虹。"诗人提及的李翟系康熙年间名厨，可知彭祖传人是一代代传下来的，正是在传承过程中，后代传人促进了彭祖饮食文化的发展。

3. 彭祖的饮食养生思想，丰富了彭祖饮食文化

中国的饮食养生思想源于彭祖的饮食养生思想，从彭祖起就创立了一个完整的体系，具有很高的思想性、艺术性、科学性和实用性，其三大贡献中的烹饪术，实际上就是养生思想的概括和总结，居三大贡献之首。饮食养生是中国传统文化的一部分，吃与养生是密不可分的，彭祖烹饪术不仅仅是烹调技术，而且上升到养生之术，他是中国博大精深的传统文化的先驱者，其养生之道，经后人几千年的扬弃、整理、检验和发扬，影响至广深。彭祖的饮食养生的思想及方法主要体现在世人编纂的有关彭祖的描述中，后世依照彭祖的，出现了许多的养生理论和养生学家，如先秦时期的老子、孔子、庄子养生理论，东汉张仲景、华佗、王充，南宋的陶弘景，东晋时期的葛洪，唐朝的孙思邈等。彭祖作为一位身体力行的养生大家，在远古时代实现了长寿的愿望，并对其经验进

23

行了归纳和总结，全面合理，自成体系，道家更是把彭祖奉为先驱和奠基人之一，其哲学思想对后世的中医思想、道家思想、儒家思想的形成，起着引导作用。

彭祖的饮食养生思想主要体现在：（1）阴阳平衡、五味调和，是彭祖饮食养生的哲学思想；（2）顺时养生、遵循自然，是彭祖饮食养生的基本原则；（3）食饮有节、定时定量，是彭祖饮食养生的指导原则；（4）重工艺、调和滋味，是彭祖饮食养生的精髓所在；（5）药食同用、合理配伍，是彭祖饮食养生、调理机体的重要方式。

相传彭祖长寿，这与他的饮食养生的观点是分不开的。如"雉羹"治好了尧帝的厌食症；"羊方藏鱼"开创了"鱼""羊"为"鲜"之先例；食疗菜"麋角鸡"具有"治风痹、止血、益气力、补虚劳、填精益髓、益血脉、暖腰膝、壮阳悦色、疗风气、偏治丈夫"之功效；彭祖选用云母作为食养原料制作的"云母羹"，可谓别具一格，说明彭祖对食物的食性有一定的经验。《本草纲目》云：云母有"治身皮死肌、中风寒热、除邪气、安五脏、益子精、明目，久服轻身延年。下气坚肌，续绝补中，永五劳七伤。虚损少气、止痢，久服悦泽不老，耐寒暑"等功效，并说"久服云母"，能"颜色日少，长生神仙"。可见云母对延年益寿有一定的作用。"水晶饼""乌鸡炖薏仁"等食养菜品对养生延年的疗效，同样也受到了后人的重视。彭祖的养生延年经验，后被历代名人重视，并沿袭其法。由于彭祖是古代公认的寿星，因此，后人的长寿著作有的便托名彭祖所著。相传其弟子们制作的菜品类似的也很多。易牙应该是彭祖的再传弟子，相传易牙三访彭城拜师，得到了彭祖直系传人的真传，后来为齐桓公九会诸侯制作了"八盘五簋"筵席，最后落脚徐州，开有"易牙阁饭庄"，后人有诗："雍巫膳馐祖篯铿，三访求师古彭城。九会诸侯任司庖，八盘五簋宴王卿。"

4. 历代名人的推崇，推动了彭祖饮食文化

彭祖的长寿之道、养生哲理，被后人历代传颂，纷纷效仿，并且被

神仙化。战国时期大教育家孔子在《论语》中就有"述而不作，信而好古，窃比于我老彭"的记述。这一时期的庄子、荀子、吕不韦、列子等人也都有对彭祖饮食养生的描述，这些大家对彭祖顶礼膜拜，常常以其养生之道来修行个人，推动了彭祖饮食文化的发展；众多医学大家也推崇彭祖的饮食养生之道，并给予发扬光大，如东汉张仲景、华佗、王充，南宋时期陶弘景，隋朝太医博士巢元方，唐朝孙思邈，南宋周守忠等在其医学典籍中都有对彭祖饮食养生的描述，这些名人的推崇，发扬了彭祖饮食文化的内容；诗人与画家也留下来许多著名诗句和墨宝，如战国屈原的《天问》、西汉刘向的《彭祖仙室赞》、唐朝柳宗元的《天对》、宋朝苏轼的《彭祖庙》、清代康有为的《题彭城清烧鱼丸》等，这些名人诗词对彭祖饮食文化起到了重要的推动作用。

5. 历代史料的记载，延续了彭祖饮食文化

史料对彭祖记载的很多，有关于彭祖本人的传记，有关于彭氏家族的，也有关于彭城的，如《春秋》《史记》《汉书》《新唐书》《二十五史补编》等大型古籍史料，这些史料大多是对彭祖本人的记述，对其饮食养生思想记述较少。西汉刘向的《列仙传》中记有"常食桂芝，善导引行气的"的描述，道教经书《神仙传》对彭祖的长寿养生之道记述较多，如"善于补导之术，服水桂、云母粉、麋角散，常有少容""常爱养精神，服药草，可以长生"。此外，东晋干宝小说《搜神记》、宋朝李昉《太平御览》等，甚至把彭祖神仙化了。但在后世医学大家的史料中，对彭祖的养生理论论述较多，如南朝梁时陶弘景的《养性延命录》、唐代孙思邈的《千金要方》及《摄养枕中方》《道藏》中的《彭祖摄生养性论》、隋朝巢元方的《诸病源候论》、宋代姚称的《摄生月令》、宋代周守忠的《养生类纂》等众多养生史料。特别值得一提的是《彭祖经》，这是一部古代彭祖养生学专著，传说为彭祖所著，惜已失传。还有文人墨客的颂彭诗文以及大量的关于彭祖形象的书画作品，都是研究彭祖饮食文化的珍贵资料，这些丰富而珍贵的资料，是彭祖文化发展的重要体现，也是彭祖饮食文化的精髓所在，是彭祖饮食文化研

究的理论基础，正是这些史料的存留，才使彭祖饮食文化得以延续和发展。

6. 民俗与传说，扩大了彭祖饮食文化的影响

一个地方的民俗，反映了一个地方的文化，彭祖饮食文化也深深地蕴藏于徐州的民间风俗中。徐州人民为了纪念彭祖，举办了多次彭祖文化节，邀请海内外彭祖后裔来徐祭彭。徐州过去有彭祖楼、彭祖宅、彭祖井、彭祖

祠、彭祖墓、彭祖庙等建筑，大彭镇（古大彭国都大彭山所在地）每年农历三月三要举行彭祖庙会，徐州每年还举办彭祖伏羊节、彭祖腊羹节等民俗活动，特别是厨师们，每年六月十五要到彭祖祠祭奠过去厨师收徒，都要祭奠彭祖，以示入了厨行。通过这些民俗活动，把彭祖饮食文化渗透到了民间，无疑对彭祖饮食文化的普及，起到了积极作用。彭祖饮食文化在民间这块肥沃的土壤里，经过代代相传得以茁壮成长，扩大了彭祖饮食文化的影响。

徐州厨行大多能说出

雉羹、羊方藏鱼等菜肴的传说来历，彭祖的养生之道更是传说甚广，彭祖饮食文化通过民俗和传说，已经渗透到社会各个阶层。

## 二、彭祖"爨阵八法"与烹饪之道

《说文解字》曰："爨齐谓之炊爨。楔象持甑，冂为灶口，卄推林内火。凡爨之属皆从爨。"古诗云："燧人取火熟食兴，彭铿执鼎起烹

精。三材五味有调理，爨法技艺源彭城。""燧人钻木火方兴，不食腥臊不食膻。今日荤疏成美馔，全凭爨阵八法传。"虽寥寥数语，却包含了烹饪之道的起源和发展。

"爨阵八法"的烹饪之道，主要是"天灶，地灶，红案，白案，生案，水案，凉菜案，配菜案"八法技术，且每一种技术都有相对应的厨行术语。爨阵八法对于初学者来

说，既形象又生动，言简意赅，易学好记。

厨房布局要合理，才能使工作协调方便，水案、配菜案靠近天灶，水案张发干货及过油，换热水方便。配菜师傅将配好的菜递给天灶师傅烹调，速度快，效率高。红案、白案要上蒸笼，靠近地灶最方便。只要条件允许，这种布局方便实用。古诗"天地分南北，生冷各西东。水配一天灶，红白靠地锅"就是这个意思。

1. 天灶

古时在外支锅造饭，用三块大石头对称放置，上放容器，下面烧火，用来煮熟容器里的食物。这种原始火灶，后经不断改进，形成高炉灶。这种高炉灶是用土坯垒成的，后来也有用砖垒制，炉子呈圆形，肚大，口小，下有炉条，实用方便。过去遇到红白事，厨师外出干活不用备炉子，直接用一些砖和一些泥，随砌随用，干完活一脚蹬倒，即可清除，因此又叫"一脚蹬"。现在农村有时还用这种方法。

过去饭店用的天灶是固定的长方形，有头火、二火、三火，中间放置"铁牛"，用来煮汤。（铁牛是用生铁铸成或用厚铁皮制成，圆形，肚大，装水多，专门煮汤。因牛能喝水，故名铁牛。）

天灶布局一般以两排相对，成井字形，这样工作顺手方便，速度快。天灶是厨房的龙头，天灶一动，其他各部门都跟着忙起来，因此天灶的位置极其重要。烹饪术语云："井字布局宜四方，南出北应八面忙。龙头一动作作起，虎尾一扫处处清。""执勺姿势凭真工，松肩含胸手腕灵。脚踏丁字分虚实，苦练纯熟是功能。""天眼熊熊出火焰，眼前盆盆辅料全。前眼出菜余炸烫，眼后调汤头二三。"天灶厨师要求动作灵活、敏捷，要对天灶每个火眼的作用、功能、火力的大小运用自如。

天灶的前眼火旺力猛，适宜做旺火急出的菜，如炒、爆、炸之类菜肴；二火适宜做烧菜，如红烧鱼，把鱼在头火过油，然后各种调料调好汤汁，将鱼放入二火烧，熟后再回头火收汁；三火适宜煨制菜肴，鸡、鸭等块大、带骨的菜需长时间加热，先在头火过油、调味，加足高汤即可放三火煨，熟后再转回头火收浓汁。

## 2. 地灶

地灶主要是为水案蒸发、生案蒸熟、红案熘透、白案蒸制、天灶加热、凉菜案制熟。在出菜的过程中，既要及时又要蒸熟熘透，是八作中极其重要的一环。菜肴装进笼屉，笼屉一层一层扣好，火焰旺，气势足。术语说得好："地锅功夫在蒸工，有酥讲嫩定时间。但得肉酥鱼鲜嫩，技法抢时应争先。生蒸熟熘要准时，红白两案配合稳。原料以汽分大小，适度时宜出笼准。"

地灶又称地锅、蒸锅，分生蒸、熟蒸、清蒸、老蒸、嫩蒸、拍粉蒸、扒蒸、红蒸等。每种蒸法都要掌握蒸的程度，有的原料要蒸得"老"一些（蒸过一些时间），才能好吃，例如老蒸豆腐，把豆腐蒸老一点，急火旺汽使其产生气孔，豆腐内部产生空隙，吃时蘸佐料易于入味。嫩蒸即把原料蒸得嫩一点，以刚熟为度，清蒸鱼用急火旺汽蒸到鱼刚熟出笼为佳；嫩蒸鸡蛋乳，则要用小火慢汽，以蛋液凝固为度。虎皮肉要蒸得酥烂，米粉肉要蒸出油；清蒸鸭子要一触即酥，东坡肉入口即化；馒头蒸得要饱满、色白，诱人食欲；蜜汁火腿、葱扒野鸭及各种主食点心等等都有不同的火候大小、时间长短的要求。对掌管地灶的蒸工要求极高，既要掌握地灶的习性、火候合理、运用时间适度，还要对其他各环节了如指掌，才能使地灶功夫炉火纯青。

术语云："地锅技艺在装笼，蒸熟熘透有技能。无汤色白应在上，色红有汁放低层。早用易熟宜上放，难熟晚吃下边装。八种蒸装各有技，用之得当能适宜。"此则术语是说装笼技巧，蒸菜有干、湿、甜、咸、色白、色红、早熟、晚熟、早上桌、晚上桌等要求，这八种装笼之法是先人长期实践而得出的经验。掌管地灶的厨师要根据菜肴的老嫩、出菜顺序等来控制火候、蒸制的时间，以便蒸熟熘透又不过火，时机掌握得恰到好处，菜肴老嫩适度，美味可口而不失其形。

## 3. 凉菜案

凉菜案是制作冷菜的工种，把各种动植物原料经过加工成形、烹制成熟或腌制入味，晾凉后装盘。冷菜是筵席的开始，是开路先锋，其主要方法有腌、拌、炝及酱、卤、熏、煮等热制冷吃。

在冷菜技法中，热制冷吃较为复杂，如"酥"，要求将菜肴酥透，火候要均匀，恰到好处，没有夹生，口感柔软，连骨头一齐吃，代表菜有酥鸡、酥鱼、酥藕等。

"卤"，有卤肉、卤蛋、卤肚等；"酱"，有酱肉、酱茄子、酱排骨等。卤、酱的菜肴香味浓郁，回味无穷。

"糟"，有糟鱼、糟肉等，用香糟做凉菜，味道香醇。

"熏"，有熏鱼、熏肉、熏鸡等，熏制菜肴有特殊的烟香味。

冷菜"用料要全面，荤素宜相兼。量匀色有异，调味法善变"，要百菜百味，刀工细腻，拼摆整齐，色彩搭配协调，荤素搭配合理，形态饱满，构思巧妙，给人以赏心悦目的感觉，诱人食欲。术语中说"鸾刀穿梭快如飞，丝条块片切一匀。摆尽人间大地物，巧夺天工绘彩云"。

4. 配菜案

配制一个菜肴，除选择好主要原料外，还要做好辅料工作，才能使菜肴丰富多彩，滋味调和，并且要合理使用原料，降低成本，减少损耗。

配菜案是八作中的重要工种，配菜人要知识丰富，通晓各种动植物原料的品质、性能，分档取料，做到物尽其用。如"鸭舌鹅掌鸡芽尖，焖菸瓮笋菇双边。虾子鱼腩蟹中黄，鳖裙禽腿味正鲜。斤半鲤、尺长黄，箭杆鳝、小头鲂。指条虾、圆身鲫，拳头蟹、马蹄鳖"，说明了原料中的精华部位，配菜师傅要根据筵席要求，按照顾客喜好配制菜肴。

配菜师傅要掌握四季时令原料。如"早春牝鸡肥，伏日畜肉醇。三秋水鲜尽，九至野味珍。春宜鱼鳖夏用鲜，秋用虾蟹冬宜腌。鸡用雌性鸭取雄，羊宜用羯猪用臀。春季时蔬有三芽，三九苔菜天下先。晚秋螃蟹早秋虾，冬狗夏羊四季鲜"等，阐述了原料的季节性。

配菜师傅要知识丰富，通晓古今筵席的规格，合理配膳，科学配伍。"五湖珍品握在手，四季时鲜运掌中。洞察天时知性能，运筹得当配有功。"这说明配菜师傅的重要性。配菜师傅要"配菜取料量材用，

30

陪衬有色宜重形。切片有法齐而整，多样菜品均不同"。配菜时要注意色彩、形状的合理搭配，要"配形不宜乱，顺色应改变"，如果"宾主不分清，配成也无功"。

配菜师傅统管厨房，要了解顾客的爱好口味。取料全面，配出多样的菜肴，荤、素、甜、咸兼备，色彩搭配合理。运用多样烹调方法成菜，给顾客以耳目一新的感觉。而且配菜师傅还要懂得筵席礼仪，因此常被尊为厨房的"主管师傅"。

筵席有简单丰盛和烦琐特制之分，主管师傅要根据筵席的档次与场合、客人的身份和要求以及人数进行配制。"识客是技术，满意算标准。"烦琐特制筵席，配菜计量要少而精，菜不过两箸，汤不越三匙，菜品多而数量少，做到繁而精，终而有余。简单丰盛筵席，丰俭适中，配制有理，够其所需，做到简而丰。

筵席的组合与菜的配制要达到取料全面、技法多样、荤素有别、色彩协调、配菜合理的要求。筵席要合乎"繁而精，简而丰"的组合以及主食细致多样的原则。

主管师傅不仅要做好本职工作，而且还要安排天灶、地灶、冷菜的工作，使"生案师傅"的刀工处理与"水案师傅"的发制原料都能达到与配菜协调。"熟案师傅"负责熟料拆扣工作，"白案师傅"制作主食、点心，要及时、恰到好处地与"地灶师傅"协作。此八作技术分工，配置得当。大厨房明确分工，小厨房人少兼顾，一个人工作也离不开八作之技。

5. 红案

红案又叫熟案，其主要工作是熟料扣碗，因扣菜中红菜居多，所以叫红案。术语说："红案技术在扣摆，鸡鸭鱼肉熟出骨。原料面子要整齐，调味技法各有术。"

红案扣碗的鸡、鸭、鱼、肉要预先加工至刚熟，然后出骨。把刀面选好，切片码齐，扣入碗中，加入调料交给地灶蒸至酥烂，出笼滗出汤汁，扣入盘中，将汁回锅，调味，勾芡，浇在菜上即可。

"反扣鸭子正扣鸡，鱼块仰扣肉顺皮。野味剁条鼋宜整，甜菜摆面果装心。"是说鸭子从鸭背开刀剔净骨，用胸脯做面子整扣碗中，加汤下调味蒸酥烂。因为用胸部做面子，谓之"反扣"。扣鸡用鸡的背部做面子，谓之"正扣"，然后放入调料，加鸡汤、盐上蒸笼，蒸至鸡酥烂。瓦块鱼、虎头鱼等鱼类都是皮朝下扣入碗中，此为"仰扣"。红烧肘子、虎皮肉、米粉肉等都是皮朝下顺摆，上桌时反扣过来，形态美观。甲鱼因整只形状美观，所以扣碗应整扣，成菜美观大方。扣八宝甜饭，要在碗底先摆上各种果脯，成美丽图案，也可摆上吉祥图案或文字，再放调过味的熟糯米上笼蒸透，翻扣盘中，上笼蒸熟。

6. 白案

白案，指的是面点厨师运用各种原料制作干、稀主食或花样点心，以供筵席之用。

"能掌古菽粉，善制四面珍。味适八方主，十指技艺深。"技艺高超的面点师能用各种五谷杂粮制作不同形状、不同风味的主食和点心。这些点心荤素兼备，甜咸适口。

"推扒折叠与包擀，蒸烤炉炸技艺全。甜咸荤素品味多，只在手法千万变。"制作点心技法很多，和面要用推、扒、揉、搓等技法，才能使面团柔软弹性好。包馅、擀皮样样精通，蒸、烤、炸、煎烹调方法多样，甜咸荤素品种众多，这些方面关键在于手法的变化和技术的全面。

白案师傅与配菜师傅要既分工又合作，才能做好适合不同档次、不同规格筵席要求的点心，增添筵席特色。

7. 生案

生案，即运用各种刀法，将原料加工成形以便于配菜，或直接交给天灶、地灶，由掌勺师傅上火烹制。生案加工生料，所以厨师首先要学会各种刀法。刀法是指行刀的各种技法。

"降龙伏虎仙人路，怀中抱月除邪奸。"是说批刀的持刀方法和运用批刀批原料的过程。持刀的右手食指伸直，紧贴刀背，形如仙人指路，大拇指在刀上，中指在刀下捏住刀，无名指、小指握住刀把，左手四指稍微分开按住原料，右手从外向怀里一推一拉使刀运行，将原料批成片，两只胳膊松肩曲肘，成圆形，好像怀中抱着圆月亮。

"松肩须曲肘，指实要腕灵。左手退有则，右手下刀准。切工在左不在右，下刀轻重有功夫。松肩曲肘手腕灵，进退有则技有术。"厨师持刀，手指按要求把刀捏住，但持刀的手腕要灵活。松肩曲肘站立案前，身体与案子平行，相距十到二十厘米为宜，两腿自然分开与肩等宽，收腹，含胸，上身微向前倾。持刀的右手下刀要准确，左手退的速度与右手下刀的速度要协调，以达到厚薄相等、长短一致、整齐划一的要求。下刀的力度要掌握好，切韧性带筋的原料要用力大一点，切嫩、脆的蔬菜力度要小一些，以把原料切断、刀不被面板吸住或面板对刀没有吸附感为度。

"切前剁后片中间，劈砍灵活剔用尖。托刀削皮砸用背，八法用刀各不一。"是说一刀多用的方法。削茭白、竹笋、莲藕等蔬菜，要左手执原料，右手托刀，有节奏地往上削，就觉得省劲；用刀的前部切，感觉灵活；用刀的中间批，运用自如。"生切无二门，猪鸡丝要顺。横切牛羊肉，老嫩质地分。"猪肉、鸡肉的肉质较嫩，因此切肉丝、肉片要顺丝切。炒制时，肉因受热收缩的概率低，不宜散碎，形态美观，口感也佳。牛羊肉的纤维较粗，质地较老，因此切丝片要截丝切，把肉的纤维尽可能地切短，炒熟后，无老韧感。

"横批肉片竖切丝，块整条直丁子匀"，是说切肉丝要先把肉批成大薄片，顺丝码齐，然后用直刀法中的推刀切顺丝一刀切断，经过刀工处理后的原料要大小一致。

除刀工外，生案还要负责上浆、整鸡及整鱼出骨、烤鸭上叉等，总之，生案要会运用刀工处理原料，还要会其他技术，以便互相协作，提高工作效率。

8. 水案

水案是发制干货原料的工种。由于很多原料特别是高档原料，其季节性和区域性都比较强，产地和消费地相距甚远，为了使山珍海味易于储存和运输，人们往往把这些原料制成干品，便于长久保存，使非产地的人们也能吃上山珍海味。这些干货制品原料在加工烹制前，首先要进行干货发制，使其吸收水分，尽可能地恢复到鲜品时的状态。

干货原料涨发方法多样，有水发、油发、碱发、蒸发等，要根据原料不同和烹调需要，采取不同的发制方法。如肉皮要油发再水发，碱水去污，洗涤干净再用高汤烹制；发燕窝功夫要细，毛燕细择，血燕要用过滤后的草木灰水浸泡，官燕清泡，总之要达到色白透明为度。

有些干货原料，如鱼皮、鱼翅、鱼骨、海参等海味，还要用火烧、水煮、油炸、开水烫来去沙、除污、避异味。术语说得好，"长白东海水中鲜，去沙除污技艺全。烧煮炸烫火当先，北方壬癸工后完"，因此，具体到每一种干货，要采用不同的发制方法，尽可能使干货原料涨发到接近鲜品时的状态，去除异味，增加香味，便于烹调和食用。

### 三、彭祖饮食养生思想及方法

彭祖作为一位身体力行的养生大家，在远古时代实现了长寿的愿望，并对其经验进行了归纳和总结，全面合理，自成体系。

1. 阴阳平衡、五味调和，是彭祖饮食养生的哲学思想

阴阳平衡是生命活力的根本，人体内阴阳平衡则气血充足、精力充沛、五脏安康、容颜发光、健康有神；阴阳失衡人就会患病、早衰，甚至死亡。阴阳平衡论是传统中医学基本的饮食治疗原则，《素问·至真要大论》曰："谨察阴阳之所在而调之，以平为期。"《内经》也曰："生之本，本于阴阳。"人是一个阴阳平衡的平衡体，在正常生理状态下，阴阳总保持相对平衡，这种平衡不仅指人体内的机体平衡，还包括人体与环境的阴阳平衡，人体与食物的阴阳平衡。人体内阴阳主要通过饮食来调节，如甲鱼、乌龟、燕窝、银耳等滋阴润燥、养阴生津以补阴虚，而鹿肉、羊肉、狗肉、虾仁等益精填髓、温肾壮阳以补阳虚。这种阴阳调节是彭祖养生的哲学指导思想，在其实践活动中身体力行，如他常用来食补的牡桂、灵芝、云母粉、麋鹿散等。另外，《彭祖养生经》

记载彭祖养寿服食方首选地黄，于冬季或秋季每天二十克熟地黄，连服两个月，符合"春夏养阳，秋冬养阴"的道理。现代医学证明，久服地黄可使老年斑消退，说明人体要与食物的四性五味相适应，人体内的阴阳平衡，要通过食物的四性五味来调节，即遵循食性。食物的四性是指食物温、热、寒、凉，温热性质的食物，有温中散寒、助阳益气、通经活血等作用，如姜、葱、韭、蒜、辣椒、羊肉、狗肉等，适用于阴症病症；寒凉性质的食物，具有清热泻火、凉血解毒、平肝安神、通利二便等作用，如西瓜、苦瓜、萝卜、梨子、紫菜、蚌蛤等，主要适用于阳症病症。这是一项基本原则，据此来调节体内阴阳的平衡，使其重新达到平衡状态。否则，不是"火上加油"，便是"雪上加霜"，对治疗相当不利。正如《金匮要略》所云："所食之味，有与病相宜，有与病相害。若得宜则益体，害则成疾，以此致危，例皆难疗。"食物的五味是指辛、甘、酸、苦、咸，彭祖曰"五味不得偏耽，酸多伤脾，苦多伤肺，辛多伤肝，甘多伤肾，咸多伤心"。《素问·生气通天论》提出了"谨和五味"以调节人体阴阳的五行原则，是饮食养生的重要法则之一，同时指出"阴之所生，本在五味，阴之所宫，伤在五味"，说明五味对人体"养"和"伤"的双面作用，五味得当则养，五味失调则伤，五味调和实质上是指五味来调整阴阳。所谓食物的味，是指食物的味感，五味中以甘味食物居多，咸味、酸味次之，苦味最少，正常饮食以甘味食物为主，兼顾他味，可以根据食物的五味来判断阴阳属性，按照食物的阴阳属性与人体的阴阳性状，合理搭配，五味调和得当，才能保证机体阴阳平衡，保证人体健康。彭祖这种维护人体阴阳平衡、遵循食性的养生哲学思想，对后世影响极大。

2. 顺时养生、遵循自然，是彭祖饮食养生的基本原则

1984 年，湖北江陵汉墓出土大量汉代文简，其中有两部医学著作《脉书》与《引书》。《引书》是一部记载养生祛病的专著，在《引书》的第一部分就论述了四季养生之道，也就是顺时养生，遵循自然，篇首指出"春产、夏长、秋收、冬藏，彭祖之道也"，接着以四季之序介绍

了各季节的养生办法，这一部分精神与《素问·四气调神大论篇第二》所载养生、养长、养收、养藏之道相同。

彭祖养生讲究"天人合一"，就是根据自然界春夏秋冬四时的变化规律，采取相应的养生措施。人和自然是一个相互统一的整体，人体的机理受自然四时变化的影响，顺时养生就是要遵循自然，这是彭祖饮食养生的基本原则。《黄帝内经》记载："夫四时阴阳者，万物之根本也，所以圣人春夏养阳，秋冬养阴，以从其根。""和于阴阳，调于四时"，因此，饮食养生要遵循自然规律的变化，同时《黄帝内经》在谈到人如何长寿时，明确指出"智者之养生，必须四时而适寒暑"。其意是聪明的人有一条重要的养生原则是必须顺从春夏秋冬阴阳消长的规律，适应寒热温凉的气候变化，只有这样，人才能长寿。其原因是天有三阴三阳、六气和五行。古人认为人也有三阴、三阳、六气和五行的运动，而自然气候的变化关系到阴阳六气和五行的运动；人体的生理活动也取决于六经和五脏之气的协调。因此，认为人体的生理活动与自然变化是同一的道理，同时又认为自然界阴阳五行的运动与人体五脏六经之气的运动是相互适应的，这就是"天人一理，人体一小天地"，以及"天人相应"和"人与天地相参"的"天人一体"观。正如《黄帝内经》里所说："人与天地相参也，与日月相应也。"由此可知，人体的生理变化一定要适应自然界的气候环境，即不同的季节的生理变化、病理变化，需要相应的饮食。饮食顺应了四时，就可以保证体内阴阳气血平衡，使正气充足，这一点在养生保健、防病治病方面尤为重要。彭祖认为，天有四时、气候的不断变化，地有万物生、长、收、藏的规律，人体也不例外，人的五脏六腑、阴阳气血的运行必须与四时相适应，不可反其道而行之。

元代养生医学大家忽思慧在《饮膳正要》中论述："春气温，宜食麦以凉之；夏气热，宜食菽以寒之；秋气燥，宜食麻以润其燥；冬气寒，宜食黍以热性治其寒。"总结性指出饮食四季宜忌，要讲究顺时养生，遵循自然。

3. 食饮有节、定时定量，是彭祖饮食养生的指导原则

《彭祖养生经》记录彭祖曰："不欲甚饥，饥则败气；食戒过多，勿极渴而饮，饮戒过深。食过则症块成疾，饮过则痰癖结聚气风，不欲甚劳，不欲甚逸。"同时还说道："食戒过多，饮戒过深，食饮有节，起居有恒。"彭祖的这种饮食有节、定时定量的思想对后世影响甚大，《素问·上古天真论》也提出"食饮有节"的理论，此"节"寓意深刻，可引申到人体对饮食的量、质、时、嗜、洁、情、境和寒温是否科学合理，从这几个方面来搭配，才能起到饮食养生的作用，也就是说，饮食要保持一定数量，保证一定质量，进食时间合理，控制饮食嗜好，讲究食物清洁，顺应进食心情，选择进食环境，注意食物四性。孔子《论语》中的"八不食"之一"不时不食"，也可解释为不到进食的时间不能食用，同时强调"不多食"，即饮食有节；《吕氏春秋》就告诫人们"食能以时，身必无灾"；《内经·素问》认为："饮食自信，肠胃乃伤"；孙思邈在《千金要方》也说"是以善养性者，先饥而食，先渴而饮。食欲数而少，不欲顿而多，则难消也。常欲令如饱中饥，饥中饱耳"，同时还指出"不欲极饥而食，食不可过饱，不欲极渴而饮，饮不可过多"；东汉医圣张仲景在《金匮要略》中指出，一个重要的饮食指导原则就是"服食节其冷热苦酸辛甘"。食饮有节、定时定量对人体有益的历史结论也被现代科学所证实。

4. 重工艺、调和滋味，是彭祖饮食养生的精髓所在

彭祖作为烹饪鼻祖，不仅发明了厨行的"爨阵八法"，还善于调和滋味，作为食物养生第一人，彭祖特别注重食物的烹饪工艺和调味。人对美味的追求是一种正常的生理现象，调和滋味、注重工艺能使食物给人以感官的享受，达到身心愉悦、健康长寿的目的。其流传下来的"羊方藏鱼"就是典型一例。彭祖善调五味、注重烹调工艺，这与徐州菜的特点"以鲜为主，五味兼蓄、华而实、丽而洁、浓而不浊、淡而不薄，取料广泛，注重食疗"是一脉相承的。从传说中还可以看出，彭祖创制此菜是在夏季，这也应该是"彭祖伏羊节"的源头。

5. 药食同用、合理配伍，是彭祖饮食养生、调理机体的重要方式

药食同用和食物互补是彭祖饮食养生的一大重要特点，《彭祖养生经》就有"服食医药，亦以养生"的记载。养生当论食补，治病当论药攻。《列仙传》云："彭祖善和滋味，好恬静，唯以养神冶生为事，并服广角、水晶、云母粉，常有少客。"说明了彭祖不仅懂得饮食保健，而且应用得当，是从"医食同源""药食同用"的思想观念出发，阐明饮食与增进人体健康和治疗疾病的原理。

彭祖重视食物与药物的配伍，这从其"雉羹"可窥一斑。雉羹乃是用野鸡煮烂，与稷米同熬而成的一种汤羹类，具有鲜香醇厚、易消化等特点，彭祖因用雉羹治好了尧帝的厌食症而受封于彭城，故雉羹又有"天下第一羹"之美称。彭祖的雉羹制作十分讲究，还加入了一种叫员木果籽的食料，《彭祖养道》上曾记载："帝食天养员木果籽。"员木果籽，也就是茶籽，为我国特有的物种，本身就富含多种营养物质，具有延缓衰老的作用，早在四千多年前，彭祖就发现并利用茶籽的养生功效了。《扈从赐游记》中云，清朝皇帝每年"秋狝大典"，都要在澹泊敬诚殿特赐王公大臣"野鸡汤"一器，概因野鸡汤是古代圣君唐尧食用过的，王公大臣皆以能品尝到皇帝所赐的野鸡汤为荣。《本草纲目》云稷米有"益气、补不足、作饭食，安中利胃宜脾，凉血解毒"之功效，雉具有"补中、益气力、止泻痢、除蚁瘘"等功效。两者合二为一，对人体作用可窥见一斑。

"天姻青崖谪仙侣，清风明月友坡公。童颜鹤发人常在，枫上凤凰角内茸。"这是现代人为赞颂"麋角鸡"菜品而题的一首诗。麋角鸡属彭祖食疗菜之一，是采用麋鹿头上的角，与母鸡同炖而成。《本草纲目》云"麋茸功力胜鹿茸"，并言具有"治风痹、止血、益气力、补虚劳、填精益髓、益血脉、暖腰膝、壮阳悦色、疗风气、偏治丈夫"之功效。彭祖之疗生经验，被历代所传承，也被近代科学所证实，故其菜款也能流传至今。

除此之外，还有"云母羹""乌鸡炖薏仁""水晶饼"等食养菜品。

这些食物对养生延年的疗效，同样也受到了后人的重视。彭祖的养生延年经验，后被历代名人重视，并沿袭其法至今。如后来的易牙继承和发展了彭祖的食疗菜肴，并创制了"易牙五味鸡"等食疗菜肴，流传至今。

药物是祛病治疾的，见效快，重在治病，使用药物治疗疾病，要适可而止，不可过分，以免身体受损，应当用饮食方法调理使之痊愈，"寓医于食、良药可口、药借食力、食助药威"。古代药膳就是在彭祖药食养生的基础上形成的，在中医理论指导下，药物（中药）与食物合理配伍，通过烹调加工巧妙配制而成的食品，具有保健强身、防病治病的作用，而且变苦口良药为美味佳肴，强调色、香、味、形，注重营养价值，满足人们"厌于药，喜于食"的天性。

彭祖的养生之道，世人研究较多，分别从不同角度阐述了彭祖的养生思想和方法，关于其饮食养生的观点，许多专家学者也进行了探讨，并且付诸实践。但由于彭祖距今有四千多年的历史，其遗留后世的饮食养生经验虽经代代相传，并且给予了发扬光大，但难免有一些糟粕的痕迹，因此研究彭祖的饮食思想和方法，要用现代科学的观点来探讨其科学性和有效性，取其精华，去其糟粕，为现代饮食养生提供借鉴。

## 第三节　徐州两汉饮食文化

### 一、两汉饮食文化的形成和发展

两汉时期跨越四百余年，是中国历史上大一统的发展时期。徐州作为烹饪之都，饮食文化底蕴深厚，作为两汉文化的发源地，徐州素有"彭祖故国、刘邦故里、项羽故都"之称，它对中华民族的文明发展，乃至对世界文化的发展都产生了重大而深远的影响。"秦唐文化看西安，明清文化看北京，两汉文化看徐州"，徐州两汉饮食文化是徐州两汉文化中的组成部分，是中国饮食文化史的重要阶段，研究和探讨徐州的两汉饮食文化的内涵，挖掘和整理两汉饮食文化的内容，对弘扬徐州两汉文化，具有极其重要的意义。

两汉饮食文化是指在两汉时期一切饮食生活方式和为满足这种生活方式进行的一切活动和创造，以及基于这些方式形成的心理和行为。其具体内容包括三个层次：一是物态文化，指与两汉时期饮食活动有关的遗迹、遗存；二是制度行为文化，指两

汉时期的饮食制度，以及相关的风俗习惯、行为礼仪、谚语故事等；三是精神心理文化，指人们在长期的饮食实践和意识活动中形成的价值观念、思维方式、审美情趣、心理性格等。

徐州两汉饮食文化是以两汉时期的饮食内容为载体产生和发展起来的文化现象，是徐州饮食文化的重要组成部分，也是实施精神文明赖以产生的前提和基础，它是以两汉文化为背景，在漫长的历史时期中，在自然环境、人文环境、社会生活等多种因素的影响下形成和发展的。它与徐州的历史、区域、经济、民俗、物产、烹饪技法等密切联系。

（一）彭祖烹饪术，是两汉饮食文化的基础

在烹饪方面，彭祖为徐州的后人们留下了许多经典菜品和制作经验，包括其传人创作遗留下来的一些精品，长盛不衰。特别是彭祖创制并留传下来的烹饪行业的"爨阵八法"，开创了中国烹饪的厨房布局。彭祖遗留下来的饮食文化，已经融汇到地方饮食文化之中。其主要贡献

在于把人类饮食由熟食推向味食，由粗食推向精食，将饮食与养生相结合，开创了药膳、食疗等饮食的新天地，从而形成了独特的彭祖饮食文化，这为后世饮食文化的发展奠定了基础。

（二）生产力的发展，为两汉饮食文化形成奠定了物质基础

社会生产力的进步是汉代社会经济（包括商品经济）快速发展的前提条件。

春秋战国以来，以铁器和牛耕技术为主要代表的先进生产工具和技术产生并推广运用，大大提高了社会劳动生产率，促成了社会全面变革。由于生产力和生产技术的进步，社会分工的发展，经济结构和经济规模发生了较大的变化。

自西汉立国至汉武帝这七十年间，奉行休养生息政策，国力强盛，社会稳定，社会生产力有了很大的发展，中国成为当时世界上文明发达的大国。休养生息的政策，为汉代商品经济的发展提供了有力的保障；社会需求的扩大，推动了汉代经济的发展；经济的发展，也扩大了社会的需求，特别是人类对饮食的需求愈来愈高。大一统格局为汉代经济发展提供了良好的社会环境，促进了两汉饮食文化的发展。

（三）中外文化经济交流，为两汉饮食文化增添了新内容

1. 中外贸易交流开拓了食物来源

据长沙马王堆西汉墓出土的实物和竹简记载，当时的粮食有稻、小米、麦、麻、豆；菜果类有瓜、葫芦、甘蔗、藕、芋、蕹菜、芥菜、冬葵、苋菜、菠菜、白菜、韭菜、芜菁、枣、梨、梅、杨梅、李、柿、橘柚、椰子、橄榄、木瓜；肉食有牛、马、羊、狗、猪、鹿、兔、鸡、雉、雁、鸭、鹅、鹤、斑鸠、喜鹊、鹌鹑、雀、蛋、鲫、鲂、鲤等。除此之外，还引进了中亚、西亚等地的原料，如芝麻、核桃、蚕豆、胡萝卜、石榴、大蒜、黄瓜等，使烹饪原料更加丰富多彩，有利地促进了菜肴品种的丰富多样。此外，西汉的淮南王刘安发明了豆腐和豆腐制品，极大地丰富了菜点品种。

## 2. 域外烹饪技术进入中原和海产品进入筵席

首先，中外贸易交流开拓了食物来源，同时也把域外的烹饪技术、烹饪经验带入中原。在当时的长安有许多胡姬酒舍，经营胡饼、胡酒、胡羹等。域外名食，如婆罗门轻高面、胡麻饼、饆饠、搭纳、馎饨、鹘突等面点及烹羊肉、浑羊殁忽等名菜也享誉华夏。其次，两汉到南北朝时期曾出现过几次动乱，使中国居民发生多次移民浪潮，如西晋末年的永嘉丧乱持续不断，南北朝时的塞北人南迁中原，中原人南迁江南、皖南、苏南，从不同程度上把烹饪技术带到这个地区或摄取了当地的烹饪技术，使其烹饪技术得到交流、补充和完善。同时，由于海上丝绸之路的开通，海产品中的鱼、鳖、虾和蟹等原料进入了筵席，并成为筵席的重要组成部分。

### （四）饮食市场的繁荣，促进了两汉饮食文化发展

《汉古歌》曰："上金殿，著金樽，延宾客，入金门。入金门，上金堂，东厨具肴馔，椎中烹猪羊，主人前进酒，歌舞为清商，投壶对弹琴，博弈并复行。"前文介绍过的汉画像石中的画面正如歌中所唱，无不表现饮食兴盛。

两汉时期，由于食物资源的进一步开拓和域外烹饪技术进入中原，使中原地带饮食行业更加兴旺发达，市场呈现出一派欣欣向荣的繁荣景象。当时的两京三都，市场繁荣，饮食行业兴旺发达，所谓"通邑大都，酤一岁千酿，醯酱千瓨，浆千儋瓦，屠牛、羊、彘千皮""熟食遍列，殽旎成市"，真实地反映了汉代饮食市场的概况。两汉时期在中国烹饪史上称为民族风格的奠基期和深化期。

### （五）"东食西迁"和"北食南迁"，扩大了徐州饮食文化的范围

《西京杂记》记录

了"东食西迁"的缘由:"太上皇徙长安,居深宫,凄怆不乐。高祖窃因左右问其故,以平生所好,皆屠贩少年,沽酒卖饼,斗鸡蹴鞠,以此为欢,今皆无此,故以不乐。高祖乃作新丰,移诸故人实之,太上皇乃悦。故新丰多无赖,无衣冠子弟故也。高祖少时,常祭枌榆之社。及移新丰,亦还立焉。高帝既作新丰,并移旧社,衢巷栋宇,物色惟旧。士女老幼,相携路首,各知其室。放犬羊鸡鸭于通涂,亦竞识其家。其匠人胡宽所营也。移者皆悦其似而德之,故竞加赏赠,月余,致累百金。"这段记载,详细记录了徐州丰县的生活民俗迁入长安的缘由和内容,同时也说明了徐州丰县的饮食文化对汉代长安的影响。

《后汉书·楚王刘英列传》载:"帝以亲亲不忍,乃废英,徙丹阳泾县,赐汤沐邑五百户。遣大鸿胪持节护送,使伎人奴婢妓士鼓吹悉从,得乘辎辇,持兵弩,行道射猎,极意自娱。男女为侯主者,食邑如故。"永平十三年,有个叫燕广的男子上告说刘英与渔阳王子、颜忠等人作图书,有叛乱的阴谋,此事被朝廷责令加以查验。有司上奏说刘英招揽聚集奸猾之人,造图谶,擅自设置官职,设立诸侯王公将军二千石,大逆不道,请求处罚他。明帝因爱护亲族而不忍心,便废掉刘英的爵位,迁徙到丹阳的泾县,赐给他汤沐邑五百户。派大鸿胪持节护送,派歌舞伎艺人奴婢吹奏表演者全部跟随,可以乘坐有屏幕的车子,手持兵器弓弩,边走边打猎,尽情娱乐。凡是侯主之人,食邑完全与从前一样。楚太后不必上缴印玺玉带,留住在楚宫中。这就将徐州的饮食风俗带到了江南一带。这段历史称为"北食南迁"。

(六)铁器的普及和发展,为两汉烹饪技艺的发展提供了空间

两汉时期冶铁技术的成熟极大促进了铁器的使用和推广。汉代以来,不仅有生铁铸的鼎、釜、甑、炉等器具,还出现了厨刀、小釜、小鏊、五熟釜和诸葛行锅等等。

铁制烹饪工具在西汉得到普及,并不断改良革新,成为汉代烹饪的主要工具,尤以铁锅和刀具的作用最为突出,为烹饪技艺的发展提供了保证。铁制刀具的广泛运用使刀工技术得到提高和突破,厨刀从各种刀

类中分化出来，专门按庖厨的需要而制造，也为原料的加工工艺提供了基础条件。炒制技术伴随着铁器的历史发展而不断地被完善和提高，为了满足炒制快速翻炒的特点，加热器具由原先的小口鼓腹的铁釜演变为敞口斜腹的铁锅，可以认为铁锅的出现及炒的发明是中国烹饪技术体系形成后里程碑式的成就。

（七）饮食制度和礼仪，丰富了两汉饮食文化的内容

随着中国的统一，汉王室在饮食方面比先秦时期更进一步。皇宫拥有最为完备的食物管理机构。"太官""汤官""导官"，分别"主膳食""主饼饵""主择米"。太官令下设有七丞，包括负责各地进献食物的太官献丞、管理日常饮食的大官丞和大官中丞等。太官和汤官各拥有奴婢三千人，皇帝和后宫膳食开支一年达二万万钱。

汉朝礼制规定，天子"饮食之肴，必有八珍之味"。他们"甘肥饮美，殚天下之味"。时节的变化对汉代百姓的生活状况有着不小的影响。如汉末人徐干说，"在炎气酷烈"的夏季，即使是贵族也感到"身若点漆，水若流泉，粉扇靡效，宴戏鲜欢"，然而季节对饮食生活的限制在皇帝和后妃那里却被降至当时的最低程度。在冬天，皇帝可以享用春季才生成的葱、韭黄等蔬菜，而这些蔬菜是耗费大量钱财，太官"覆以屋庑，昼夜蕴火，待温而生"，在炎热的夏季，皇帝与后妃则是"坚冰常奠，寒馔代叙"。

礼产生于饮食，同时又严格约束饮食活动，不仅讲求饮食规格，而且连菜肴的摆设也有规矩。《礼记·曲礼》载："凡进食之礼，左肴右胾，食居人之左，羹居人之右。脍炙处外，醯酱处内，葱渫处末，酒浆处右。以脯修置者，左朐右末。"就是说，凡是陈设便餐，带骨的菜肴放在左边，切的纯肉放在右边。干的食品菜肴靠着人的左手方，羹汤放在靠右手方。细切的和烧烤的肉类放远些，醋和酱类放在近处。蒸葱等拌料放在旁边，酒浆等饮料和羹汤放在同一方向。如果要分陈干肉、牛脯等物，则弯曲的在左，挺直的在右。这套规矩在《礼记·少仪》中也有详细记载。上菜时，要用右手握持，而托捧于左手上；上鱼肴时，

44

如果是烧鱼，以鱼尾向着宾客，冬天鱼肚向着宾客的右方，夏天鱼脊向宾客的右方。

在用饭过程中，也有一套繁文缛礼。《礼记·曲礼》载："共食不饱，共饭不泽手，毋抟饭，毋放饭，毋流歠，毋咤食，毋啮骨，毋反鱼肉，毋投与狗骨，毋固获，毋扬饭，饭黍毋以箸，毋嚃羹，毋絮羹，毋刺齿，毋歠醢。客絮羹，主人辞不能烹。客歠醢，主人辞以窭。濡肉齿决，干肉不齿决。毋嘬炙。卒食，客自前跪，彻饭齐以授相者，主人兴辞于客，然后客坐。"大意是大家在一起吃饭的时候，不要只顾自己吃饱。如果是和别人一起吃饭，就要检查一下手的清洁卫生。不要用手搓饭团，不要把多余的饭再放进锅中，不要喝得满嘴淋漓，不要吃得啧啧作声，不要把吃过的鱼肉再放回盘里，不要把骨头扔给狗。不要独自占有食物，也不要簸扬着热饭，吃黍蒸的饭用手而不用箸，不可以大口囫囵地喝汤，也不要当着主人的面调和菜汤。不要当众剔牙齿，也不要喝腌渍的肉酱。如果有客人在调和菜汤，主人就要道歉，说是烹调得不好；如果客人喝到酱类的食品，主人也要道歉，说是备办的食物不够。湿软的肉可以用牙齿咬断，干肉就得用手分食。吃炙肉要撮作一把来嚼。吃饭完毕，客人应起身向前收拾桌上的碟子交给旁边侍候的主人，主人跟着起身，请客人不要劳动，然后客人再坐下。

（八）饮食文献的记载，延续了两汉饮食文化的发展

两汉时期，随着农业、手工业和商业的发展，食物原料丰富，烹饪技艺发展，民族交流加深，出现了大量的饮食典籍。这些典籍有的出自汉代，但多附属在其他的著作中。魏晋南北朝时期，出现了专门的饮食典籍，虽然有的现在已经遗失，有的只是附属在后世典籍的引用之中。这些典籍为我们提供了两汉时期饮食方面的基本情况。

《急就篇》，西汉史游作，中国古代教学童识字、增长知识、开阔眼界的字书。"急就"是很快可以学成的意思。其中第七、八、九、十章是专门提及饮食方面的内容。"酒行觞宿昔醒，厨宰切割给使令。薪炭萑苇炊孰生，膹脍胾炙酿各有形。酸咸酢淡辨浊清，肌臞脯腊鱼臭

腥。六畜蕃息豚豕猪，獌豱狡犬野鸡雏。牸牺特犗羔犊驹，雄雌牝牡相随趋。糟糠汁滓稿莝芻，凤爵鸿鹄雁鹜雉。鹰鹞鸨鹆鹥雕尾，鸠鸽鹑鹦中网死。鸢鹊鸥鸮惊相视，豹狐距虚豺犀兕。狸兔飞鼬狼麋麠，麇麈麖麃皮给履。"这些语句中有关于农作物的，有关于动物的、粮食的、饭食的、蔬菜的、调味的、食物加工的等等。虽然数量不多，但提供了饮食方面许多的重要资源。

《说文解字》，东汉许慎著，是我国最古老系统的一部字书，含有丰富的汉代饮食文化的信息，全书五百四十部，其中在食部、米部、羊部、鱼部、肉部、火部、酉部、卤部等相关部首的字群里，都能看出食物原料、食品名称、烹饪加工等在汉代及以前时代的饮食文化内涵和时代特征。如粮食类，包括禾类、粟类、稷类、稻类、豆类等近四十种；蔬菜类，主要集中在草部，包括水生、菌藻类近七十种；瓜果类三十多种；动物类，包括牲畜、家禽、野禽、水产等近五十种，其中还有十多种用肉做成的食品；饮品类有近二十种；调味品有二十多种，包括酱品、香料等；粥羹有十多种；主食有近十种；烹饪技法有近三十种。这些内容尽管是对文字的收录和解释，但对后世饮食的发展影响巨大，也奠定了中国文字学的基础，是研究汉代饮食文化不可缺少的古代典籍。

《释名》，东汉末年刘熙著，全书共八卷，二十七篇。其中第四卷《释饮食》，是专门解释汉代饮食方面的篇章，对研究汉代饮食具有十分重要的价值。全卷共计七十八条，在食物的形状、颜色、味道、功能、制作、储存等方面进行了分类和诠释，其中不乏与外国和少数民族的饮食文化交流。开始十条是关于饮食动作的描述，如"饮，奄也，以口奄而引咽之也"，其他的有关于米面制作的描述，如"糍，渍也，丞燥屑使相润渍饼之也。"有关于调味品制作和名称的描述，如"醢，海也，冥也，封涂使密冥乃成也。醢多汁者曰醯；醯，沉也，宋鲁人皆谓汁为沉。醢有骨者曰臡，如吮反臡胒也，骨肉相搏胒无汁也"。有肉制品的制作和名称的描述，如"脍细切猪羊马肉使加脍也"。有饮料制作和名称的描述，如"酒，酉也。酿之米曲酉释，久而味美也。亦言踧也，能否皆强相跟待饮之也。又入口咽之，皆跟其面也"。有关于蔬菜水果的加工和名称以及保鲜方法的描述，如"桃诸，藏桃也。诸，储也。藏以为储，待给冬月用之也"。还有一些少数民族和外国食品的名称。从这些记载可以看出，在汉代，食品品种繁多，加工方法各异，保鲜技术得到大幅度提高，对外交流活跃。

《西京杂记》是一部记载西汉时期社会生活中逸事传闻的笔记体小说，内容包罗万象，对饮食记载的内容虽然不多，但对后世的饮食研究有一定的价值。历史上著名的"五侯鲭"即来自于此。《西京杂记》卷二："五侯不相能，宾客不得来往。娄护丰辩传食五侯间，各得其欢心，竞致奇膳。护乃合以为鲭，世称五侯鲭，以为奇味焉。""五侯鲭"是指汉代娄护合王氏五侯家珍膳而烹饪的杂烩。裴启《裴子语林》也有类似记载："娄护，字君卿，历游五侯之门。每旦，五侯家各遗饷之。君卿口厌滋味，乃试合五侯所饷之鲭而食，甚美。世所谓五侯鲭，君卿所致。"苏轼《次韵孔毅甫集句见赠》之二中"今君坐致五侯鲭，尽是猩唇与熊白"也有"五侯鲭"；清赵翼《杨桐山招饮》诗也说："也曾吃过五侯鲭，等闲炮炙不足数。"五侯，汉成帝母舅王谭、王根、王立、王商、王逢时同日封侯，号五侯。鲭，肉和鱼的杂烩。徐州市的"烧杂拌"、全国各地的"全家福""杂碎"即从"五侯鲭"演变而来。

《淮南子》，西汉皇族淮南王刘安及其门客集体编写的一部哲学著作。此书蕴含着丰富的饮食思想，具有一定的哲理。如"食者民之本也，民者国之本也，国者君之本也"，主要是强调食为民之本；"味有五变，甘主其味""五味乱口，使人伤败"则强调重视原味，反对过分追求美味等；"汾水蒙浊而宜麻，沸水通和而宜麦，河水中浊而宜菽，洛水轻利而宜禾，渭水多力而宜黍，汉水重安而宜竹，江水肥仁而宜稻。平土之人慧而宜五谷"，强调因人因地而宜，秉承人性天性等等。

《盐铁论》，西汉桓宽编著。此书主要是根据著名的"盐铁会议"记录而整理撰写，主要论述当时汉武帝时期的政治、经济、军事、外交、文化等方面。在这部书中，有关饮食方面主要存在于《散不足》

中，贤良们从衣食住行到婚丧嫁娶，从庶民百姓到官府豪家，分为八个纲领，并列举了三十二项事实，虽然是论述汉代饮食与先秦饮食的区别，但主要是说明由于豪华奢侈产生了很多方面的社会弊病，贤良借题发挥，以论奢侈节俭为名，目的是行复古之实。其中也反映出汉代生活的发展，略述如下：

> 古者，谷物菜果，不时不食，鸟兽鱼鳖，不中杀不食。故徽罔不入于泽，杂毛不取。今富者逐驱歼罔置，掩捕麑鷇，耽湎沈酒，铺百川，鲜羔麑，几胎肩，皮黄口。春鹅秋雏，冬葵温韭，浚茈蓼苏，丰蒿耳菜，毛果虫貉。

说明汉时食物原料丰富多彩。羊羔、小猪、春天的小鹅、秋季的雏鸡、冬天的葵菜和温室培育的韭菜、香菜、子姜、辛菜、紫苏、木耳以及虫类、兽类，没有不吃的。

> 古者，污尊抔饮，盖无爵觞樽俎。及其后，庶人器用，即竹柳陶匏而已。唯瑚琏觞豆而后雕文彤漆。今富者银口黄耳，金罍玉钟。中者野王纻器，金错蜀杯。夫一文杯得铜杯十，贾贱而用不殊。箕子之讥，始在天子，今在匹夫。

说明汉代饮食器具种类多样，尊贵高档。富人用着银口黄耳的杯盘，黄金做的酒壶和玉雕刻的酒杯。中等人用的是野王出产的苎麻制造的漆器，蜀郡出产的镶金酒杯。

> 古者，燔黍食稗，而捭豚以相飨。其后，乡人饮酒，老者重豆，少者立食，一酱一肉，旅饮而已。及其后，宾婚相召，则豆羹白饭，綦脍熟肉。今民间酒食，肴旅重叠，燔炙满案，臑鳖脍鲤，麑卵鹑鷃橙枸，鲐鳢醢醢，众物杂味。

48

说明汉代筵席品种丰盛多品，菜品讲究，连民间招待客人，都是鱼肉重叠，烤肉满桌，还有鱼鳖、鹿胎、鹌鹑、香橙、蜫酱，以及鲐、鳢、肉酱和醋，物丰味美。

古者，庶人春夏耕耘，秋冬收藏，昏晨力作，夜以继日。《诗》云："昼尔于茅，宵尔索绹，亟其乘屋，其始播百谷。"非腊腊不休息，非祭祀无酒肉。今宾昏酒食，接连相因，析酲什半，弃事相随，虑无乏日。

说明汉代宴饮集会多多，来客和结婚都要办酒席，互相邀请，没有间断，常常是十个人醉倒五个，有的人放弃了工作而跟着别人去吃喝，不考虑自己缺吃少穿的日子。

古者，庶人粝食藜藿，非乡饮酒、腊腊祭祀无酒肉。故诸侯无故不杀牛羊，大夫、士无故不杀犬豕。今闾巷县佰，阡陌屠沽，无故烹杀，相聚野外，负粟而往，挈肉而归。夫一豕之肉，得中年之收，十五斗粟，当丁男半月之食。

说明汉代肉食现象已经很普遍。街道上有屠人，农村里有屠户，随意宰杀牲口，在野外聚在一起吃喝，要买肉就背着粮食去，提着肉就回来了。

古者，庶人鱼菽之祭，春秋修其祖祠。士一庙，大夫三，以时有事于五祀，盖无出门之祭。今富者祈名岳，望山川，椎牛击鼓，戏倡舞像；中者南居当路，水上云台，屠羊杀狗，鼓瑟吹笙；贫者鸡豕五芳，卫保散腊，倾盖社场。

说明汉代祭祀物品发生了很大的变化。富人祭祀，击鼓杀牛；中等人祭祀，屠羊杀狗；贫穷的人用鸡猪五味，散发祭肉。

> 古者，土鼓块枹，击木拊石，以尽其欢。及其后，卿大夫有管磬，士有琴瑟。往者，民间酒会，各以党俗，弹筝鼓缶而已，无要妙之音，变羽之转。今富者钟鼓五乐，歌儿数曹；中者鸣竽调瑟，郑舞赵讴。

说明汉代宴饮讲究歌舞。由过去民间喝酒欢聚，不过是弹筝和敲瓦罐，转变为有钱人家遇到喜庆的事钟鼓齐鸣，琴瑟并弹，唱歌的儿童一队队排列。中等人家也是吹竽弹瑟，跳舞唱歌。

《四民月令》，东汉大尚书崔寔模仿古时月令所著的农业著作，东汉后期叙述一年例行农事活动的专书，描述两汉时期地主阶层的农业运作，书中提及的经济运作，亦为中国经济史研究提供了第一手资料。此书尽管以农业为主，但也记载了一年四季粮食蔬菜的种植与收藏、食品的加工酿造以及饮食禁忌等内容，是一部重要的饮食著作。原书已失存，仅见于《齐民要术》《玉烛宝典》的引录以及之后类书的转引中，主要叙述大地主的庄园从正月一直到十二月中一般农作物的种植时令，但对技术性记述较少。

《齐民要术》，北魏贾思勰撰。此书记载的是先秦至两汉时期农业栽培、食品加工等内容，是我国现存最古老、最完整的一部农书。作者在总结前人经验的基础上，结合自己从富有经验的老农当中获得的生产知识以及对农业生产的亲身实践与体验，认真分析、系统整理、概括总结。全书共十卷，九十二篇，其中涉及饮食内容的二十五篇，是我国古代的大百科全书。卷一主要描写耕田、收种、种谷；卷二主要介绍谷类、豆、麦、麻、稻、瓜、瓠、芋等；卷三主要介绍种葵（蔬菜）、蔓菁等；卷四主要介绍园篱、栽树（园艺），枣、桃、李等果树栽培；卷五主要介绍栽桑养蚕，榆、白杨、竹以及染料作物；卷六主要介绍畜、禽及养鱼；卷七主要介绍货殖、涂瓮（酿造）、酿酒；卷八、卷九主要介绍酿造酱、醋，乳酪储存，煮胶；卷十主要介绍热带、亚热带植物一百余种，野生可食植物六十余种。所记内容丰富、品种齐全、花样繁多、方法多样，其中烹饪技法不下于三十余种，菜肴数量一百多种，主食饼法几十种，而且开辟了菜谱编写的新体例，对后世影响极大。其中许多技术在以前的农书和文献中不曾见过。篇题援引历史文献，备有注文，述说异名、别名、品种、地方名产、物种来源及其性状特征。该书亦有作者亲身验证的经验，如书中指济州以西（今鲁西）的长辕犁不及齐人的尉犁"柔便"，蚕茧用盐杀蛹法比暴晒为好。

汉代枚乘的《七发》中有专门记载西汉楚王宫的饮食："犓牛之腴，菜以笋蒲。肥狗之和，冒以山肤。楚苗之食，安胡之饭，抟之不解，一噏而散。于是使伊尹煎熬，易牙调和。熊蹯之臑，芍药之酱。薄耆之炙，鲜鲤之鲙。秋黄之苏，白露之茹。兰英之酒，酌以涤口。山梁之餐，豢豹之胎。小饭大歠，如汤沃雪。此亦天下之至美也，太子能强起尝之乎？"

受枚乘的影响，曹植的《七启》也记有："芳菰精粺，霜蓄露葵。玄熊素肤，肥豢脓肌。蝉翼之割，剖纤析微。累如叠縠，离若散雪。轻随风飞，刃不转切。山鶤斥鷃，珠翠之珍。寒芳苓之巢龟，脍西海之飞鳞。臛江东之潜鼍，腾汉南之鸣鹑。糁以芳酸，甘和既醇。玄冥适咸，蓐收调辛。紫兰丹椒，施和必节。滋味既殊，遗芳射越。乃有春清缥酒，康狄所营。应化则变，感气而成。弹征则苦发，叩宫则甘生。于是盛以翠樽，酌以雕觞。浮蚁鼎沸，酷烈馨香。可以和神，可以娱肠。此肴馔之妙也，子能从我而食之乎？"

张景阳的《七命》等也有专门写饮食的段落。如："大梁之黍，琼山之禾，唐稷播其根，农帝尝其华。尔乃六禽殊珍，四膳异肴。穷海之错，极陆之毛。伊公爨鼎，庖子挥刀。味重九沸，和兼勺药。晨凫露鹄，霜鹖黄雀。圜案星乱，方丈华错。封熊之蹯，翰音之跖。燕髀猩唇，髦残象白。灵渊之龟，莱黄之鲐。丹穴之鹦，玄豹之胎。煇以秋

51

橙，酤以春梅。接以商王之箸，承以帝辛之杯。范公之鳞，出自九溪。赪尾丹鳃，紫翼青鬐。尔乃命支离，飞霜锷。红肌绮散，素肤雪落。娄子之豪不能厕其细，秋蝉之翼不足拟其薄。繁肴既阕，亦有寒羞。商山之果，汉皋之楱。析龙眼之房，剖椰子之壳。芳旨万选，承意代奏。乃有荆南乌程，豫北竹叶。浮蚁星沸，飞华萍接。玄石尝其味，仪氏进其法。倾罍一朝，可以流湎千日。单醪投川，可使三军告捷。斯人神之所歆羡，观听之所炜晔也。子岂能强起而御之乎？"

汉王褒作《僮约》是一篇关于奴隶义务契约的赋，字数不多，但其中有不少饮食方面的记载。"织履作粗，黏雀张乌。结网捕鱼，缴雁弹凫。登山射鹿，入水捕龟。后园纵养，雁鹜百余。驱逐鸥鸟，持梢牧猪。种姜养芋，长育豚驹。粪除堂庑，馂食马牛。鼓四起坐，夜半益刍。二月春分，被堤杜疆，落桑皮棕。种瓜作瓠，别茄披葱。焚槎发畴，垄集破封。日中早慧火，鸡鸣起春。调治马户，兼落三重。舍中有客，提壶行酤，汲水作哺。涤杯整案，园中拔蒜，斫苏切脯。筑肉臛芋，脍鱼炮鳖，烹茶尽具，已而盖藏。""牵犬贩鹅，武阳买茶"是关于饮茶的最早记载。

除上述典籍外，还有东汉末年曹操的《四时食制》，此书已散失，现仅有十四条辑存于世，现收集于《曹操集》，其中记载的均为鱼类。它是我国历史上第一部独立专门的饮食学著作，在古代饮食典籍中占有重要地位。北魏崔浩编撰的《食经》已遗失，此书也大量记载了汉代的饮食内容，多见于《齐民要术》《北堂书钞》《太平御览》及王祯的《农书》等书中，内容有四十多条，涉及食物储藏及肴馔制作，如"藏梅法""藏干栗法""藏柿法""作白醪酒法""七月七日作法酒方""作麦酱法""作大豆千岁苦酒法""作豉法""作芥酱法""作蒲法""作芋子酸法""羹法""蒸熊法""作饼酵法""作百饭法""作牖法"等，内容相当丰富。

西晋束皙的《饼赋》专门描写两汉麦面饼的起源与品种，还提到了十多种面点的名称、制作的过程和技法。"晋人将水煮、笼蒸、火烤、

52

油炸的面食总称为饼。""牢丸（若今团子、包子）""豚耳、狗舌之属（若今油炸'猫耳朵'、油酥'牛舌饼'一类）""薄壮""起溲""汤饼（若今汤面、疙瘩汤、片儿汤一类）"皆属饼类。"皆用之有时，并春宜用曼头，夏宜用薄壮，秋宜用起溲，冬宜用汤饼，而四时适用者唯牢丸。"为研究我国面食起源提供了资料。这一时期，还有班固的《两都赋》，张衡的《西京赋》《东京赋》《南都赋》，左思的《蜀都赋》《吴都赋》《魏都赋》等赋作中也有关于两汉饮食文化的内容。

西汉司马相如的《上林赋》《子虚赋》也提及了许多食品，对研究汉代饮食有一定的参考价值。

西汉扬雄的《方言》也集录了不少有关饮食的词汇。

东汉张机的《金匮要略》是一部食疗理论的典籍，记述了大量的饮食疗法、饮食禁忌、应对处方等，是研究汉代食疗的重要参考文献。

据《隋书·艺文志》所录，西汉至隋的烹饪专著共二十八种，如《黄帝食禁经》《老子食禁经》《淮南王食经》《饮食次第法》等，这些烹饪专著大多已亡佚，剩下不多的几部内容也不完全。从现存的内容看，对当时特定范围内的烹饪原料、工艺、食品等状况，做了比较系统的记录，为研究当时烹饪发展的情况提供了第一手资料。其他的如张揖的《广雅》、张华的《博物志》、干宝的《搜神记》、王嘉的《拾遗记》、刘敬叔的《异苑》、崔豹的《古今注》、刘义庆的《世说新语》、常璩的《华阳国志》、梁宗懔的《荆楚岁时记》、崔浩的《食经》、葛洪的《抱朴子》等典籍也有不少两汉饮食文化的记载。这些古典集书为研究中国两汉饮食文化提供了历史依据，也为两汉饮食文化的发展奠定了基础。

## 二、两汉饮食文化的内容

### 1. 物产原料

汉代农、林、牧、副、渔得到了全面发展，这为汉代的饮食提供了丰富的物质基础，饮食资源得到了充分的开发。

（1）粮食

这一时期，确定了以粟、麦、稻、豆等粮食作物为主食，以蔬菜和一定的肉类为副食的饮食结构，这就是后来中华民族最基本的饮食模式，具有典型的东方农业文明特色。

自先秦时期开始，五谷就成为中国人的主要食物。《周礼》记载："以五味、五谷、五药养其病。"汉·郑玄注云："五谷，麻黍稷麦豆也"；赵岐注曰："五谷，稻黍稷麦菽"；刘向注云："稻稷麦豆麻"。通过这些记载说明，五谷应该包括多种粮食作物。范蠡《范子计然》记有"五谷者，万民之命，国之重宝也。……东方多黍，南方多稷，西方多麻，北方多菽，中央多禾，五土之所宜也，各有高下"，说明不同地域的人对五谷的解释也各不相同。粮食在古时除记有"五谷"外，还有"六谷""九谷""百谷"之说。

两汉时期，农业发达。秦朝北方的主要作物为粟，秦人并不重视麦、菽，而到了汉朝，黄河中下游地域则以种植小麦为主，其次以粟、菽等，南方则以稻为主，这一点从全国各地汉墓出土的葬品以及汉墓简牍中可以发现。

（2）畜、禽

从先秦时期，我国古代就有"六畜"的说法，《三字经》中有"马牛羊，鸡犬豕。此六畜，人所饲"，这里所说"六畜"，是指古代中国人驯养的六种家畜。六畜中，牛能耕田劳作，马能负重致远，羊能供备祭器，鸡能司晨报晓，犬能守夜防患，猪能宴飨宾客。其中，与农业耕作和人们食物来源关系最密切的家畜当数牛、羊和猪。《周礼·天官·庖人》："掌共六畜、六兽、六禽，辨其名物。"郑玄注曰："六畜，六牲也。始养之曰畜，将用之曰牲。"后来牲畜或畜牲并用，泛指家畜。六畜中的马、牛、羊被列为上三品，鸡、犬、猪为下三品。人类与家养动物实质上是一种共生关系：人类在帮助动物生存的同时，充分利用动物改善自己的生存。

商周时代，牛、羊、猪以及禽类的鸡、鸭、鹅常用于祭祀活动。古有"三牲通天，三禽达地"的说法，就是将猪头、牛头、羊头同时供奉，可以把信息传达到上苍，三禽则是献祭给居住于地上的神灵。禽畜可使真穴余气所结，所以陪葬坑中必葬禽畜，顺星宫理地脉。《礼记·王制》云"大夫无故不杀羊"，因此，动物肉的食用并不普遍，特别是贫民百姓，更是难得。到了汉代，由于动物饲养的普及，日常生活中对动物肉的食用已相当普遍。《盐铁论·散不足》记载："古者……非乡饮酒、腊腊祭祀无酒肉。故诸侯无辜不杀牛羊，大夫、士无故不杀犬豕。"而到了汉代则"今闾巷县佰，阡陌屠沽，无故烹杀，相聚野外。负粟而往，挈肉而归"；"今民间酒食，肴旅重叠，燔炙满案，臑鳖脍鲤，麑卵鹑鷃橙枸，鲐鳢醢醢，众物杂味"；节庆之日，富者"椎牛击鼓"，中者"屠羊杀狗"，贫者也有"鸡豕五芳"。可见动物肉食用的普遍性。对汉代动物的饲养，《汉书·货殖列传》就记有："泽中千足彘""此其人皆与千户侯等"，许多人家拥有"千足羊"，不少人家有"牛蹄角千"，富比"千户侯"。可见动物饲养的普遍。

（3）水产

水产中以鱼为主要内容，两汉时期，鱼在人们的日常生活中占重要地位。《汉书·地理志》记有："江南地广……民食鱼稻，以渔猎山伐为业。"《汉书·货殖列传》也记有山东"多鱼、盐"。楚霸王项羽都彭城，虞姬制作的"龙凤宴"就是以水族和羽族为主要原料，说明汉代水产十分丰富。而且捕鱼工具和技法也得到创新，在出土的汉画像石中就有罩鱼的场面，渔具有罾、罟、罪、罶、罩等。《风俗通义》解释为："罾者，树四木而张网于水，车挽之上下。"另外钓鱼和插鱼也是经常采用的捕鱼技法。东汉杨孚的《异物志》还有鸬鹚深水捕鱼的记载，徐州周围的邳州及微山一带出土的汉画像石中也有鸬鹚捕鱼的场面。

汉代人工养鱼已经大规模形成。汉赵岐就记有长安昆明池所养鱼，除祭祀外，还拿到市场出售，以致鱼价大跌。贾思勰《齐民要术》中对汉代养鱼专门进行了总结。《异物志》还记载沿海的海产鱼类多达近百种。可见鱼类在汉代食用已经相当普遍。

（4）蔬菜

汉代以前蔬菜栽培不多，西周时期，当时食用的蔬菜仅有二十多种，有文献记载的人工栽培蔬菜也只有韭、芸、瓜、瓠、葑等几种。到了汉代，随着领域的扩张和栽培技术的提高，加上对外交流，外来蔬菜品种传入内地，已多达二十多种。《史记·货殖列传》就有"千畦姜韭"等记载，《齐民要术》中对有些蔬菜从耕地、下种、浇水、施肥、生长过程的各个阶段的管理、收获及加工都有十分详细的叙述。《汉书·召信臣传》还记载长安的皇家菜园中建有大房屋，昼夜生火，以"种冬生葱韭菜茹"。这说明至少在汉代就有温室大棚种植蔬菜的技术。

（5）果品

从《诗经》等古籍资料来看，我国的果树栽培至少有四千年的历史，特别是全国统一以后，岭南地区的荔枝、龙眼、香蕉、柑橘、柚子、甘蔗、椰子等已流传全国。《后汉书·和帝纪》记载："旧南海献龙眼、荔枝，十里一置（驿站），五里一候，奔腾阻险，死者继路。"西域天山的西瓜、葡萄、石榴等也集中至内地。汉武帝时，张骞出使西域，带回来大量的蔬菜和果品品种。《史记·货殖列传》记载："安邑千树枣，秦千树栗，蜀、汉、江陵千树橘……此其人皆与千户侯等。"可见当时已经形成专业化的果品种植。

（6）调味品

自从有了盐，开辟了调味的先河。调味品在五味的基础上不断开发新品种，如盐有井盐、海盐、提炼精制的精盐；酱有豆酱、麦酱、虾酱、榆子酱、鱼酱；酒有糯米酒、粟米酒、葡萄酒；醋有粮食醋、果醋；还有用豆制作的酱油、豆豉等，以及胡椒、胡荽、胡蒜、姜和麻油等调味品。

2. 食物种类

汉代，南方的主要食物是米，主要用于"蒸饭"。《世说新语》中记载了东汉时期上层社会以算蒸饭的故事，其手法和现在的蒸饭几乎相同，就是将米煮至八成熟捞出，置放算上，大火蒸熟。

"糒""糗""糇"等是当时的"干饭"。汉末刘熙《释名·释饮食》中记载:"糒,干饭,饭而曝干之也";《说文解字》注释为:"糒,干饭也""糗,熬米麦也""熬,干煎也""糇,干食也";《史记·李将军列传》记有"大将军使长吏持糒醪遗广",说明"干饭"是汉代常见的一种能久存、便携带、耐饥饿的食物。《孟子·尽心》记有"舜之饭糗如蕈也";杜甫的《彭衙行》有"野果充糇粮,卑枝成屋椽"的诗句。

饼是两汉时期黄河流域重要的食物,北方盛产小麦,饼就是以小麦粉为主要原料加工而成的。汉末刘熙《释名·释饮食》载:"饼,并也,溲面使合并也。胡饼,作之大漫沍也,亦言以胡麻着上也。蒸饼、汤饼、蝎饼、髓饼、金饼、索饼之属,皆随形而名之也。"最著名的是西晋束皙作的《饼赋》:"礼仲春之月,天子食麦,而朝事之笾煮麦为麷,内则诸馔不说饼。然则虽云食麦,而未有饼,饼之作也。其来近矣。若夫安乾,粗粉之伦,豚耳狗舌之属。剑带案盛,倍饳髓烛。或名生于里巷,或法出乎殊俗。三春之初,阴阳交际。寒气既消,温不至热。于时享宴,则曼头宜设。吴回司方,纯阳布畅。服绤饮水,随阴而凉。此时为饼,莫若薄壮。商风既厉,大火西移。鸟兽毨毛,树木疏枝。肴馔尚温,则起溲可施。玄冬猛寒,清晨之会。涕冻鼻中,霜凝口外。充虚解战,汤饼为最。然皆用之有时,所适者便。苟错其次,则不能斯善。其可以通冬达夏,终岁常施。四时从用,无所不宜。唯牢丸乎,尔乃重罗之麸,尘飞雪白。胶黏筋韧,漮液柔泽。肉则羊膀豕胁,脂肤相半。裔若绳首,珠连砾散。姜株葱本,蓬缕切判。辛桂剉末,椒兰是畔。和盐漉豉,揽合胶乱。于是火盛汤涌,猛气蒸作。攘衣振掌,握搦拊搏。面弥离于指端,手蔡回而交错。纷纷驳驳,星分霄落。笼无进肉,饼无流面。姝媮咧敕,薄而不绽。巂巂和和,臊色外见。弱如春绵,白如秋练。气勃郁以扬布,香飞散而遍行。行人垂涎于下风,童仆空嚼而斜盼。擎器者舐唇,立侍者乾咽。尔乃濯以玄醯,钞以象箸。伸要虎丈,叩膝偏据。盘案财投而辄尽,庖人参潭而促遽。手未及换,增礼复至。唇齿既调，口习咽利。三笼之后，转更有次。"

赋中列举了大量饼的名称及其制法，十分形象。

东汉时期，淮南王刘安发明豆腐，使豆类的营养得到消化，物美价廉，可做出许多种菜肴。1960 年河南密县发现的汉墓中的大画像石上就有豆腐作坊的石刻。东汉还发明了植物油。在此以前都用动物油，叫脂膏，带角的动物油叫脂，无角的如犬叫膏。脂较硬，膏较稀软。植物油有杏仁油、奈实油、麻油，但很稀少。

徐州日常所食煎饼这一时期已经出现，东晋王嘉《拾遗记》："江东俗称，正月二十日为天穿日，以红丝缕系煎饼置屋顶，谓之补天漏。相传女娲以是日补天地也。"南梁宗懔《荆楚岁时记》："北人此日食煎饼，于庭中作之，支熏火，未知所出。"文中的"此日"指正月初七人日这一天。

3. 烹饪技艺

汉代，徐州在烹饪技术上已有较大发展，《汉书》记有："汉颍川尹暹为徐州刺史，以小铜釜，一日十炊。"于此不难看出，当时已由粗笨的陶釜、青铜鼎，改为轻薄小巧的铜釜，有了轻巧的工具，这是炊事的一大进步，用小锅旺火，是速成菜的脆、嫩、鲜的起源。

汉代以后，铁器逐渐取代铜器，植物油开始登灶入馔，已掌握了炖、煮、炒、煎、酱、腌、炙等烹调方法，对食品原料也十分讲究，烹饪操作的技术分工已趋成熟，这可以从山东出土的《庖厨图》、"厨夫俑"中得到证明。《庖厨图》描绘了一个前后连贯的烹饪制作过程的宏大场面，图中刻绘的人物个个忙碌，各司其职，从上到下有六个层次，概括了从原料准备到加工处理等各个环节，是汉代烹饪文化的有力表现。"厨夫俑"则是关于厨师形象的造型，从衣着装束看，几乎与如今的厨师没有太大的区别，这说明当时厨师已成为一种职业。汉代张骞通西域后，大量引进了葡萄、西瓜、芝麻、菠菜、芹菜、大蒜、茴香、莴苣（即莴笋）、大葱等域外食物，还传入一些烹调方法，如炸油饼和胡饼，即芝麻烧饼，也叫炉烧，使传统饮食在数量、质量、结构等方面都发生了变化。

先秦时发明了石磨，春秋战国时有了旋转磨，到了汉朝才在民间普及。西汉以前磨齿为凹坑形，东汉时出现了辐射状，至西晋以后，磨齿大都成八区斜纹形，石磨从发明到成熟经历了五百多年。

据史书记载，我国汉代取火已用"阳燧"，而且有了"曲突"的多眼炉灶和铁釜、铁鼎、铁锅。由于铁锅具有质地薄、传热快、轻便灵活的特点，使烹饪技法在原有的基础上得到了快速发展。这一时期的烹调方法由于工具的改进，水平大大提高，技法越来越多。南北朝时《齐民要术》所收的炙法达二十多种，用多种烹饪方法制作一种原料，已在南北朝成为普遍现象。其次，新出现的烹饪方法很多，如汉代的杂烩、濯（烫涮），南北朝时的煮、眂、暗、羹臛、菹绿、奥、糟、苞、酿、酱和类似今天制作罐头的蜜渍等方法。特别是炒法的出现，这种旺火快速成菜的烹调方法，促进了中国烹饪的又一次飞跃，使菜肴的质感朝着多样化的方向发展，更能满足广大消费者的需求。油炒的烹饪方法在两汉以后日益盛行，并成为中国烹饪又一大特色。

汉代菜肴的刀工也比较讲究，出现了多种刀具和刀法，例如平刀法、直刀法等，原料通过处理出现了多种形状。菜肴原料的搭配上开始重视颜色、质感、口味、形状以及荤素等方面的结合。在火候上，已经注意调节火力强弱，如以"微火""缓火""逼火""急火"用于烹制不同要求的原料，还注意掌握用火的时间，此时涌现了有代表性的一批名菜。

汉代烹饪技术的分工及快速发展，给饮食文化的快速发展提供了保证。随着菜肴和点心品种的增多，汉代饮食的方法和形式也发生了改变，在筵席上已出现了分餐和分席制。

从众多的著作中可以发现，在汉代已经明显出现了红案和白案的分工，使得烹调技术和面点制作技术发展提高比较快。面点在人们的饮食中占有了一定的地位。分工明确后，厨师可以把自己有限的精力用在某一方面的研究上，例如用同一烹调工具创造和发现新的烹调方法，用刀

59

具研究出不少刀法，探索面团的特点种类、成型手法等等，使我国烹饪技术在这一时期有了较大的提高。

4. 饮食器具

从有关资料来看，汉代的饮食器具很多，包括酒具、厨具、水具等。酒具有温酒具、喝酒具、盛酒具、舀酒具等；有金、石、玉、瓷、犀角与奇木等材质上的区别，又有樽、壶、杯、盏、觞与斗等器型上的不同。酒具的优劣，可以体现饮酒人的身份；酒具的演变，可以观照时代的变迁。

汉代是中国陶瓷历史上的一个重要转折点。所制器物的表面被广泛施釉，其他容器如瓮、罐、盆、樽、盘、碗等，在整个汉代都大量存在，它们的形态随着年代的推移而演变。

厨具种类繁多，包括灶（灰土灶、青铜灶）、烤炉、挂肉的钩架、俎、案、耳刀、甑、鼎、铁釜、铜镳斗、盂、青铜鉴等。

中国的青铜时代始于公元前两千年左右，经夏、商、周、春秋、战国、汉代，大约延续了一千五百多年。青铜器在日常的生活中有很重要的作用，徐州是两汉文明发祥地，徐州地区出土的青铜器具有鲜明的地域特色。在汉代，青铜器开始走入徐州地区的寻常百姓家，其器型大多较为简单，制作也比较粗糙。

铜镳斗：它是一种古代的温器，一般多用于温羹，大多附长柄的盒形器，下附三足，也有带流，柄端常作兽头形。在古代军中，此器皿白天可供烧饭，夜间则可用其敲击巡逻。据《集解》孟康曰：以铜做镳器，受一斗昼炊饭食，夜击持行，名曰刁斗。

盂：盂是一种大型盛饭器，兼可盛水或盛冰，器型比较大。因其需铜量大、制作成本高，故出土数量较少。这种青铜器流行于西周，至汉逐渐演变成为盛饮食或其他液体的圆口小器皿。当然盂还有另外一种功能，即射覆，《汉书》中就有"上尝使诸数家射覆，置守宫盂下，射之皆不中"的故事。

青铜鉴：鉴，盛行于春秋战国。从《说文》《庄子·德充符》《庄

60

子·则阳篇》等文献对鉴的记载可以看出，鉴有四用：盛水、盛冰、照容和沐浴。

徐州两汉时期的青铜用具还有很多种类，如釜、蒜头壶、盒等。这些器具一方面展现了徐州两汉时的饮食文化，另一方面体现出汉代徐州地区劳动人民精湛的青铜铸造工艺以及他们的聪明才智和艺术品位。

两汉时期的餐具有了较大的发展，漆器至汉代工艺臻于完善，髹漆、金银饰漆制餐具十分精美，其种类的丰富、数量的众多均属空前。陶器、青铜器仍然是餐具中的主体。除此之外，出现了所谓"金曼玉钟"和水晶、玛瑙、珊瑚、错金错银、嵌玉嵌翠等高级餐具。

5. 两汉名菜

两汉时期的美食名食较多，如名传千古的五侯鲭（鲭，是指鱼和肉合烹而成的食物，被认为是当世奇味。后来遂以五侯鲭指美味佳肴）、胃脯、貊炙、猴羹、蛇羹等。《荆楚岁时记》收录荆楚地区民间食品不下数十种，著名的菜肴有八和齑、蒲鲊、五味脯、胡麻羹、鸭臛、蒸熊、焦鸦、蜜纯煎鱼、勒鸭消、腩炙、奥肉、苞肉等。在汉代，西起河西走廊的北方城市中炙羊肉盛行，烤羊肉串很多，此风一直久传不衰。在东晋及南北朝时，菜点的地方风味特色也显著起来在上层社会的筵席中，北方人往往以"羊酪樱桃"和饮羊乳为最佳美味而夸耀，南方人则以"鲈鱼莼羹"为最高尚的饮食相标榜，甚至带上政治上的派系色彩。

（1）裹炸豚肮

豚肮即槽头肉，加热入味，经裹炸而成，故此得名。又被称为糊猪肉、裹炸项圈肉。

猪，别名又称彘、豚等。《礼记·内侧》中说："豚曰循肥。"取料选肥猪为宜。"彘"字在徐州地区是指骟过的公猪。北魏《齐民要术》中说，"彘"是一岁的小猪。厨行原料歌云："东猪西羊青山鸡。"徐州东部铜山、邳县、新沂等县世代广泛养猪。

此菜以猪的特殊部位精制而成，脆而不腻，风味独具。20世纪30

年代，徐州的"兴盛园"以此菜著称，享有盛誉。

（2）整炸肝菁卷

此菜因主料用猪的肝和菁（网油）卷蒸后炸制而成，故此得名。俗称整炸小烧。

炸肝菁卷与周代八珍中的"肝菁"有相似之处。此菜系彭城传统名菜，五十年前徐州各大饭店均有供应，深受广大食者喜爱。今人在制作时承袭古法，并有改进和提高，更受食者赞誉。

（3）沛公狗肉

"彭城名馔甲天下，豪啖狗肉歌《大风》。"沛公狗肉（又称鼋汁狗肉）由来已久。相传秦末刘邦（沛公）与樊哙合谋下了一只老鼋，与狗肉同炖，鲜味倍增，后被称为"犬鼋会""鼋汁狗肉"等。沛公狗肉因人而贵。

淮南诗人为沛公狗肉题诗云："沛公狗肉远名扬，多味烹来炖一香。最后辛劳归去后，玉盘琼盏醉心尝。"云西村人诗云："刘项鏖兵亦已陈，空留莽砀锁烟云。鼋汁狗肉谁烹得，野老犹传樊将军。"

据《礼记·内则》记载：周代"八珍"中的"肝菁"即取料于狗。狗肉是一种美食，又称香肉、地卒。其药用功效为历代医家所称赞。沛公狗肉也因此流传两千年而不衰。

（4）七宝全

"全狗宴"是徐州汉代筵席中的一大分支，其中五道大件中第一道大件即"七宝全"。所谓"全狗宴"，是以狗体各部分取料烹调而成，但全席不得带狗字，全以象征性的别名冠之，且寓意深刻美好，使人愉悦，整套筵席的组合与每道菜的配制及定名都有详细说明。并有淮南居士题诗云："泗上君臣多煮狗，《大风》一唱宴宾僚。汉宫春色知何处，千载遗风珍此肴。"

狗肉成席，历史悠久。据《礼记·王制》记载："皆坐而饮酒，以至于醉，其牲用狗。"这一记事出自虞，可见早在虞舜时就有宴会了。这种养老宴可以说是最古老的狗肉席，狗肉是徐州市独有的名菜品种，居全国之冠。王诗徐为"全狗宴"题诗云:"谁言狗肉难登桌,汉帝还乡着意多。不是席间饶此味,何来慷慨《大风歌》。"

七宝全便是因选用狗之头部七窍俱全而得名。用鲜狗头一只,用香料、砂锅炖制而成。

坐地锦是全狗宴中的第二道大件。此菜因选料用狗臀尖(屁股)而得名,并含有宗教神话色彩。屁股何其不雅,"然点石成金,坐地生锦"其神通广大,功业何其辉煌。以臀尖肉命名为"坐地锦"倒也雅趣非常。

五关通是全狗宴中的第三道大件,取料于狗之颈部。中医学认为,狗之颈部,内通五脏,故得名。

双门会是全狗宴中的第四道大菜,选用狗脊下左右两肋各一片,因双肋如门,故此得名。

四柱顶天是全狗宴中的第五道大件。四柱顶天原意来自民间故事。古人认为,天圆地方,天是由四根大柱支撑的。此菜因取用狗四肢之小腿腱子肉各一块(四块),取用此名,既诙谐有趣,又意味深长。

(5)犬鼋烩

据古籍中载,元朝大德五年,著名书法家鲜于枢从杭州返京就任太常典簿,途经徐州。这次奉命北上,逆旅长夜,久不能寐,忽闻其香扑鼻,原来离此不远是樊信犬肉店,遂前往品尝痛饮。樊信听说顾客是位大书法家,特为他做了道精美的名菜"犬鼋烩"。鲜于枢吃后连声赞美。樊信趁其酒兴正浓,上前求写匾额,鲜于枢随即挥毫写下了"夜来香"三个大字,从此,"夜来香"犬肉店声誉日隆,门庭若市。

实际上此菜源于刘邦、樊哙合谋杀鼋与犬肉同炖的传说。祥甫老人题诗云:"犬鼋共庖味鲜醇,佳美首推媲鹤豚。带甲虽然异凤羽,一经龙品入龙门。"

(6)凤凰卧巢

凤凰卧巢,是徐州传统官邸风味菜,多用于老年妇女做寿,相传为汉代某楚王宫的(徐州在汉代为楚王驻地)官厨所创,流传至今,是

20世纪40年代前徐州高级筵席上不可缺少的珍馔美味，近年来有复盛之势，属地方传统名菜之一。

（7）鸳鸯鸡

"鸳鸯鸡"在徐州地区流传很久，是喜庆宴会中不可缺少的美馔。

鸳鸯鸡得名于美丽的传说。相传秦末有位美人虞姬（沭阳人）因避秦乱来到古吴，姿容绝代，博学多才，立志非英雄不嫁。一日谒孔庙，见项羽重瞳回耀，仪表非凡，单臂举鼎，心窃慕之。遂禀其父邀项羽做客，虞姬亲做一菜，名为"鸳鸯鸡"。其父会意，当面许亲，又资助项羽起兵反秦，秦亡后，项羽自命西楚霸王，建都彭城，这鸳鸯鸡也就在彭城流传下来。

（8）牝鸡抱蛋

此菜因用母（牝）鸡的胸腔装入鸡蛋，形似鸡抱蛋，故此得名。

牝鸡抱蛋，是徐州市沛县古典名菜。秦末刘邦在沛县做亭长时与吕雉成婚。吕雉生性倨傲，工于心计。相传她过生日，曾亲手制作这道菜，"牝鸡抱蛋"含有女尊男卑之意，也表现吕雉未来的野心，至今仍是徐州一带官贵夫人寿宴必备之菜。鸡功之最，为人所知，蛋有新生之气，两者相合，确有独到之处。

（9）霸王别姬

据《徐州文史》载，此菜原名龙凤烩。项羽称霸王建都彭城（今徐州），举行开国庆典时，为盛典备有"龙凤烩"，相传是虞姬娘娘亲自设计的。"龙凤烩"即"龙凤宴"中的主要大件。其料用乌龟（龟属水族动物，龙系水族之长）与雉（雉属羽族，凤系羽族之长），故引申为龙凤相会得名。现以鳖、鸡取代龟、雉。

徐州人民为纪念这位推翻暴秦、"拔山盖世"的英雄项羽，并怀念那位心系国运、大义凛然的虞姬，经裴继洪师傅于1983年把"龙凤烩"易名为"霸王别姬"。（工商联顾问张绍堂先生等人提出菜之名应含有吉祥之意，"别"字有不吉之意，故此仍恢复原名"龙凤烩"，亦保留"霸王别姬"之称。）

这道菜经世代相传至今，乃徐州名馔，近年风靡一时，成为喜庆宴会上不可缺少的大菜。

（10）瓢花篮苹果

此菜是徐州市"龙凤宴"中的一道大件甜菜。民国十九年（1930），朝阳楼为张仁三举人承办会亲筵席"龙凤宴"，其中有这一道甜菜。韩志正举人品尝此菜后即赋诗一首："孟秋将至有寒意，苹果怀仁只只香。酸甜苦中余味咸，诸君品罢词词献。"因其色形并茂，被后人沿袭至今。

徐州两汉名菜，经挖掘整理，品种较多，在此不再一一赘述。

### 6. 两汉名宴

两汉名宴是在传统的两汉饮食基础上，经有关专家学者、餐饮企业和厨师共同挖掘整理的，为进一步发扬光大这一传统饮食文化，略举几例，以飨读者。

**高祖宴**

高祖宴渊源于西汉肇基帝王刘邦，为丰县父老邀驾刘邦所设之宴。以野鲜为主，五味兼蓄，药食同源，原汁本味，滋浓味醇，香酥不腻，甜淡适宜，色艳形美，营养丰富，回味无穷。后百世流传，经历代名厨创新，颇具传统特色和地方风味。此宴由徐州市餐饮经营顾问团顾问，国家特二级烹调师李昌雨先生集多年文史、民俗与饮食研究成果，结合当代多项烹饪技法，于1993年独运匠心，精制而成。此宴推出后，备受国内文化界、餐饮界专家重视。1993年，此宴被中央电视台与丰县刘邦研究会联合摄制的六集电视系列片《话说刘邦》所录制，由中央台播出，并被编入丰县县志与录入《刘邦研究》（第二期），丰县、徐州及国内多家报刊均予以高度评价。1998年11月，在徐州首届"彭城杯"烹饪技艺大赛中，此宴一举夺魁。其中高祖宴中的名菜"犬鼋烩""鱼汁羊肉"，凉菜"中阳夕照""凤鸣塔新资"等获得团体比赛金杯奖第一名。李昌雨先生的助手、弟子王宽学荣获个人全能第一名。之后，"犬鼋烩""鱼汁羊肉"又被江苏省烹饪协会评定为江苏省名菜。"什锦凤鸣宝塔""丰县三宝""凤城鱼丸""汉乡大排"等被评为徐州市名菜。

部分经典菜肴简介

高祖宴共分六大部分，分别为：（1）以"龙凤呈祥"为主体的雕刻看盘；（2）八道冷盘；（3）八道热盘；（4）六大烧菜；（5）精制丰县羊肉汤；（6）传统名点与时鲜水果各两道。

高祖宴中脍炙人口的名馔颇多，现择其经典菜肴简介如下：

（1）龙凤呈祥

为高祖宴中的主要大件。龙，象征汉高祖刘邦。据《史记·高祖本纪》《太平寰宇记》所载，刘邦母在丰邑龙雾桥馈食，遇龙受孕，因生刘邦；刘邦在王媪、武贲酒店中醉卧，其上有龙。凤，象征刘邦原配吕后。据传，吕后生于单父县，凤落门前并鸣。为祝贺刘邦祥瑞，丰县父老邀驾刘邦时，以水族长寿动物龟代替水族之长，以羽族动物雉代替羽族之长，精心烹制此菜，寓以长寿龙凤相会、天下太平吉祥之意。

这道菜形整酥烂，鲜香味厚，营养丰富，流传至今，近年尤为风靡。

（2）鱼汁羊肉

为汉高祖刘邦青壮年时爱吃的名馔之一，丰县流传着这样一首打油诗："丰生丰长汉高祖，鱼汁羊肉饱口福。东征西战探故乡，乐吃鱼汁羊肉方。"后此菜与鼋汁狗肉齐名。

这道菜源于彭祖的"羊方藏鱼"。羊方藏鱼因将鱼置于割开的大块羊肉中文火同炖而得名。

（3）十面埋伏

以十只鸡腿寓意楚汉相争中的十面埋伏，经处理后油炸而成，后演变成"炸十块""十大锤"等。

这道菜外脆里香，嚼而有味，经久不去。

（4）裹炸长春卷

此菜主料用香椿，借长寿不老之意，又因炸制而成，故此得名。

炸长春卷出自皇藏峪，属释家菜，经厨师改为释菜荤做，流传至今。

民国六年（1917）康有为来徐州，闻皇藏峪（在今徐州市西南约三十公里）有林海奇峰，风景优美怡人，专程去皇藏裕一游。这时正值芒种时节，庙里住持僧介绍，因刘邦来这里避难藏在小洞里，故名"皇藏峪"，当讲到刘邦来这里吃香椿菜时，康有为叹曰："我来得不是时候。"住持僧用谷雨前腌渍的香椿芽做了四款当年流传下来菜肴招待他，分别是"煎豆椿饼""烩蛋椿丸子""裹炸长春卷""旋纹香芽拖"。康有为品之，回味无穷，兴趣盎然，不觉诗兴大发，提笔疾书诗一首："山珍梗肥身无花，叶娇枝嫩有权芽。长春不老汉王愿，食之竟月香齿颊。"诗情菜意跃然纸上，至今传为美谈。

在徐州，香椿芽、韭芽、芹菜号称"春菜三芽"。香椿季节性很强，谷雨前，香味浓厚鲜嫩。徐州椿芽色紫，芽肥，梗嫩，醇香久有名气。

（5）煎椿芽托盘

此菜主料用香椿芽，煎制成盘状，故此得名。

这道系村野风味菜，历史悠久。相传出自西汉开国皇帝刘邦的故事。楚汉相争，一次刘邦败绩，被项羽追赶躲在一个小山洞（即今徐州西南约三十公里的皇藏峪中的黄藏洞）避难。当时山上有户人家想招待他，一时无菜，适逢谷雨，是香椿芽正盛的时候，于是掰来做了两个菜，"煎椿芽托盘"和"生油拌香椿"。刘邦尝后，感到醇香无比，美不可言，遂问香椿为何这样好吃。主人说，"雨（谷雨）前香椿芽嫩如丝，雨（谷雨）后香椿芽生木质。王爷来得正适时。"次日刘邦走出门外，见不远处有香椿数株，便顺口说出"但愿香椿长春"。后来这几株香椿树的芽果然比其他树芽老得晚一个季节。为此有人题诗云："椿芽时已过，枝嫩权芽生。汉王长春愿，食之齿颊香。"徐州香椿就此名扬四方。不仅这一故事流传至今，而且托盘之美也令人津津乐道。

（6）叶蒸鱼

此为刘邦青壮年时喜爱之菜。

丰县坑塘中产的鱼，肥嫩鲜美，以荷叶作为辅助材料，味道极佳。荷叶性味苦、平、无毒，有凉血、散瘀、生津清热的功能，具清香之气。用荷叶裹上鱼清蒸，荷叶的清香进入鱼肉内，除鱼肉腥味，鲜嫩味淡。

（7）卢府肘子

刘邦青少年时，常到卢绾家中品尝卢绾家烧的肘子，故名"卢府肘子"。这道菜以猪的肘子（即蹄髈）作主要原料，该部位筋腱多，胶质厚，营养丰富，具有不腻、醇厚、甘香的特点。且肘子中的胶质，富含防癌物质，为药食两兼之物。

（8）城池鹤影

相传当年秦始皇为镇压丰城之帝王龙气（刘邦），派军士在丰城河边（今凤鸣公园）建造"厌气台"，取土之坑后来变成了城池。今天的凤鸣公园内，湖水碧水波荡漾，顽猴嬉戏于山石之间，绿水之边传来阵阵鹤鸣。此菜反映了历史之沧桑巨变，映衬出中国社会的伟大进步与凤城人民幸福、祥和的美好生活景象。

**汉王宴**

此宴以汉高祖刘邦平生最爱吃的狗肉为主题，又融入当代多项烹饪技艺，由国家特二级烹调师张广柱先生潜心研究三年而成。此宴曾由中央电视台摄录播出。菜单如下：

凉菜（十道）：田园黄耳、五香狗蹄、卤狗肚、犬香菠菜脯、泗水狗肝、吕后养生鸡、太公豆干、犬汤素烧鹅、汉宫泡菜、沛公狗肉

热菜（二十三道）：大汉乳狗、手抓地羊、小笼狗肉、沛公烤犬腿、黄焖栗子皮狗、黄耳卧雪、银花犬舌、翠饺犬尾、黄耳三鲜、干煸狗肠、西楚白菜、汉凤烤四孔鲤鱼、四面楚歌、虞姬还乡、汉邦酥菜、香汤黄芽菜、淮南王豆腐、扒犬鼻、蜜汁龙凤球、盘龙狗肉、软炸犬腰、芝麻狗肝、楚河汉界

汤羹（两道）：汉家第一羹、滋补犬鞭汤

点心（两道）：狗肉水饺、狗肉塌烙馍

水果（两道）：时鲜水果

主食：狗肉酥饼

汉王宴领衔菜：

大汉乳狗：荣获1999年全国第四届烹饪大赛银奖与江苏省名菜

沛公狗肉：荣获1999年全国第四届烹饪大赛银奖与江苏省名菜

小笼狗肉：荣获1999年徐州市名菜

沛公烤犬腿：荣获1999年徐州市名菜

### 凤城宴

"凤城宴"属西汉风味，由来已久。丰县为汉高祖刘邦出生之地，因刘邦出生时有凤鸣于城墙之上，故丰县又被称为"凤城"。此宴由国家特二级名厨、丰县运华酒楼总经理丁运花先生于1998年精心研制而成，其设计新颖独到，技法丰富多样，既源于历史，又有奇妙创新。此宴曾多次招待中外宾客，获得一致好评。菜单如下：

冷菜（一拼八围）：凤鸣塔大拼盘、两荤两素盘做成四个字"凤城奉献"，两荤两素做成花鸟鱼碟

热菜（四道）：脆皮龙筋、吕雉山药、马工白菜、蒸炒牛蒡

大菜（六道）：凤栖中阳、仗剑斩蛇、凤城堡、大泽情趣、一帆风顺、汉宝羊肉

点心（四道）：杂粮窝头、白糖芋头、香酥饼、杏仁佛手

汤：凤城羊肉汤

水果：白酥梨、富士苹果

## 第四节　徐州酒文化

作为中华饮食文化及养生文化的鼻祖栖息地，汉文化的发源地，中国道教的发祥地，徐州拥有大量宝贵的历史文化遗产。其中徐州酒文化就是徐州地区及周边相邻地区特有的民俗文化的一部分。

酒与中国文化密切相关，它的发明者公认为仪狄、杜康。据《神农本草》所载，酒起源于神农时代。《世本八种》（增订本）陈其荣谓："仪狄始作，酒醪，变五味，少康（一作杜康）作秫酒。"仪狄、少康皆夏朝人。即夏代始有酒。周代大力倡导"酒礼"与"酒德"，把酒的主要用途限制在祭祀上。春秋战国时期，酿酒技术已有了明显的提高，酒的质量随之也有很大的提高。

徐州酒文化在汉代已具雏形，延续几千年。以乐为本是汉人酒文化的精神内核，酒礼严格，《汉书·食货志》记有"百礼之会，非酒不行"，徐州酒文化习俗在这里得到体现，敬酒时以礼相待，长者为先，这一习俗流传至今。西汉杨恽的《报孙会宗书》中也有"田家作苦，岁时伏腊，烹羊炮羔，斗酒自劳"的记载，也展示了当时下层民众的真实生活。汉画像石出现了许多古人宴饮的场面，包含各种礼节习俗，集

中体现了古人的非凡创造力和深邃智慧。刘邦本身就好酒，赊酒吃肉，鸿门宴把酒笑谈，衣锦还乡，置酒款待乡亲友邻。至今徐州沛县酒风民俗依然有刘邦把酒的豪迈。汉代已有成熟的酿酒技术，并有多种材质制成的饮酒盛酒器具，

包括青铜器、陶器、瓷器、玉器、金制器、银制器、漆制器等。盛酒器具如尊、缶、壶、鉴等；温酒器具有尊、壶、觥、瓮、罍等；饮酒器具有爵、斗、角、觥、杯等。

唐代是中国酒文化的高度发达时期，"酒催诗兴"是唐朝文化最凝练最高度的体现，酒也就从物质层面上升到精神层面。酒文化融入了中国人的日常生活中。

宋代苏轼在徐州的作品共九十五篇，提到酒的就有三十五篇，不可谓不多也。明清时期，徐州酒文化习俗已经形成。现代，随着社会的发展，有些关于酒的习俗也在适应社会的发展，其中糟粕不文明的表现日趋没落。

徐州人交际，最注重请客吃饭。名为吃饭，其实主题是喝酒，俗语叫"无酒不成席"。徐州人好酒，高兴时喝酒，喜庆时喝酒，结婚、生子、乔迁、升学、就业、调动、重逢等都要摆酒，步步都离不开酒。没酒就没气氛，酒就像是催化剂，没有这个催化剂场面就热闹不起来。徐州人厚道、实在、待人真诚，酒桌规矩烦琐。宋有苏东坡把酒临风云龙湖畔的梦想故事，当代也有著名作家赵本夫"治酒"文章。

徐州人热情好客，在酒席上表现得淋漓尽致。先是共同三杯酒，然后相互介绍一下，再喝一杯，叫"四四如意"。过去开始有"一二三，三二一"之说，即第一杯一口气喝完，第二杯两口气喝完，第三杯分三口气，然后再倒过来按这种顺序喝三杯。开场酒过后，敬酒、

劝酒、罚酒是酒桌上不可缺少的节奏。首先是敬酒。所谓"敬酒"就是要对酒桌上的长者或远方的客人表示尊重，双手举起酒杯，倒满酒，送到被敬酒人面前，自己不喝。敬酒一般要敬两杯酒。南来北往的客人都不习惯这一习俗，认为徐州人自己不喝，让别人喝，是不平等的，如果敬酒的人多了，被敬酒的人就受不了了。其实这一习俗源于汉代，要以礼相待，长者优先，过去由于经济不发达，特别是下层社会民众，平时无钱天天买酒喝，家中来了客人或逢年过节，就把酒优先给长者和客人喝，让长者和客人满意，体现了当地居民尊重长者和客人的礼仪习惯。被敬酒者一般表示一下，不一定喝完。但现在演变成一种灌酒的方式，违背了原有的含义。敬酒还有一层意思，就是主动找人家喝酒，二人一起喝，敬酒者或年龄辈分较小者，碰杯时，酒杯的杯沿一定要低于对方，意思是我不能高过你，以示尊重，喝完后要将空酒杯口朝下，表示自己已经喝完，以示对客人的尊重，这叫先喝为敬。客人喝得越多，主人就越高兴，说明客人看得起自己，如果客人不喝酒，主人就会觉得有失面子。

其次就是"劝酒"。徐州人劝酒很有功力，比如"前三杯酒一定要干，后面可以随意""女士跟你喝酒，你好意思不干吗？""你不喝鱼头酒，我们怎么吃鱼？"等等，一条鱼能劝一桌人都喝，什么"高看一眼""一片深情""唇齿相依""推心置腹""一帆风顺""娓娓动听"等等，有的是劝酒的理由。"只要感情真，哪怕打吊针""屁股一抬，推倒重来""酒品如人品，会喝酒，会做人""站着喝，坐着咽，喝了也不算""只要感情铁，哪怕喝出血"等等，说得客人云里雾里，不知不觉头重脚轻，语无伦次。为了使对方多饮酒，劝酒者会找出种种必须喝酒的理由，若被劝者无法找出反驳的理由，就得喝酒。

其三就是"罚酒"。罚酒的理由也是五花八门。首先是对酒席迟到者罚酒三杯。这种罚酒的方式在徐州的酒场上已经约定俗成了。来晚的人在表达歉意之后，一般都会主动饮三杯。其次是对于未喝完的人，用"心不诚"作为罚酒的理由，滴酒罚三杯。再者对于不守酒桌规矩的人，比如没经过主人允许私自用茶水或者饮料代替酒的人，一经发现也要罚酒。

无论是敬酒、劝酒还是罚酒，都是希望对方多喝酒，目的是加深彼此感情，活跃酒桌气氛。当敬酒、劝酒和罚酒都不起作用的时候，就会有"酒官司"出现，唇枪舌剑，你来我往，醉翁之意不在酒，也可请人代酒。觥筹交错之间，拉近了人际关系，深化了朋友情谊，增加了相互了解。徐州的酒桌，由恭恭敬敬、拘谨谦让开始，到勾肩搭背、称兄道弟结束。

徐州的酒场，各种形式都有，一般来讲，婚宴、丧宴都比较快。若是同事朋友聚会，一旦喝到兴头上，往往几个小时结束不了；如果是来往应酬，则想尽办法喝倒对方，以显示徐州人的豪爽；若是同学、战友的聚会，越喝越来劲，感情表达越丰富；若是社会民众闲聚喝酒，不自量力地拼酒、高声喧哗、游戏、划拳，丑态百出是少不了的。随着社会发展，一些上年纪的人也开始注意喝酒的行为，强劝硬灌的不文明行为也日渐减少。

丰沛一带的人喝酒，一定要"领酒"，就是领酒的人自己先喝满满的一大杯，然后其他人按照领酒人的要求去喝，也可能是一大杯，也可能是半杯等等不一，以此类推，每人领一个，一般没有一定酒量的人，在领酒的时候就已醉倒。邳州、新沂、睢宁一带喝酒，用小碗小盅，用小盅慢慢喝，两个、四个、六个，喝到兴起就开始用碗了。

徐州人喝酒很注意方式，对酒量大的人，或感情很铁的人，往往会喝"肥"的，就是用大杯子喝酒，满满的一大杯，俗话说叫"表蒙子"或"双眼皮"，就是酒要突出杯沿。喝啤酒则用盆，至少一瓶，也可三瓶五瓶，一口气下肚。

有一个上海人到徐州几天，回去后，写了一篇关于徐州酒文化的文章，把徐州的酒文化描述得淋漓尽致。正是这优越的人文环境和悠久的历史，使蕴藏着深厚文化底蕴的徐州酒文化得以传承至今。

在徐州喝酒，还有许多专有名词，如"凑局"（喝酒人手不够多，临时喊几个凑人数）、"赶场"（两场或两场以上酒场，提前退席，到另一场）、"坐坐""聚聚""送行""接风""整一场""治一场""克一场""找个地方玩玩"（找个地方喝酒）、"领酒"（自己先喝，别人再喝，领酒者用大杯满酒）、"端酒"（别人喝，自己不喝）、"敬酒"（端酒，或主动找人喝酒）、"克一杯"（喝一杯）、"整一杯""治一杯""玩一个""喝肥的"（大杯或大碗喝酒）、"一口闷"（一口喝掉）、"炸雷子"（领酒的意思）、"深水炸弹"（啤酒加鸡蛋或小杯白酒放大杯啤酒中）、"表蒙子"（酒倒得慢慢的，没过杯沿，像表蒙子）、"双眼皮"（酒倒得慢慢的，没过杯沿，像双眼皮）、"刮一个"（指喝啤酒，倒得满满的，用筷子沿杯沿将啤酒沫刮掉）、"门前盅"（即最后一杯酒，喝完后吃饭、饭后抽烟、谈话，此顿饭结束）等。

徐州人喝酒，没有固定流行的品种，有时候一个品牌也就是流行一两年时间，什么酒都有，川酒、湘酒、苏酒、徽酒……什么酒在徐州都能有一席之地。徐州当地也出产酒，有些酒也很有名气，如徐州市区八五酒、莲花泉白酒，新沂县有房厅大曲，邳县有邳州大曲，丰县有泥池大曲，沛县有沛公大曲，睢宁有睢宁大曲。现在有许多酒厂不景气，有的已经转行。

徐州人喝酒，菜也不重要，重要的是气氛，能下酒就行，晚上吃个羊肉串也能放倒一群人。曾经在徐州广泛流传这样一个故事，两人对酒无菜，仅有盐豆一个，两人只喝不吃，到了最后，一人看了一眼，还落了个"菜酒"的骂名。

徐州人喝酒，过去是劳累喝酒解乏，现在其意义远不止口腹之乐；在许多场合，它都是作为一个文化符号、一种文化消费，用来表示一种礼仪、一种气氛、一种情趣、一种心境，体现的是豪爽，是人性。外地人来徐州，也会被这里的酒风所熏陶。在徐州找到了喝酒的真谛，酒量和酒胆都被严重激活，那种状态、那份得意、那种心情也是前所未有的。但在新时期大力倡导人文精神的今天，徐州的酒文化也须做一番扬弃，取其精华，去其糟粕，与时俱进。敬酒不缠酒，多在"敬"字上

下功夫，多在"情"字上做文章，让客人来徐州喝得尽兴，喝得舒坦，即使醉倒在徐州，还直夸徐州人"有情有义"，这才是真正的徐州"酒文化"。

徐州酒文化内容丰富，历史悠久，流行于民间，也影响着上层社会。经过几千年的变迁，延续到现在，传承了历史。民间有许多酒文化习俗的传说与典故，要研究徐州酒文化习俗的历代发展、存在的范围、所含的寓意等。

# 第五节  徐州"伏羊文化"

## 一、徐州"伏羊"习俗的渊源

中国人吃羊肉，历史悠久，食法多样，各地有各地的饮食习惯，各地烹羊技法也均有独到之处。而徐州人吃羊肉则更胜一筹，"冬吃三九、夏吃三伏"，一年四季无时不食羊，经营者甚众，而风味特色专营店——羊肉馆，则是常年生意兴隆，特别是一入伏，万人食羊已是徐州夏天的一大特色。

吃伏羊是徐州的传统饮食习俗，为国内仅有，经历代流传，已形成了一种地方风味浓郁的习俗。2008年，中国（徐州）彭祖伏羊节获"中国优秀节庆品牌"称号，被评为"徐州市非物质文化遗产项目"；2015年，徐州伏羊习俗被列入江苏省非物质文化遗产保护项目，被中国烹饪协会授予"中国伏羊美食之乡"称号，形成一种地域文化。由此可以看出徐州博大精深的饮食文化，不少专家学者对徐州伏羊这一文

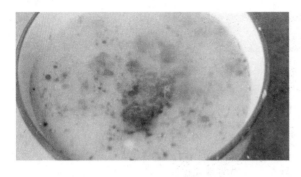

化进行了深入研究。

"三伏"是一年四季中最热的季节，在我国的二十四节气里，有"小暑""大暑""处暑"之说，这即是所谓的"伏"。何为"伏"，颜师古注《汉书》中说："伏者，谓阴气将起，迫于残阳而未得开，故为藏伏，因名伏日也。""三伏"，时间通常在农历六月。初、中、末三个伏日的时间一般都为十天。这段时间为一年之中最热的时候，天气变化无常，高温令人中暑，病菌瘟疫流行，人体也是阳气上升，而徐州人食伏羊，自然有一定的道理。

至于民间用羊对"伏腊"的祭祀活动，气势则既严肃又热烈。徐州彭祖伏羊文化底蕴是来自先人们对"伏日""腊日"及炎帝的祭祀。因为先人们对羊的认识是：羊大为"美"，食羊为"养"，以羊祭祀为"祥"。因此，羊在先人看来是祭祀神灵和祖先的最好礼物。"三牲羊为首"，羊是最主要的祭品，故而逐渐形成了伏天吃伏羊的习俗。汉画像石上的烤羊肉说明徐州人食羊有着几千年的历史。秦汉时期，养羊已经很普及，食羊也很普遍，在汉墓中出土的动物肢架中就发现羊的骨架。汉代杨恽在《报孙会宗书》说"田家作苦，岁时伏腊，烹羊炮羔，斗酒自劳"，这也是一个明证。徐州地区最早吃伏羊叫"尝新节"，又叫"姑姑节"。有首民谣说："六月六，接姑姑，新麦馍馍熬羊肉。"为什么要接姑姑呢？这里有个典故：春秋时期，晋国宰相狐偃居功自傲，气死了亲家——一代忠良赵衰。赵衰之子（狐偃之婿）想在六月六除掉狐偃，其妻不忍，偷偷回娘家告知狐偃。狐偃在放粮中目睹自己的过失给老百姓造成的灾难，于是幡然醒悟，向女婿认错。以后每年逢六月六都请女儿、女婿回家，蒸新麦面馍、熬羊肉热情款待，互相加深感情。这一做法在民间广为仿效，蕴含消仇解怨图吉利之意，故有"六月六，接姑姑，女婿外孙一大屋"的民谣。为什么选六月六呢？主要这个时候新麦登场，羊羔肥壮，便于操办酒宴。

据史典记载，在宋朝之前，我国宫廷筵席上都是以羊肉为主。到了清朝，满族入关，食羊肉之风更是普及。"彭城伏羊一碗汤，不用神医开药方"这一民间说法，更加证实了徐州食伏羊之民风，也说明了吃伏羊的功能和目的。

清光绪年间，徐州食羊之风鼎盛。原来徐州当时的知府桂中行在集市上发现许多屠户杀狗宰牛，"见其生不忍见其死，闻其声不忍食其肉"，于是下令禁止杀狗宰牛，而提倡养羊、食羊，于是徐州食羊之风盛行。

"夏吃伏羊"是徐州地区特有的民俗，不少专家学者对这一现象的根源进行了挖掘和研究。有些专家学者认为，这种食俗与古代楚人对炎帝的崇拜、天地的祭祀、中医学理论、阴阳五行学说、天地及节气变化、民俗饮食习惯都有着密切的关系。夏至后白天渐短，"夏至"是阴气初动，《易经》称夏至"一阴生"，即由太阳转到一阴生，所以伏天食羊可以使阴阳平衡，有益气补虚、强身健体之功效。从传统中医学来说，夏天是人阳气最充足的时候，身体的新陈代谢功能和消化功能都比较旺盛，加上天气的温度较高，湿度较大，常常会有不舒服的感觉，容易导致休息不充分，脾胃受到伤害。另外，夏季的冷饮和瓜果等也极易对人的脾胃造成伤害。而羊肉具有补脾胃、壮阳、治虚劳寒冷、安心神、止疼等多种功效。所以夏天吃伏羊可以达到中医上讲的"天人相应"，其好处甚多。吃甘温羊肉，再配以葱、姜、蒜、辣椒等辛辣、燥热之品，并添加适当的胡椒面和盐水，可以做到"其在皮者，汗而发之"，即大汗淋漓后可以将人皮肤、肌肉滞留的寒气、温气等毒素排出来。

徐州人吃伏羊与其地理环境也有着密切的关系。徐州地处丘陵地带，陵山众多，蔬草茂盛，这为山羊放牧提供了得天独厚的生存条件，也为徐州人吃羊肉提供了丰富的物质原料。山羊经过一个时期的喂养，肉质肥壮，鲜嫩可口，肥瘦相宜，膻味极小，用此羊肉烹制，汤汁浓白，其味香醇，令人胃口大开。徐州饮食行业古原料歌中有"东猪西羊青山鸡"之句，说明徐州人把羊作为原料，特别是特产原料，已广为流传。

徐州人口味较重，喜辣，羊肉汤和羊肉美食正好符合徐州人这一口味，汤浓味鲜、辣油浓香，缀以香菜的辛香和米醋的甘酸，正可去除羊肉的膻气，其味香醇，汁厚不腻，汤色美白，令人胃口大开。徐州人吃羊肉，香菜、黄醋、辣椒油是必不可少的。香菜辛辣、性温，有"治五脏、补不足、利大小肠、通小腹气、拔四肢热、止头痛、疗痧疹"等作用；而黄醋具有去腥臊膻异味的作用，而且能帮助消化；辣椒油则是羊肉馆经营好坏较为重要的手段，要求辣而不酷、香而不腻、浓而不灼，再配以葱、姜、蒜等辛辣调味品，对人体来说，无疑是夏季饮食养生的一道良方。

徐州伏羊是根据徐州饮食习俗而流传下来的，形成于民间，流行于民间，经营者甚众，大小羊肉馆遍及徐州大街小巷。徐州伏羊习俗主要分布于徐州五县（市）五区以及周边地区。除徐州市周围县市外，还有与山东省相邻的微山、单县、滕州、枣庄等，与安徽省相邻的宿州、萧县、砀山、淮北、灵璧，与河南省相邻的商丘等。

徐州伏羊菜品较多，有些菜品制作工艺复杂，风格各异，特色羊肉经营点风味千变万化，这为徐州伏羊的延续提供了保障；经营方式也从小吃部向大规模转移，有些餐厅布置得窗明几净，食品加工场所、就餐环境、安全卫生等得到极大改善。

对羊肉的加工烹调，徐州传统上是以汤为主，喝羊汤成了徐州伏羊美食的代名词。"彭城伏羊一碗汤，不用神仙开药方"，是对徐州羊汤的充分肯定。传统的羊肉烹调技法是先把羊肉煮熟，汤要浓白鲜醇，羊肉以烧、烩、煮、炖为主，近年来出现了很多其他的烹调技法，但仍以传统技法较多，保留了羊肉的原汁原味。徐州羊肉煮汤采用清水浸泡、去掉血渍，大净锅大火煮炖，汤汁浓白，汤味鲜美，用此汤烹制羊肉，加以恰到好处的调味，其味香醇，是徐州市民最喜爱的伏羊美食。利用羊汤的这一技法与一般的厨行制作菜肴所需的汤如出一辙，厨行中，制汤是非常重要的，特别是烧、烩、煮、炖一类带汤汁的菜肴，汤好才能菜好。羊汤也分头汤、二汤和三汤，羊汤的好坏也是经营羊肉的成败关键，另外有些地方在煮汤的时候还要加入一些鲫鱼等，从而使汤汁更加鲜美。

徐州伏羊节在全国影响甚大，已经成为全国独有的一种习俗。2002年徐州市举办了首届"彭城伏羊美食文化节"，至今已连办十五届，规模隆重，声势浩大，每年都会出现"万人空巷吃伏羊"的火爆场面。每届伏羊节参与单位达四百余家，参加人员在十万人以上，同时评选了一部分伏羊名菜点和名店、名宴，举办了伏羊论坛，为挖掘和传承徐州伏羊文化创造了条件，使这一习俗得到广泛保护和推广。

**二、徐州伏羊现象透析**

徐州人食羊，有着博大精深的饮食文化底蕴，彭祖名菜"羊方藏鱼"，汉画像石中的"烤羊肉串"，刘邦的"鱼汁羊肉"，不仅说明了徐州人民食羊有几千年的历史，而且在制作上彰显了精湛的制作技艺。透过徐州伏羊现象，我们更加看清了伏羊在人们社会生活中所折射的种种精神和愿望。

1. 徐州伏羊，折射出徐州历史悠久的传统饮食文明

徐州人食羊，有着博大精深的饮食文化底蕴。徐州饮食文化的历史，可以追溯到上古时代的帝尧时期，彭祖善治羹献尧帝，开创了人类饮食文化的开端，也使受封地彭城成为人类生产和饮食文化发达的地区之一。战国时期，宋弃睢阳而都彭城（钱穆《战国宋都彭城考》），当时彭城是"商贾云集，酒楼食肆，星罗群布"，饮食业发展繁荣；楚汉相争，项羽都彭城，虞姬娘娘制作"龙凤宴"，以示显贵；刘邦得天下，定都西安，为取父悦，"东食西迁"，把丰沛饮食影响扩大；东晋时期，徐州曾南迁至京口（今镇江），以此可见，徐州饮食文化在全国

的影响之大。如前所述，徐州名人墨客辈出，留下了大量饮食文化的历史资料，徐州饮食文化也随之传播开来。透过伏羊现象，可以窥见徐州灿烂的饮食文化。

2. 徐州伏羊，体现了徐州人民追求吉祥的美好愿望

羊为古代的祭祀物品，在人们日常生活中，人们为了去凶求吉，总是把羊作为吉祥、美好的象征。《说文》："羊，祥也。""祥，福也。"汉代说吉祥多为"吉羊"，汉代的一些瓦当、铜器中多有"大吉羊"的字样，徐州汉画像石中也有"吉羊"的体现。刘邦出世，众邻居送羊庆贺，就是把羊当成吉祥物。"三羊开泰"有否去泰来的吉祥含义，"三羊开泰"的图案和造型在徐州民间广为流传，表达了徐州人民追求吉祥、美好的愿望。徐州伏羊节主题"伏羊、福羊"正是徐州伏羊的真实体现。

3. 徐州伏羊，展示了徐州人民勇敢、正直、顽强的性格

羊是正直、勇敢的象征，在汉代，不少达官贵人的墓葬前都立有石羊，保护着主人不容侵犯。在汉画像石中，也有在许多门头上刻以羊头。《杂五行书》中记载："悬羊头于门上，除盗贼。"《新言》记载："初年悬羊头磔鸡头以求富余。"说明古代悬羊头既可防贼，又有祈求富余之意。公羊好斗，也体现了羊的勇敢顽强。徐州夏季吃伏羊，大小摊点、酒店，大碗喝酒、大块吃肉的表现，正体现出徐州人豪放正直的性格。

4. 徐州伏羊，透露着徐州人民尊礼、讲道、善良、行孝的思想

羊是讲礼仪、遵道德的化身。《诗·小雅·无羊》中有"羔羊，鹊巢之国也，召南之政，在位皆节俭正直，德如羔羊也"的记载。谯周《法训》也有"羊有跪乳之礼，鸡有适时之候，雁有庠序之仪，人取法也"的记载。古训《增广贤文》中记有"羔羊跪乳"的故事。说明古人把羊看成知礼行孝的象征，把羊作为礼物相互赠送已成风俗，羊的温驯善良，众所周知，徐州人民对羊的这种行为推崇备至，也无形引发了徐州人民尊礼、讲道、善良、行孝的思想。多年来，徐州好人层出不

穷，无形中体现了羊的这种精神。

5. 徐州伏羊，传承着彭祖饮食养生思想的精髓

徐州伏羊，重在养生，有"冬病夏治、强身健体"之功效，这与彭祖的饮食养生思想一脉相承。彭祖的饮食养生思想对后世影响甚大。"彭城伏羊一碗汤，不用大夫开药方"正是徐州人民在长期的社会生活中积累的经验谚语，精辟地反映了徐州伏羊的精髓。现代科学证明，夏季食羊对人的身体有一定的益处，对一些疾病有一定治疗作用，对调节人体的生理机能有一定的积极作用。徐州这一独特的饮食习俗，也正符合了徐州饮食"五味兼蓄，注重食疗、食养"的特征。

6. 徐州伏羊，是徐州人民对"和"文化的一种体现

"和"是中国哲学思想的精髓，也是中国饮食文化所追求的最高境界。徐州伏羊现象，真正体现了中国"和"文化的内涵。主要体现在：

（1）物产丰富，说明了气候温"和"、风"和"雨顺。羊只有在气候温和、风和雨顺、蔬草茂盛的条件下，才能得到丰盛的食物，才能体壮肥腴。

（2）社会文明灿烂，说明了社会"和谐"。徐州有着四千多年的灿烂文明，帝王之乡，通过这种灿烂的社会文明，体现了社会和谐。

（3）伏羊节的传说与典故，说明了家庭"和"睦。通过徐州民间优美的传说与典故，"六月六，接女婿，新麦馒头熬羊肉""六月六，接姑娘，新麦馒头羊肉汤""六月六，接姑姑，女婿外孙一大屋"这些谚语，说明了家庭和睦、幸福安康。

（4）注重饮食养生，调节身体阴阳平衡，说明了身体健康，气息平"和"。徐州饮食，历来讲究养生，利用食物来调节身体阴阳平衡，维持人体对营养的需要。人体内气息平和，说明身体健康，阴阳失衡，体内不和，多与饮食有关。

（5）日常饮食，品种繁多，技艺独特，说明擅于调"和"五味。彭祖的烹饪技艺，奠定了我国烹饪的基础，徐州的彭祖菜肴、烹饪技法，至今仍在广为流传。调和五味，是烹饪的精髓，徐州饮食品种众

81

多，正是传承了彭祖五味调和的指导思想，只有"和"，方可显"味"。

7. 徐州伏羊，还展现了徐州人民的奉献精神

羊的奉献，众所周知，吃的是草，挤的是奶，献的是肉，它为人们提供了丰富的食物来源，羊肉、羊奶、羊皮、羊毛等都成为人们生活中的必需品。这种奉献精神也体现在徐州人民乐于奉献、不计劳苦、默默无闻的生活中。

8. 徐州伏羊节的演变，说明了徐州人民顺应自然并不断创新的精神

徐州伏羊，从无到有、从小到大、从民间走向社会，这是一种顺应自然、适应社会、造福人类的需要，也是徐州人民不断创新、积极把握生活的需求。徐州伏羊节的举办，每年的不断创新和发展，体现了徐州人民的聪明智慧。因此，我们要乘伏羊节这个东风，把伏羊节做大做强，深挖徐州伏羊文化，展示徐州人民不断创新、积极进取、追求美好的愿望。

### 三、徐州"伏羊节"

2002 年 7 月 11 日，徐州首届彭城伏羊节开幕。此次伏羊节由罗广金先生在徐州夏日吃伏羊这一民间习俗的基础上创意策划，全面组织实施。徐州各大报纸、电台、电视台给予了积极的宣传，江苏电视台在本地新闻联播中介绍了徐州首届伏羊节的热烈场面。自此以后，每年入伏

之日，徐州市政府及相关部门积极举办伏羊节，这已经成为徐州公认的民俗文化。后因商标原因，徐州彭城伏羊节更名为"中国（徐州）彭祖伏羊节"，伏羊节期

间，彭祖圣火传递遍及淮海经济区十一个市县，行程三千公里；江苏省商务厅、江苏省烹饪协会和南京、苏州、无锡、泰州、连云港、淮安、宿迁等地商务部门负责人及餐饮界代表出席开幕式；省内外餐饮同行和外地游客三万多人来到徐州，与徐州市民一起共享伏羊美食。活动达到预期效果，取得圆满成功。每一年伏羊节的主题都有所不同，安排有"文化活动""美食活动""公益活动""文明活动""旅游活动"等多种类型的活动。"文化活动"主要有祭祀彭祖大典，来自全国各地的餐饮企业家、烹饪大师将统一穿着汉服祭拜彭祖；并邀请国内外专家学者举办"彭祖文化"论坛；开展伏羊文化推广大使评选、羊肉烹饪比赛、徐州十大伏羊菜评选、伏羊宴展销季等。"文明活动"包括"徐州文明好市民"评选和"文明徐州从我做起"汗衫赠送活动。"公益活动"中举行"关爱社会，伏羊敬老"公益慰问活动。"旅游活动"主要有徐州伏羊美食考察之旅、彭祖养生之旅、彭祖伏羊节自驾游等。自此，每年"伏羊节"已经成为徐州公认的民俗文化。

"伏羊节"之所以形成一定的规模、达到一定的效益，并得到社会各方的广泛响应，是因为它是根深蒂固的民间文化，是老百姓认同的传统历史文化，有一定民间群众基础，和人民群众有一定的感情交流，表达了人民群众对这一文化的深情厚谊和喜爱，得到了人民大众的充分认可，形成了与人民群众生活密切相关的一件大事，对传承徐州传统的饮食文化起到一定的引领作用。引发人民对传统文化的兴趣，对打造徐州饮食文化，弘扬传统饮食文化，宣传徐州，具有一定的现实意义。依托"伏羊文化"的影响，以"伏羊节"为契机，不断探索创新徐州饮食文化的传统内容，并将其发扬光大。徐州的"伏羊节"不仅仅具有食羊肉的养生价值，更具有一定的社会价值；不仅仅要研究它的历史价值，更要研究它的品牌价值。

对徐州伏羊文化的研究，不是一个短暂的过程，还有待于进一步挖掘和研究徐州伏羊文化这一现象。伏羊节是地方习俗，伏羊习俗是一种地方饮食文化，从伏羊节到彭祖饮食文化，从伏羊节到饮食养生文化，从伏羊节到徐州两汉文化，从伏羊节到道家饮食文化，伏羊节引出的一系列研究已成为研究徐州的一大亮点。

然而在追求经济价值的同时，社会诚信和诚信经营出现了折扣。

1. 原料把关不严，鱼目混珠。有些掺有假货，如羊眼、羊球等用猪眼、牛球代替；甚至出现一些假羊肉（如电视报道的涮羊肉片等）。

2. 质量不能保证。徐州吃伏羊，最好的原料是徐州当地的山羊，然而由于当地山羊饲养时间周期长，很多酒店使用外来羊肉，使羊肉失去了原有的风味。

3. 卫生状况不容乐观，不能认真贯彻落实《中华人民共和国食品安全法》《餐饮服务食品安全监督管理办法》等法律法规，就餐环境脏、乱、差。特别是在伏羊节期间，为了满足供应要求，进货大批羊肉，加上天气炎热、餐具消毒不及时、户外就餐等因素，食物中毒时常发生。

4. 不能提供规范优质服务，没有树立以客为尊、服务至诚的理念。

在现代社会，诚信已经成为个人和企业最基本的素质之一。透过徐州的伏羊文化，能看到徐州人民社会生活中诚信的一面，但也反映出一定的不足，在每一年的伏羊节开幕式上，徐州不少餐饮企业也发出诚信经营倡议书，有力地保证了徐州伏羊文化的传承和发展。

近两年，徐州伏羊节遇冷。徐州烹饪协会发布消息称，往年伏羊节每天吃掉几万只羊的火爆景象不再，主要原因是羊肉价格太贵。在徐州农贸市场，本地山羊肉价格是猪肉的三倍，吃羊肉已从平民消费变成高消费。

# 第二章　徐州饮食特色

## 第一节　徐州早点的风味特色

早点，也称为早餐、早饭，是指早晨吃的食物，是睡醒后的第一餐。现代人已习惯于一日三餐，古时人们习惯一日两餐。《墨子·杂守》说：兵士每天吃两顿，食量分为五个等级。第一顿称"朝食"或"饔"，在太阳行至东南方（隅中）时就餐。第二顿称"飧"或"食"，在申时（下午四点左右）进餐。古代注重进餐时间，孔子《论语》中就记有"食不时不食"，是说不到进餐的时间不能用餐，否则是一种越礼的行为。两餐相比，早餐较丰富，下午的则饭量少，而且简单。到春秋战国晚期，随着牛耕铁犁的广泛使用，农业生产力大大提高，人们的生活亦相应改善，此时有更多的人从事非生产性的工作，有钱人家还经常在夜间有娱乐活动，这时才有必要增加一餐来补充体力，而这个时候，大约已是战国时代。汉代以后，一日两餐逐渐变为三餐或四餐，开始有了早、中、晚餐的区别。早饭，汉代称为寒具，指早晨起床漱洗后所用之小食。至唐代，寒具始有点心之称。南宋吴曾撰的《能改斋漫录》记载："世俗例以早晨小食为点心，自唐时已有此语。"至今，我国许多地区仍称早饭为早点。

早餐是一日三餐中最重要的一餐，供应人体的热量约占全天食物的

30%。俗语云"早上要吃好、中午要吃饱、晚上要吃少",也说明了早点对人体的重要性。随着社会的发展,早点的品种、就餐的形式、经营的范围出现了很大的变化。在过去经济不发达时期,大多数人的早点是家庭简单制作,品种较少,馒头、稀饭、咸菜是多数人早点的内容。现代社会经济发展迅速,人们的饮食思想也发生了转变,认识到早餐的重要性,牛奶、鸡蛋、面包、蛋糕等取代了馒头、稀饭、咸菜,食物的营养成分在早餐中得到了很大的提高。由于社会生活节奏的加快,人们的就餐形式也从家庭厨房转移到社会的早点经营场所上,摆脱了繁杂的家庭劳动。

徐州早点不同于南方的早茶,在其经营品种和制作上有适应徐州人的特色。早点贯串于社会生活的饮食习俗中,从早点的品种、制作方法、口味特点等方面,可以窥见一个地域或民族的风俗习惯,它与人们日常生活中的主食、点心、小吃、菜肴等息息相关,相互渗透,是当地地域文化的重要方面。因此,研究徐州早点文化,对徐州饮食文化的认识有非常重要作用。目前,徐州早点品种众多,风味各异,具有浓厚的徐州地域文化特征。主要体现在:

## 一、干稀结合,结构合理

徐州早点讲究干稀结合,虽然有些早点的品种单一,但往往经营干的与经营稀的结合在一起,有干有稀,相互搭配,食用方便,便于人体

消化吸收。大一点的早点铺,往往既卖干的也卖稀的。但干稀结合有一定讲究,有些是约定俗成的搭配,如饣它汤、辣汤、一般配煎包或蒸包,特别是配煎包和锅贴较多;牛肉汤一般配壮馍;狗肉汤、羊肉汤一般

配烧饼；丸子汤配绿豆面馍；带有炒菜一般配煎饼或吊饼；热狗肉配热烧饼；热粥配油条；玛糊、油茶一般配油旋子、炸菜角、麻团等。当然，其他的干稀也可相配，以上只是人们的习惯而已。

## 二、技法多样，品种繁多

徐州早点，技法多样，蒸、煮、烤、烙、煎、炸、烫、烩所占比例较大；工艺全面，包、捏、擀、切、压、挤、叠、抻，样样具有；取料广泛，家畜家禽、粮食蔬菜，来源有道；注重火候，如饦汤、辣汤要慢煮 10 小时以上；粥要小火煮至黏稠；炸要恰到好处；煎要小火慢煎；蒸要旺火速成等。因此造就了徐州早点品种繁多。据不完全统计，徐州早点品种多达上百种（具体品种及特点见附表）。正是由于徐州早点制作工艺成熟、技法多样、取料广泛，品种繁多，繁荣了徐州早点的饮食市场，形成了独特的徐州早点文化。

## 三、口味突出，地方风味浓郁

徐州早点从具体品种来看，汤羹类比粥饭类多，馅心类比无馅心类多，说明徐州早点重口味。徐州早点文化、小吃文化及民间菜文化几乎同出一辙，在口味上比较注重咸鲜，兼蓄五味，喜用葱姜蒜调味，嗜辣，偏咸酸，汤羹类喜用葱姜、胡椒、五香粉等辛辣刺激调味。如饦汤、辣汤，要放大量的姜和胡椒粉（饦汤不放胡椒）；羊肉汤面要漂一层辣椒油；丸子汤不仅要辣椒油，还喜用生蒜糜调味；牛肉汤中辣椒油、花椒面、生葱花是必不可少的；玛糊、油茶要用五香粉；豆脑、米线用徐州萝卜榨菜调味；炒面要加辣椒粉和孜然；热豆腐要蘸辣椒酱等等。这些情况突出体现了徐州的地方饮食风味特点。

### 四、营养丰富，注重养生

徐州早点由于取料广泛、技法多样、品种繁多，因此营养搭配合理。干稀结合，有利于人体的消化吸收；原料丰富，扩大了营养物质的来源；技法多样，能有效防止营养成分流失，或将营养物质充分溶解于汤汁中；五味兼蓄，能刺激人们的食欲，兴奋人的感官。如饸汤、辣汤、油茶、玛糊，具有驱寒、温补、健脑等作用；牛肉汤、羊肉汤等汤汁浓厚，营养丰富，有增强人体体质，提高免疫力的功效；现代化的早点牛奶、鸡蛋、面包，营养丰富全面。因此，徐州早点对人体健康有非常重要的作用，也符合"早上要吃好"的要求，符合人类养生需要。

### 五、逸事掌故，文化气息浓厚

徐州早点，不同地域也有所不同，各地域都有许多关于早点的来历和传说。逸事掌故较多，如徐州饸汤、丰县羊肉饸汤、山东单县饸汤、安徽宿县饸汤等，性质一致，但都有不同版本的传说。苏轼的热粥诗，形象地写出了徐州热粥的特点，给后世留下了极深的印象。热烧饼夹热狗肉，会使人马上联想到刘邦的鼋汁狗肉的传说及刘邦、樊哙的逸事。关于一些早点品种，许多诗人墨客也留下了大量的诗文词赋，这些饮食逸事、传说掌故、诗文词赋，大大渲染了徐州早点的文化气息，传承了徐州早点文化的发展，扩大了徐州早点文化的影响。

### 六、经营灵活，简洁方便

徐州早点经营规模大小不一，有规模经营的特色企业，也有专项经营的早点店铺，更多的是摆摊设点、走街串巷的流动摊点。这些摊点经营方式灵活，一般品种单一、加工简易、设备简单、场地简陋，三五个摊点聚集在一起经营，品种不重复，互补互利。一般早上五六点出摊，九十点收摊，灵活、方便、人手少，但环境卫生较差，从事经营人员大多为失业、待业、下岗职工、低保人员或退休职工，个人及环境均达不到食品安全法要求，也没有各类经营证件，存在很大的食品安全隐患。

## 徐州早点风味特色及品种统计表

| 类别 | 序号 | 品种名称 | 主要原料 | 特点 |
|---|---|---|---|---|
| 粥类 | 1 | 热粥 | 黄豆、大米 | 清香、白色、黏稠，采用熬煮方法。徐州特色。 |
| | 2 | 大米粥 | 大米 | 米香、白色、黏稠，采用熬煮方法。 |
| | 3 | 小米粥 | 小米 | 谷香、淡黄色、黏稠，采用熬煮方法。 |
| | 4 | 玉米粥 | 玉米 | 清香、黄色、黏稠，采用熬煮方法。 |
| | 5 | 绿豆粥 | 绿豆 | 豆香、淡绿色、黏稠，采用熬煮方法。 |
| | 6 | 八宝粥 | 杂粮 | 清香、黑褐色、黏稠，采用熬煮方法。 |
| | 7 | 皮蛋瘦肉粥 | 大米、皮蛋 | 咸鲜、白色、黏稠，采用熬煮方法。 |
| | 8 | 青菜粥 | 大米、青菜 | 咸鲜、白色、黏稠，采用熬煮方法。 |
| | 9 | 菜豆粥 | 大豆饼、青菜 | 豆香、白色、黏稠，采用熬煮方法。徐州特色。 |
| | 10 | 豆浆 | 大豆 | 豆香、白色、稀爽，采用煮制方法。 |
| 半汤羹类 | 11 | 饣它汤 | 母鸡、猪骨等 | 咸鲜、灰白色、黏香，用熬煮方法。丰县有羊肉饣它汤。多配煎包。徐州特色。 |
| | 12 | 辣汤 | 母鸡、猪骨、鳝鱼等 | 咸鲜微辣、灰白色、黏香，采用熬煮方法。多配煎包、蒸包。徐州特色。品种有鳝鱼辣汤、素辣汤等。 |
| | 13 | 丸子汤 | 绿豆面丸子 | 咸鲜香辣、金黄、汤稀丸子脆，采用煮制方法。配以蒜泥、辣椒油，可自己掌握。徐州特色。 |
| | 14 | 羊肉汤 | 羊肉 | 咸鲜、浓白色、汤稀肉香，采用熬煮方法。徐州特色。喜辣的可放辣椒油，辣度自己掌握。 |
| | 15 | 牛肉汤 | 牛肉 | 咸鲜、白色、汤稀肉香，采用熬煮方法。徐州人喜欢加粉丝、豆皮、葱花、花椒粉。喜辣的可放辣椒油，辣度自己掌握。徐州特色。 |

| | | | |
|---|---|---|---|
| 半汤羹类 | 16 | 狗肉汤 | 狗肉 | 咸鲜、白色、汤稀肉香,采用熬煮方法。徐州市区用葱花、花椒面,县区喜欢放粉丝和干丝。喜辣的可放辣椒油,辣度自己掌握。丰沛特色。 |
| | 17 | 母鸡汤 | 母鸡 | 咸鲜、浓白色、汤稀蛋花爽,采用熬煮方法。多配油饼。一般用母鸡汤冲生鸡蛋。 |
| | 18 | 玛糊 | 青菜、豆腐、海带丝等 | 咸鲜、灰褐色、黏稠,采用熬煮方法。徐州特色。 |
| | 19 | 油茶 | 炒面、花生米等 | 咸鲜、淡白色、黏稠,采用熬煮方法。徐州特色。 |
| | 20 | 豆脑 | 大豆 | 咸鲜、白色、黏稠、卤。徐州豆脑喜欢用海带、虾皮等做成卤汤,盛入豆脑搅拌,徐州特产萝卜榨菜调味。徐州特色。 |
| | 21 | 馄饨 | 肉馅、面粉 | 咸鲜、白色、滑爽,煮。 |
| | 22 | 米线 | 米粉 | 咸鲜、白色、滑爽,烫煮,辣椒油、醋,喜者自用。 |
| | 23 | 面线 | 面粉 | 咸鲜、白色、滑爽,烫煮,辣椒油、醋,喜者自用。 |
| | 24 | 烩面 | 面粉 | 咸鲜、白色、滑爽,煮。可加肉,辣椒油、醋,喜者自用。 |
| | 25 | 丸子汤泡馍 | 绿豆面丸子、烙馍 | 咸鲜、黑褐色、滑爽,煮。馍为绿豆面烙馍。徐州特色。 |
| | 26 | 荤素水饺 | 荤素馅、面粉 | 咸鲜、白色、滑爽,煮。 |
| | 27 | 牛肉板面 | 面粉 | 咸鲜辣、白色、滑爽,煮。外地品种。 |
| | 28 | 河捞面 | 面粉 | 咸鲜、白色、滑爽,煮。外地品种。 |
| | 29 | 手擀面 | 面粉 | 咸鲜、白色、滑爽,煮。多配徐州玫瑰咸菜。徐州特色。 |
| 馅心类 | 30 | 荤素蒸包 | 荤素馅、面粉 | 咸鲜、白色、面暄馅香嫩,蒸。多配辣汤等。主要品种:猪肉蒸包、牛肉蒸包、羊肉蒸包、蟹黄包。 |
| | 31 | 荤素煎包 | 荤素馅、面粉 | 咸鲜、白色加金黄色、面暄馅香嫩,煎。多配辣汤等。徐州特色。主要品种:猪肉煎包、牛肉煎包、羊肉煎包、韭菜煎包、豆腐煎包、芹菜煎包、白菜煎包等。 |
| | 32 | 糯米烧卖 | 糯米、面粉 | 咸鲜、白色、皮糯馅香,蒸。 |

| | | | |
|---|---|---|---|
| 馅心类 | 33 | 锅贴饺 | 荤素馅、面粉 | 咸鲜、白色加金黄色、皮干香馅嫩,煎贴。多配辣汤等。<br>主要品种:猪肉锅贴、牛肉锅贴、羊肉锅贴、素锅贴。 |
| | 34 | 蒸饺 | 荤素馅、面粉 | 咸鲜、白色、皮干香馅嫩,蒸。多配辣汤等。<br>主要品种:猪肉蒸饺、牛肉蒸饺、羊肉蒸饺、素蒸饺。 |
| | 35 | 豆腐卷 | 豆腐、面粉 | 咸鲜、白色、皮暄馅嫩,蒸或煎。邳州特色。<br>主要品种有:蒸豆腐卷、煎豆腐卷。馅心可放点青椒或辣椒粉。 |
| | 36 | 萝卜卷 | 萝卜、面粉 | 咸鲜、白色、皮暄馅嫩,蒸或煎。邳州特色。<br>主要品种:蒸萝卜卷、煎萝卜卷。馅心可放点青椒或辣椒粉。 |
| | 37 | 火烧 | 荤素馅、面粉 | 咸鲜、金黄色、外酥里嫩,煎、烤。徐州特色"镜面火烧"。<br>主要品种:肉火烧、素火烧。 |
| | 38 | 酥饼 | 油、面粉 | 咸鲜、金黄色、酥脆香,烤。<br>主要品种有:甜酥饼、咸酥饼 |
| | 39 | 韭菜盒 | 韭菜、面粉 | 咸鲜、灰褐色、皮干香馅嫩,烙。 |

| | | | |
|---|---|---|---|
| 米、粉类 | 40 | 鸡蛋摊烙馍 | 鸡蛋、烙馍 | 咸鲜、灰褐色、干香,烙。徐州特色。 |
| | 41 | 煎饼馃子 | 油条、馓子等及面粉 | 咸鲜、灰白色、外软糯里脆香,烙。 |
| | 42 | 肉夹馍 | 猪肉、面粉 | 咸鲜、微黄色、面暄肉香,烤。 |
| | 43 | 菜夹馍 | 蔬菜、面粉 | 咸鲜、微黄色、面暄菜香,烤。 |
| | 44 | 菜卷馍 | 蔬菜、面粉 | 咸鲜、微黄色、面暄菜香,烙。 |
| | 45 | 油旋子 | 粉丝、面粉 | 咸鲜、褐色、皮干香馅嫩,煎。 |
| | 46 | 炸菜角 | 韭菜、面粉 | 咸鲜、褐色、皮干香馅嫩,炸。 |
| | 47 | 烙馍卷馓子 | 烙馍、馓子 | 咸鲜、灰白色、外软韧里脆香,烙。 |
| | 48 | 烧饼夹狗肉 | 烧饼、狗肉 | 咸鲜、微黄色、饼暄肉香,烤。烧饼和狗肉都要趁热吃。丰沛特色。 |
| | 49 | 菜煎饼 | 蔬菜、煎饼 | 咸鲜、灰黄色、皮干香馅嫩,烙。邳州特色。 |
| | 50 | 煎饼卷菜 | 煎饼、各类小炒 | 咸鲜、灰白色、外软韧菜香,烙,邳州特色。煎饼卷小鱼、煎饼卷盐豆炒鸡蛋。 |

| | | | |
|---|---|---|---|
| 米<br>、<br>粉<br>类 | 51 | 糍饭<br>麻团 | 糯米、<br>糯米粉、<br>芝麻 | 咸鲜香或甜香、白色、软糯,蒸或煮。<br>香甜、金黄色、香糯,炸。 |
| | 52 | 糖糕 | 糯米粉 | 香甜、金黄色、香糯,炸。 |
| | 53 | 寿司 | 糯米 | 咸鲜、黑白相间、软糯,蒸或煮、卷。 |
| | 54 | 馒头 | 面粉 | 清淡、白色、软暄,蒸。<br>主要品种:煎馒头片、高庄馒头、刀切馒头、机器馒头。 |
| | 55 | 花卷 | 面粉 | 清淡、白色、软暄,蒸。多配葱花、椒盐。 |
| | 56 | 煎饼 | 面粉 | 清淡、微黄色、软韧,烙。邳州特色,多配小菜。 |
| | 57 | 烧饼 | 面粉 | 清淡、微黄色、软暄,烤。多配羊肉汤。<br>主要品种:反手烧饼、牛舌烧饼、吊炉烧饼、朝牌。 |
| | 58 | 酥饼 | 面粉 | 香甜或香咸、金黄色、酥脆香,烤。 |
| | 59 | 油条 | 面粉 | 咸香、金黄色、酥香,炸。特产"八股油条"。多配热粥。 |
| | 60 | 馓子 | 面粉 | 咸香、金黄色、酥脆香,炸。特色"蝴蝶馓子"。 |
| | 61 | 元宵 | 糯米粉 | 香甜或香咸、白色或彩色、软糯,煮。 |
| | 62 | 粽子 | 糯米 | 香甜或香咸、白色、软糯,煮。 |
| | 63 | 炒面 | 面粉 | 咸鲜、可多味、微黄色、软糯,炒。 |
| | 64 | 炒米线 | 米粉 | 咸鲜、可多味、微黄色、软糯,炒。 |
| | 65 | 擀面皮 | 绿豆芽、面筋、面粉 | 咸鲜、白色,软韧,拌。邳州特色。 |
| | 66 | 壮馍 | 米粉 | 清淡、微黄色、干韧,烙。多配牛肉汤。 |
| | 67 | 葱油饼 | 米粉 | 咸香、微黄色、软糯,烙。多配母鸡汤。 |
| | 68 | 鸡蛋饼 | 鸡蛋、面粉 | 咸香、微黄色、软糯,烙。 |
| | 69 | 油酥饼 | 面粉 | 咸香、微黄色、酥脆香,煎。 |
| | 70 | 蛋糕 | 鸡蛋、面粉 | 甜香或咸香、金黄色、软暄,烤或蒸。多配牛奶。 |
| | 71 | 面包 | 面粉 | 甜香或咸香、金黄色、软暄,烤。多配牛奶。 |

| | 72 | 牛奶 | 牛奶 | 微甜、白色、清爽,煮。多配面包、蛋糕。 |
|---|---|---|---|---|
| 其他类 | 73 | 豆奶 | 大豆 | 甜、白色、清爽,煮。 |
| | 74 | 奶茶 | 各类坚果 | 甜、白色、清爽,开水冲。 |
| | 75 | 卤(茶叶)蛋 | 蛋类 | 五香、褐色、香韧,卤。<br>主要品种:卤鸡蛋、卤鹌鹑蛋。 |
| | 76 | 热豆腐 | 豆腐 | 咸鲜辣、白色、软嫩,卤。<br>带辣椒酱、蒜泥等。邳州、睢宁一带特色。 |

# 第二节　徐州民间乡土菜的风味特色

乡土菜是中国菜肴的重要组成部分,它以鲜明的地方风味特色、独特的烹饪技法、变化多端的调味、固有的物产原料,丰富了中国烹饪的内涵,有些乡土菜,经过大师们的创造,已经成为中国的名菜。乡土菜源于民间,现已流行于市肆,又称为民间菜,就是指某一区域的人群利用本地域的物产资源,采用民间比较简洁的烹制方式,烹制出的具有地方风味,适宜于本地域民俗风情的菜肴。一般来说,乡土菜取材方便,简单方便,力求自然,本菜本味,集"区域性、实(食)用性、方便性"于一体,是地方风味菜肴的根基,朴实大方,随意自然。

纵观徐州乡土菜,品种繁多,技法多样,这与徐州的环境、气候、物产、食俗等有紧密联系。

## 一、丰富的物料来源,为徐州乡土菜提供了物质基础

徐州物产丰实,为地方乡土菜提供了丰富的物质基础。蔬菜品种繁多,常年不断青,一年四季有别。春季主要有香椿、韭菜、荠菜、菠菜、芫荽、蒜苗、杨花萝卜、菜花、槐花等;夏季有青椒、番茄、黄瓜、四季豆、芹菜、蒜薹、韭菜、白萝卜、茄子等;秋季有冬瓜、南瓜、毛豆、菠菜、大蒜等;冬季有韭黄、大白菜、苔菜、大萝卜等。其中比较有名的土特产如铜山县的韭黄、苔菜;邳州的苔干、辣椒、搅瓜、白果;新沂的板栗;骆马湖的银鱼;沛县微山湖的水藕、菱角;丰

93

县的牛蒡；徐州当地的青萝卜等。野生蔬菜众多，食用普遍，如荠菜、扫帚菜、马兰头、枸杞头、南瓜梢、马齿苋、榆钱、槐花、山芋梗叶等。

家畜、家禽饲养历史悠久，且久负盛名，有猪、马、羊、驴、牛、鸡、鸭、狗、鹅等，清代《调鼎集》中就有"徐州风猪天下闻名"的记载。徐州原料歌云"东猪西羊青山鸡"，"东猪"指铜山县一带饲养的猪，"西羊"是指丰县的山羊，"青山鸡"指铜山县青山泉乡一带养的优良鸡，另外还有沛县的狗肉、邳县的家兔闻名全国，这都充分反映了徐州当地的肉品丰实优良。

徐州境内有微山湖、骆马湖、大运河、云龙湖等水域，水产品一年四季不断，微山湖的四孔鲤鱼天下闻名。骆马湖有银鱼、青螺、青虾。一年四季有鲤鱼、鲢鱼、草鱼、鳊鱼、鳜鱼、甲鱼、鳝鱼、青虾、田螺、河蚌等应市。

由于有山有水，所以徐州野味众多。最早的记载的雉羹就是烹饪鼻祖——彭铿利用野鸡制作而成，除此之外还有野鸭、刺猬、鹌鹑、斑

鸠、麻雀、野鸽、野兔、獾狗等应市。乡土菜中常用这些原料来制作菜肴，如烧野鸡、炖野鸭、野兔烧宽粉等，野味五套还是徐州的传统名菜。

其他各种原料制品丰富多彩，豆腐、腐乳、

抽油、萝卜榨菜、山楂糕、家庭腌制的各种酱菜等，举不胜举。其中邳州八义集臭豆腐、睢宁的绿豆饼、徐州万通酿造厂的青方和山楂糕等均为全国地方名产。

众多的地方名特调味品，也为徐州乡土菜增加了独特的风味，如徐州万通酿造厂的酱油、米醋，睢宁古邳的甜油、抽油，新沂合沟的小磨香油，邳州的大蒜、尖椒等。徐州的萝卜榨菜、八义集的腐乳也常用作菜肴的调味。

徐州人民在长期的历史演变中，不仅掌握了各种原料的独特性和食用性，创造出了众多的乡土菜品，还发明制造了多种制品，如腌制、风制、干制等，说明了徐州地区不仅物产丰实，而且还有一整套经验。这些物产，为徐州乡土菜的制作奠定了物质基础，提供了物质保障。

## 二、独特的地理环境和民俗，形成了独特风味的乡土菜

徐州市位于江苏省的西北部，是苏鲁豫皖四省交界之地，处于华北平原的南部黄淮平原上。京沪陇海铁路在此交会，京杭大运河傍城流过，黄河故道横穿市区。这里交通发达，是公路和铁路的交通中心。

徐州市周围有山有水，古语云："三片平原三片山，故黄河斜贯一高滩。"仅山大约有五十座，水有故黄河、奎河、京杭大运河、云龙湖、微山湖、骆马湖。其气候季风性明显。夏季暖热湿润，高温多雨。冬季干燥寒冷，雨量较少。全年光照充足，积温高，降水较为充沛，水分资源比较丰实。这些气候和地理环境为徐州乡土菜的制作提供了物质条件。

徐州市辖管六县，南方有人把徐州人和山东人都列入"老侉"或"侉子"的行列，也不足为奇，因为当地人口音同山东口音相似，并且在日常生活中，与山东省搭界的地方其习俗也有相同之处。

徐州与山东毗邻，受孔孟礼教遗风的影响较深，在传统的筵席和乡土菜中犹有体现。如徐州人喜食鲤鱼，因鲤鱼的"鲤"与"礼"谐音，"鱼"与"余"谐音，在古代徐州就有"鲤鱼跳龙门"之说，民间有

"无鲤不成席"的俗语。特别是微山湖的四孔鲤鱼，与其他地方的鲤鱼不同，肉质鲜嫩，现徐州名菜有"糖醋四孔鲤鱼""龙门鱼"等。且鱼菜上桌，鱼头必须要对着主宾或年长者，逢年过节，女婿给岳父岳母送

礼，四条鲤鱼必不可少。鸡也是送礼必不可少的，而且还必须有八只鸡。鸡在徐州食用较为普遍，特别是在秋季（中秋节），因"鸡"与"吉"谐音，含有吉利的意思。因此徐州酒席中不可缺

少鸡，传统酒席中冷菜有"白斩鸡"，大件中有"清汤鸡"，炒菜中有"辣子鸡"。现代酒席中虽有变动，但鸡仍然必不可少，只是变换花样而已。现在市场上"冯天兴烧鸡"最负盛名。名菜有"葱扒鸡""龙凤烩""凤凰卧巢""母鸡抱蛋"等，乡土菜的"地锅鸡""千蹦鸡""粉皮鸡""炒笨鸡""干煸鸡"等也极受欢迎。

徐州人喜食辛辣，爱吃葱、姜、蒜、香菜、芥菜、茴香菜、辣椒等刺激味重的植物性食物，且特别喜爱生食，家中常制作"拌五毒"（青椒、大葱、生姜、蒜瓣、香菜切丝同拌）来下饭。这大概和徐州人的性格有关。据资料报告，徐州一带和山东南部一些地方，沿着陇海线均属"辣椒带"。在一些凉拌菜中大多喜欢放一些香菜、葱、酱、蒜泥、芥末等。家庭烧炒菜，均爱放辣椒，好像不带辣味不刺激。辣椒品种以邳县最佳，被称为"辣椒之乡"。

徐州乡土菜选料严谨，如狗肉，要选用当地家庭饲养的黑色土狗，羊要选用当地饲养的山羊，鸡要选用当年的仔鸡或老公鸡，蔬菜要选用新鲜的蔬菜，鱼要选用骆马湖、微山湖或运河的鱼。

婚丧嫁娶的筵席中，乡土菜体现了真情。农村酒席中，菜看大多以实惠为主，因农村酒席，妇女小孩较多，大多是大鱼、大肉、丸子等。

旧时多以每桌八碗为标准，俗称"八大碗"。辣、咸、味重，色红实惠，菜肴中以猪肉、猪耳、猪肝、猪肚、猪心及各地乡土菜较多。下面是 1987 年沛县胡寨一农村的结婚酒席菜单：

冷菜：盐水花生仁、五香蚕豆、凉拌藕、芹菜拌肉丝、糟鱼、菠菜拌猪血、卤鸡杂、芹菜拌虾。

热菜：红烧猪肉、烧羊肉、烧绿豆面丸子、烧藕夹、烧山药、拔丝山药、米粉肉、杂碎汤、糖醋鱼、清汤鸡、荷包蛋、红烧鲤鱼等。

这是一桌在当时属条件较好的酒席，对于条件一般的情况来说，菜肴可酌情减少。

从以上可以看出，乡土菜经济实惠，符合当地口味，深受当地喜爱。

### 三、独特的烹饪技艺，丰富了乡土菜的品种

徐州乡土菜注重技法，善用蒸菜、地锅、拔丝、熬、炒、煸等技法。

蒸菜是徐州最常见的乡土菜之一，一般选用新鲜的蔬菜，如芹菜叶、莴苣叶、扫帚菜、槐花、榆钱、春不老、萝卜、胡萝卜、茭白、牛蒡等，洗净晾干后，拌以面粉，上笼蒸熟，食时拌以蒜泥、辣椒酱等，炒制也可。

地锅是过去农村省时省事的做法，先流行于市肆，有些店铺专卖地锅，现已开到南京、北京等地，极受欢迎。方法是把原料加工后放入锅中与调料煸透，加水，锅底烧木柴，快出锅时，锅四周贴上面饼，又称"老鳖溜河沿"，有饭有菜，过去农村忙时，多选用地锅，省事，原料可荤可素，实用。

扣碗是过去筵席常用的方法，省时省事，许多菜事先准备好，扣在碗中，放入蒸笼，上菜时，拿出反扣盘中即可上桌。如过去的扣蛋糕、扣肘子、扣三鲜、虎皮扣肉、米粉肉、八宝饭、扣扒鸡、扣瓦块鱼等。

徐州乡土菜，量大实惠，重油、重盐、重色，善用葱、姜、蒜、香菜、小茴香等辛辣调味，制作上简洁方便。

### 四、奇异的食风，增加了徐州乡土菜的魅力

徐州人爱吃蝉蛹、蚕蛹、豆虫、蝎子等奇特食物，甚至水中的杂草、难闻的臭椿豆都当成一种美食。每到夏季，很多人会到树林中去挖蝉蛹，特别是雨后，蝉蛹纷纷外爬，捉起来很方便，晚上拿着手电筒去树上捉，白天用面筋等去粘蝉猴。捉来后，洗净盐腌，油炸、油煎、干煸均可，酥香味美，且有明目之功效，现大小饭店均有供应，且四季保鲜。蚕蛹是大众化乡土菜，蚕丝厂出售较多，挑洗干净，配以葱姜、大蒜、辣椒炒着吃，或油炸，干香酥脆，是地道的乡土美食。豆虫常见于农村的豆地或槐树上，给人一种恶相，但很多人爱食用，把豆虫洗净，或煎或炸或炒，特别是用刀剁碎，与辣椒同炒，用煎饼或烙馍卷着吃，风味尤佳，系高蛋白食品，邳州北部一带较多。

这些奇特食物的食用，反映了当地人的一种猎奇心态，诸如此类的还有很多，如微山湖边水中特有的一种杂草，用于炸丸子，还用于农村的酒席上，杂草粗糙，有水腥味，但处理得当，效果极好。除此之外，还有一些奇异的食风，如喜食麻辣兔头、卤羊耳、羊蹄、狗蹄等，这些奇异的食风，造就了徐州乡土菜奇特的风味，也无形增加了徐州乡土菜的魅力。

## 五、不同地域的食俗，大大丰富了徐州乡土菜品种

俗话说"五里不同俗，十里改规矩"，这是徐州周围六县的真实写照。徐州市辖邳州、新沂、睢宁、铜山、丰县、沛县六个县区，各个县区的乡土菜也有区别，由于风俗习惯不同，各地的乡土菜在原料的选用和风味上也有所不同。

沛县人喜食狗肉，源于西汉时期的刘邦，历史悠久，古代徐州有"全狗宴"，如今食狗之风犹在，且有过之，"炖地羊""烧狗腿""狗肉汤"等系列乡土菜深受欢迎，特别是喝热粥、吃热烧饼夹热狗肉，已成为沛县早点的一大特色，好多到徐州来的人，都要起早去品尝一下。其主要的代表乡土菜有：鼋汁狗肉、扣闷子、干煸金蝉、焖菜、清炒山芋梗、香酥野鸭、厚子鱼烧粉皮、烙馍芝麻盐、杂草丸子、烧臭鱼、酥藕条、炒笨鸡、清炒菱米、手撕茄子烧鸡。

丰县人喜食羊肉和驴肉，早点有羊肉饣它汤、羊肉包，其"羊盘肠""羊芹细""烧羊头""红烧驴大肠""驴肉火锅""烧饼夹驴肉""砂锅驴肉"等是地道的乡土菜，极受当地人的欢迎。其主要的代表乡土菜还有：香拌驴肝、干煎金蝉、小糟鱼、家乡凉拌藕、藕夹汤、蒸炒牛蒡、扣千子、蜜汁板油、羊芹细、辣椒糊面、煎鸡。

徐州人吃羊肉，有"冬吃三九，夏吃三伏"之说，徐州的"伏羊节"为全国仅有，羊肉系列乡土菜更是不胜枚举。其主要的代表乡土菜有：风鸡、大葱炒臭干、海米苔菜夹、炸臭干、拔丝馍、香椿炒鸡蛋、五香鱼、素火腿、拌五毒、红烧老公鸡、把子肉、韭黄炒肉丝。

徐州东部的邳州、新沂、睢宁的热豆腐也是当地一绝，刚出锅的卤水老豆腐，切成大块，浇上辣椒酱、蒜泥等调味，风味独特，是当地早点几乎不可缺少的小吃，在筵席上多作为菜肴使用。邳州的辣椒是当地著名的品种，体小而尖，辣度强，当地人善于用这种辣椒来做"炒尖椒粉丝""尖椒炒豆腐""拌五毒""尖椒蘸酱"等乡土菜，辣味浓郁。其主要的代表乡土菜有：糖醋苔干、醋白菜、香菜拌粉丝、煎饼小咸

鱼、萝卜烧小鱼、粉皮烧兔子、麻辣兔头、鲜盐豆萝卜粉丝、酥金针菜、肉豆子、蜜汁银杏、古邳热锅豆腐、盐饼、鲜盐豆炖豆腐、酿白果、盐豆白菜豆腐、千蹦鸡、盐豆炒鸡蛋、扣鸡蛋糕、鸡椒、闸头鱼、农家菜豆腐、萝卜条炒粉丝、烧杂鱼、鱼豆、韭菜炒粉丝、粉皮鸡、蒸豆渣、韭菜炒煎饼、萝卜糕、萝卜缨炒鸡蛋、双沟十孔藕、苔干拌海蜇、睢宁腊皮、青豆搅瓜、岚山烧鸡、睢宁卷煎、王集香肠、椒盐绿豆饼、鸡蛋炒羊肉、椒泥煎豆腐、绿豆饼炒羊肉、双沟羊杂、酱汁爆拉皮、古邳乌鱼片。

湖边、河边的居民对鱼虾的做法也不同寻常，烧鱼要用当地的湖水或河水来烧，否则就没有这种风味。

日常主食，丰沛县常食烧饼；邳州、新沂人喜食煎饼；徐州（铜山）人喜食烙馍。正是这些不同的习俗，成就了一大批乡土菜肴，大大丰富了徐州乡土菜的品种。

| 丰县 | | 1 | 萧何姜汁藕 | 2 | 烤青椒 | 3 | 大拌凉粉 | 4 | 拌香菜 | 5 | 家乡凉拌藕 |
|---|---|---|---|---|---|---|---|---|---|---|---|
| 6 | 小糟鱼 | 7 | 蒜泥拆骨肉 | 8 | 干煎金蝉 | 9 | 香拌驴肝 | 10 | 蒸炒牛蒡 | 11 | 蒸扫帚菜 |
| 12 | 蒸豆角 | 13 | 面煎辣椒疙瘩 | 14 | 椒盐南瓜花 | 15 | 山芋面鱼 | 16 | 豆渣白菜粉丝 | 17 | 蜜汁山芋丸 |
| 18 | 炒胡萝卜梢 | 19 | 辣椒糊 | 20 | 虎皮鸡蛋 | 21 | 面煎鸡 | 22 | 地锅鸡加饼 | 23 | 瓦块鱼 |
| 24 | 蜜汁板油 | 25 | 扣千子 | 26 | 海带冬瓜烧肉 | 27 | 毛头丸子 | 28 | 羊芹细 | 29 | 小人参烧羊排 |
| 30 | 羊盘肠 | 31 | 炒羊头肉 | 32 | 风羊腿 | 33 | 胡萝卜烧羊肉 | 34 | 烧羊头 | 35 | 荷香狗肉 |
| 36 | 原汁驴肉 | 37 | 砂锅驴肉 | 38 | 烧驴大肠 | 39 | 烧饼夹驴肉 | 40 | 驴肉火锅 | 41 | 藕夹汤 |
| 42 | 豆腐汤 | 沛县 | | 43 | 黿汁狗肉 | 44 | 蒜泥茄子 | 45 | 蒜泥妈妈菜 | 46 | 蒜泥鸡蛋 |
| 47 | 焖菜 | 48 | 沛县狗肚 | 49 | 清炒山芋梗 | 50 | 炒豆渣 | 51 | 豆渣炒萝卜缨 | 52 | 洋槐花糊 |
| 53 | 杂草丸子 | 54 | 烧南瓜花 | 55 | 酥藕条 | 56 | 小葱煎豆腐 | 57 | 清炒菱米 | 58 | 胡萝卜托 |

| 59 | 萝卜条烧粉丝 | 60 | 煎洋槐花饼 | 61 | 干煸金蝉 | 62 | 韭菜炒湖虾 | 63 | 四味辣椒酱 | 64 | 扣闷子 |
|---|---|---|---|---|---|---|---|---|---|---|---|
| 65 | 全家福 | 66 | 烧饼夹狗肉 | 67 | 蒜香狗肉 | 68 | 炒笨鸡 | 69 | 鸡丝面鱼 | 70 | 毛豆米烧仔鸡 |
| 71 | 手撕茄子烧鸡 | 72 | 扣全鸡 | 73 | 烧野鸭 | 74 | 香酥野鸭 | 75 | 糖醋四孔鲤鱼 | 76 | 干炕咸鱼 |
| 77 | 红烧鱼尾 | 78 | 家常烧咸鱼 | 79 | 老鳖靠河沿 | 80 | 厚子鱼烧粉皮 | 81 | 奶汁鲫鱼 | 82 | 红烧鲤鱼 |
| 83 | 烧臭鱼 | 84 | 羹汤 | 85 | 萝卜汤 | 86 | 老蚌羹 | **邳州** | | 87 | 糖醋苔干 |
| 88 | 醋白菜 | 89 | 香菜拌粉丝 | 90 | 拌兰花干 | 91 | 蒜苗头炒豆扁 | 92 | 苔干拌生仁 | 93 | 炸荷花 |
| 94 | 鲜盐豆萝卜粉丝 | 95 | 酥金针菜 | 96 | 粉皮烧兔子 | 97 | 麻辣兔头 | 98 | 烧杂烩 | 99 | 盐饼 |
| 100 | 炒豆虫 | 101 | 炸豆虫 | 102 | 尖椒炒豆渣 | 103 | 尖椒炒豆腐 | 104 | 尖椒炒粉丝 | 105 | 蒜泥黄花菜 |
| 106 | 拌搅瓜 | 107 | 萝卜条炒粉丝 | 108 | 鱼冻 | 109 | 鱼子冻 | 110 | 香椿拌素鸡 | 111 | 酥山药 |
| 112 | 蜜汁银杏 | 113 | 古邳热锅豆腐 | 114 | 拔丝银杏 | 115 | 鲜盐豆炖豆腐 | 116 | 酿白果 | 117 | 盐豆白菜豆腐 |
| 118 | 手勺炒鸡蛋 | 119 | 盐豆炒鸡蛋 | 120 | 扣鸡蛋糕 | 121 | 核桃丸子 | 122 | 千蹦鸡 | 123 | 鸡椒 |
| 124 | 肉豆子 | 125 | 素千子 | 126 | 荷花肘子 | 127 | 煎饼小咸鱼 | 128 | 萝卜烧小鱼 | 129 | 尖椒毛豆干爆鱼 |
| 130 | 鲜盐豆羊肉炖白菜 | 131 | 青椒拆骨肉 | **新沂** | | 132 | 捆香蹄 | 133 | 蒜泥四季豆 | 134 | 妈妈菜拌豆腐 |
| 135 | 雪菜拌豆干 | 136 | 拌萝卜丝 | 137 | 腌萝卜缨 | 138 | 依山靠水 | 139 | 萝卜条炒粉丝 | 140 | 韭菜炒粉丝 |
| 141 | 豆腐丸子 | 142 | 豆渣丸子 | 143 | 菜豆子 | 144 | 农家菜豆腐 | 145 | 炸春卷 | 146 | 韭菜炒豆干 |
| 147 | 干炸千子 | 148 | 家常南瓜丝 | 149 | 蒸豆渣 | 150 | 白菜卷 | 151 | 萝卜丸子 | 152 | 萝卜糕萝卜缨炒鸡蛋 |
| 153 | 毛豆尖椒炒鸡蛋 | 154 | 韭菜炒煎饼 | 155 | 择蒜炒鸡蛋 | 156 | 好根炒肉丝 | 157 | 蛋清蒸肉 | 158 | 松肉 |
| 159 | 闸头鱼 | 160 | 鱼豆 | 161 | 烧杂鱼 | 162 | 芹菜炒小虾 | 163 | 粉皮鸡 | 164 | 羊金刚 |
| 165 | 豆芽歪巴汤 | **睢宁** | | 166 | 双沟十孔藕 | 167 | 苔干拌海蜇 | 168 | 睢宁腊皮 | 169 | 青豆搅瓜 |

| 170 | 香椿拌豆腐 | 171 | 拌土豆丝 | 172 | 面酱羊肘 | 173 | 岚山烧鸡 | 174 | 睢宁卷煎 | 175 | 王集香肠 |
| 176 | 菠菜炒拉皮 | 177 | 拉皮炒肉丝 | 178 | 酱汁爆拉皮 | 179 | 白菜豆腐 | 180 | 椒泥煎豆腐 | 181 | 白菜炖豆腐 |
| 182 | 鸭血炖豆腐 | 183 | 丝瓜炖豆腐 | 184 | 椒盐绿豆饼 | 185 | 绿豆饼炒羊肉 | 186 | 白菜脑炒绿豆饼 | 187 | 香炸野菜饼 |
| 188 | 八宝三水梨 | 189 | 南瓜托面 | 190 | 虎皮冬瓜 | 191 | 吊地瓜 | 192 | 家常茄子 | 193 | 香酥羊腿 |
| 194 | 双沟羊杂 | 195 | 鸡蛋炒羊肉 | 196 | 滋补羊脑 | 197 | 孜然羊球 | 198 | 鱼子烧羊肉 | 199 | 炒和油 |
| 200 | 苔干扣肉 | 201 | 古邳乌鱼片 | 202 | 糖醋黄河鲤 | 203 | 膘鸡山药糕 | 204 | 九镜湖鱼头 | 205 | 香叶豆腐羹 |
| **铜山及市区** | | 206 | 葱拌猪耳 | 207 | 卤猪蹄 | 208 | 皮冻 | 209 | 凉拌海带丝 | 210 | 蒜泥黄花菜 |
| 211 | 拉皮黄瓜 | 212 | 烧辣椒 | 213 | 烧茄子 | 214 | 拌皮肚丝 | 215 | 拌猪头肉 | 216 | 拌素鸡 |
| 217 | 麻汁豆角 | 218 | 香酥小白鱼 | 219 | 楂涝藕 | 220 | 洋葱木耳 | 221 | 风鸡 | 222 | 拌腐竹 |
| 223 | 白斩鸡 | 224 | 糖醋排骨 | 225 | 卤猪脸 | 226 | 五香牛肉 | 227 | 糖沾虾 | 228 | 五香鱼 |
| 229 | 素火腿 | 230 | 拌五毒 | 231 | 素板鸭 | 232 | 炒包菜粉丝 | 233 | 大葱炒臭干 | 234 | 炸臭干 |
| 235 | 炒素鸡 | 236 | 炒绿豆芽 | 237 | 春卷 | 238 | 青椒炒鸡蛋 | 239 | 芹菜炒香干 | 240 | 韭菜炒鸡蛋 |
| 241 | 番茄炒鸡蛋 | 242 | 香椿炒鸡蛋 | 243 | 蒜苗炒鸡蛋 | 244 | 菠菜炒鸡蛋 | 245 | 干煸黄豆芽 | 246 | 酿茄子 |
| 247 | 干煸菜花 | 248 | 拔丝馍 | 249 | 八宝甜饭 | 250 | 金丝缠葫芦 | 251 | 炒辣子鸡 | 252 | 清汤鸡 |
| 253 | 香酥鸡 | 254 | 红烧老公鸡 | 255 | 清蒸鸡 | 256 | 蒜子烧黄花鱼 | 257 | 鲫鱼喝饼 | 258 | 烧三丁 |
| 259 | 苔菜滑肉 | 260 | 油爆双脆 | 261 | 韭黄炒肉丝 | 262 | 蒜薹炒肉丝 | 263 | 炒猪耳 | 264 | 芹菜炒肉丝 |
| 265 | 椒子酱 | 266 | 皮肚杂拌 | 267 | 清炒肚花 | 268 | 红爆腰花 | 269 | 木须肉 | 270 | 酱爆肉丁 |
| 271 | 葱爆肉 | 272 | 黄豆芽烧肉 | 273 | 虎皮扣肉 | 274 | 把子肉 | 275 | 糖醋里脊 | 276 | 四喜丸子 |
| 277 | 红烧肉 | 278 | 米粉肉 | 279 | 小酥肉 | 280 | 蒸菜系列 | 281 | 大葱炒猪头肉 | 282 | 孜然面筋 |

| 283 | 白菜粉丝烧肉 | 284 | 羊肉豆腐 | 285 | 羊血豆腐 | 286 | 干煸猪肺 | 287 | 干煸羊血 | 288 | 鸭血炖豆腐 |
|---|---|---|---|---|---|---|---|---|---|---|---|
| 289 | 毛白菜炖豆腐 | 290 | 烧羊蝎子 | 291 | 麻辣田螺 | 292 | 韭菜炒螺蛳 | 293 | 卤羊蹄 | 294 | 拉皮炒肉丝 |
| 295 | 大肠豆腐 | 296 | 炖臭干 | 297 | 砂锅带鱼 | 298 | 手撕包菜 | 299 | 烧藕盒 | 300 | 酱鸡爪 |
| 301 | 灌汤素鸡 | 302 | 炒鸡杂 | 303 | 酸辣滑鸡 | 304 | 泥鳅钻豆腐 | 305 | 羊肉面鱼 | 306 | 白菜烧羊肉 |
| 307 | 拉皮烧羊肉 | 308 | 烧羊杂 | 309 | 烧牛杂 | 310 | 红烧龙虾 | 311 | 地锅系列 | 312 | 酸辣土豆丝 |
| 313 | 酸辣土豆条 | 314 | 炒干丝 | 315 | 煎烧豆腐 | 316 | 瓦块草鱼 | 317 | 红烧白鲢 | 318 | 烧鱼泡 |
| 319 | 红烧白鱼 | 320 | 鲹鱼粉丝 | 321 | 砂锅小鱼 | 322 | 雪里蕻炒肉丝 | 323 | 拔丝肥膘 | 324 | 炒肉皮 |
| 325 | 炒青番茄 | 326 | 海米苔菜夹 | 327 | 烧三鲜 | 328 | 野兔粉丝 | 329 | 酸辣鸡蛋汤 | 330 | 番茄鸡蛋汤 |
| 331 | 紫菜鸡蛋汤 | 332 | 萝卜羹 | 333 | 青菜豆腐汤 | 334 | 酸辣鳝鱼羹 | | | | |

## 第三节　徐州古今筵席的风味特色

筵席是中国饮食文化中的重要组成部分，从筵席的发展历史来看，它是在古时祭祀的基础上发展起来的。何谓"筵席"？周礼中说，"筵"就是用芦苇或粗篾编制的周长一丈八尺的铺垫；"席"是铺在"筵"上周长八尺的加工精细而别致的垫子。这说明，当初"筵""席"与菜肴是毫不相关的。

在夏代以前，部落内有事，成员们围在一种圆形土屋中共同讨论。有时，大家便在一起进餐，这便是最初的共食方式。夏代末期，出现了"筵"与"席"，人们坐在"筵"与"席"上进食，这便是"筵"与"席"同饮食发生联系的开始。

到了商代，历代商王都利用鬼神之说维护自己的统治。根据《礼记》所载："殷人尊神，率民以事神，先鬼而后礼。"即在祭祀过后，参加祭祀的人便坐在"筵席"上把祭品吃光。这说明，筵席在当时已有雏形。

春秋时，铁器的使用促进了生产的发展，物质产品的丰富，也使筵席随之发展。周时很时兴"乡饮酒"，规定六十老者坐食，五十者立食。就是说当时的筵席形式逐步形成了。

战国时，王宫筵席的菜量规格是："天子之食，二十又六；主后之食十又二；上大夫八，下大夫六。"当时一般筵席的菜量有的多至四十五碟。形式上，宫女手捧肴盘绕几一周上菜，进食过程中也出现击鼓或舞剑为乐的情况。此时，筵席形式已基本形成。

唐代是我国封建社会最繁荣的时期，因此，烹饪在唐时有了长足的发展，筵席亦随之发展。不但菜肴丰富了，坐的方式也变了，不再席地而坐，而坐在椅子上吃饭，但仍是一人一桌。

到宋代，我国出现了大型方桌，几人共食制普遍出现，筵席场面日趋豪华。《东京梦华录》记载宋朝皇帝的筵席场面：首先听百鸟齐鸣，然后入席。席间有杂技表演、琵琶独奏、摔跤表演等。

明代时，皇上摆筵已有了一定的乐章：入筵时奏返膳曲，上菜奏进膳曲，喝汤时奏进汤曲，并有规定的唱词。民间酒馆则以江湖卖唱、歌伎舞伎伴唱而饮。席间也有行酒令、抽签牌、击鼓传花等娱乐形式。

徐州烹饪历史悠久，筵席品种繁多、规格有别，上菜程序有定规。一般是先凉后热，先咸后甜，先贵后贱（原料），先酒菜后饭菜；配制取料全面、烹调方法多样；口味荤素甜咸有别，色形红白各异。

筵席是饮食文化的一个重要组成部分，从筵席的规格和组成可反映一个地方的文化和经济的发展，也能窥探其地食俗的一般规律。徐州古今筵席很多，很多地方资料均有记载，从这些筵席的规格、形式可以窥见徐州古代饮食的发展状况和当时社会经济的发展状况。

**龙凤宴**：徐州古典筵席"龙凤宴"相传是两千一百年前西楚霸王项羽定都彭城举行"开国大典"时，由虞姬娘娘亲自设置的。此宴按秩序先二十六个冷菜，分左右摆成双眼形，左边中心为一龙，右边中心为一凤，龙凤均以原料拼摆造型而成，形态生动逼真，周围各七个圆形拼盘，每盘菜顶用红色原料刻以篆文，左边为"龙腾虎啸穿原秀"，右边是"凤舞鸾啼甲弟新"。接着上八个大件，菜顶也用原料刻有"受命于天既寿永昌"。每个大件还跟两个小碗，最后上四个坐菜，四个饭菜、总计四十八道。"龙凤宴"是徐州千百年来的传统大型筵席，主要用于隆重集会，是豪门世家礼仪常用的筵席，也是古代较为系统的筵席。"龙凤宴"取料严格，限于鳞羽两族动物，没有蔬菜，高贵典雅，是终日筵席，共分六组、四撤桌，计四十八品。

**凤鸣宴**：源于丰邑古城（徐州丰县）。据《同治丰县志》载，当年曾有"凤凰飞落城楼"，长鸣三声，巽向（东南）而去，故此得名。

众所周知，"龙"与"凤"在我国古代神话传说中占有崇高地位，乃古代氏族图腾的标志。相传龙为九种动物的合身，凤亦如此。《山海经》等古籍中说：凤凰的前部像鸿雁，后部像麒麟，脖颈像蛇，体形像龟，颔像燕子，尾像鱼，嘴像鸡，花纹像龙。凤凰即凤鸟，又称五色雀，因其毛呈五色得名。依照古代阴阳五行学说，各个方位均有代表性颜色，即东方青、南方红、西方白、北方黑、中位黄色。凤凰羽毛五色，实为五彩雉。这种雉属鸟，饮食有则，出入有时，俗谓"凤落宝地，鸣于吉兆"。

凤鸣宴与鹿鸣宴、鹤鸣宴齐名，取料于地方名产，兼以精工烹调，充分发挥地方名厨擅长的烹饪技艺，既遵循古法，又适应现代饮食风尚的改进，更为精致完善。

凤鸣宴先以酸辣开胃，后以甜酸羹更换口味。其中，冷菜主拼凤鸣塔，配有花色围碟。热菜有地方传统名吃"鱼汁羊肉""烹四孔鲤鱼"、吕雉制作的"牝鸡抱蛋"、刘邦吃过的"撷羹"等计二十四个品种，别具一格。

**天花宴**、**菊花宴**："天花宴"和"菊花宴"起源于徐州元代慈航院菜馆，是徐州素筵中的代表。此宴开始居中上一大型冷拼盘，象征天上尊者如来，周围摆上十个冷盘，象征十大护法金刚，接着陆续上六个大件、四个小碗、四个坐菜，最后上一品锅，又名一品慈粥，总共二十六道菜。此宴原料均取于植物性原料中的高档原料。"天花宴"取意于六朝梁武帝时高僧云光法师讲经感动上天，天花纷纷乱坠。据史料记载，"天花宴"是从元代徐州慈航院素菜馆流传下来的，菜名均有佛意，属徐州释家菜主要筵席之一。"菊花宴"有八个冷盘、八个大件、八个小碗，共计二十四道菜，故又称"三八宴"。二十四道菜对应一年二十四个节气，"三"对应人生的大、中、小三个不同时期，"八"对应人生中的称、讥、荣、辱、苦、乐、成、败。

**太极宴**：徐州地区曾是中国烹饪祖师彭祖的封地（大彭氏国），又是道教创始人张天师（道陵）的故乡，早年道教盛行，道观众多。徐州素有"七十二庵、八大寺、五楼、二观"之称，清末民初徐州尚有真武观、灵霄观及彭祖楼、霸王楼、魁星楼、燕子楼、黄楼等名胜古迹，皆有道士修炼。因而道家菜在徐州有着丰厚的积淀，并形成系列。只是近几年来由于各种原因，道教有所衰落，年代久远的道家菜系的名馔菜谱竟成为秘册奥闻，不再为世人所熟知。

儒、道、释三家的哲学观与饮食文化各有所向。儒家是"入世派"，其饮食特点以取料高贵为特征，菜点命名则冠以"一品""乘龙""及第""福寿"等。释家是"出世派"，有食素的习尚，即使也有食荤的一派，在原料名称上亦有所避讳，如谓鱼为"水棱花"、鸡为"钻篱菜"、猪为"拱地食"、鱼为"如意"、鸡为"晨钟"等。释家饮食称谓多有宗教色彩，如酒称"般若汤"、饮料为"甘露水"、点心为"开花佛"等，菜名多冠以"金钵""成果""生莲""归根"等。道家人生哲学既不同于入世派，又不同于出世派，因之，道家饮食与释家同样有两派：一是食素，二是食荤。道家食荤派别之饮食，讲采药炼丹之法，求长生养身之道，为此，他们把药物与饮食同食，故称"药膳"，即今天之流传于徐州一带的麋角鸡、云母羹、水晶饼、五味鸡、养心鸭子、独头蒜烧牛肉、薏米鲫鱼、大葱扒野鸭、银杏鸡羹、茶香蛋等物。

道家的素食，又称"斋食"，与释家的习惯相反，道家惯以素菜托荤名。佛家以慈善、讲因果、戒杀生等为教规，食素者居多，荤菜亦避讳而托以素名。道家素食派亦禁食"五荤三厌"。所谓"五荤"指"蒜、韭、薤、芸台（又称胡菜、芸薹，有辛香味）、胡荽（即芫荽，又称香菜）"等五种有昏神烈味的蔬菜；"三厌"指天上飞的、地上跑的、水里游的动物。道家称之曰"荤"，乃草字头下面是军字，意谓此类食物性烈，辛臭散气，能损人之元气，煎炒油腻的食物，不易消化，故属禁忌。道家素食原料以豆腐、面筋、竹笋、菌类（耳、蘑、菇、莪、蕈等）、青菜等为主，然而却冠以荤名。如水晶鸡（用腐竹、琼脂为原料）、五香鱼（水面筋为主料）、四方肉（面筋、嫩豆腐、腐皮、青菜）等等。道家筵席有"三八托荤宴""太极宴""三五宴""八仙宴""四四宴"等五大类别，其中尤以"太极宴"享有盛名。

道家"太极宴"有"托荤"及"药膳"两种。据老厨师们说，同治末年有六十几代张天师，自江西龙虎山到北京，为同治皇帝的丧礼主持道场。这位张天师途经徐州时，到丰县祖陵去祭祖，徐州道家厨师刘勤膳为他制作了"太极宴"，受到这位张天师的赞赏。太极宴经同行口传心授，流传下来。徐州近代知名文人、美食家文兰若先生将其收入《大彭烹事录》一书中。

"太极"是道家惯用的术语，属于阴阳学说的最高范围，有总领万物之意。《周易·系辞》说"易有太极，是生两仪，两仪生四象，四角生八卦"，因而"太极宴"的菜名、布局、上菜程序均与五行八卦有密切关系，体现出道家饮食文化的鲜明色彩。如太极宴的主菜，首为太极图拼盘，终为混沌羹汤菜，可谓"两仪"，而"太极"与"混沌"又实为一体。太极图拼盘，以琼脂（白色）、楂糕（红色）、冷调发菜（青色）、素肉松（黄白色）为原料，用太极图模具装盘，其阴阳两部分颜色判然分明，又分别衬上樱桃、青豆做"眼"，构成图形逼真的太极图。混沌羹则以香菇丁（褐色）、薏苡米（白色）、枸杞子（红色）、腐竹丁（黄色）、青豆（青色）为原料，调料有胡椒、食盐、姜汁、黄醋、白糖、豆芽汁、香油、甜酒等，红、黄、青、白、褐五色斑斓，酸、甜、苦、辣、咸五味俱全，兼容并蓄，浑然一体。随太极图拼盘的第一组冷菜有围碟五品，则是胭脂肉（色红、丙丁火）、菜松（色青、甲乙木）、五香鱼（色黄、戊己土）、香肠（色褐、壬癸水）、水晶鸡（色白、庚辛金）等，各按方位摆布。太极宴共有八道大菜（八卦），而混沌羹上时有坐菜四件（四象），在前则有点心四种，在后则有水果四种，主食有五粮饭、鸡丝卷子两种。菜分五组，共计二十五个品种，在体现阴阳五行的文化思想和太极八卦的道家观念方面有充分的代表性，表现了道家的特色。"太极宴"以"太极图"拼盘起，以"混沌羹"汤菜终，包含着道家文化的深长含义。

**太虚宴**（五行宴）："太虚宴"属于道家风味筵席，徐州过去《菜馆业公会》就记有此宴。五个冷菜为圆形平顶，分别为白、青、黑、红、黄五种颜色，用原料刻"金木水火土"分摆五个盘中。当时的具体菜单是：

冷菜：胭脂野鸭（红色、火）、五香鱼脯（黄色、土）、卤鹅（白色、金）、酱牛肉（黑色、水）、拌荠菜（青色、木）

大件：阴阳鱼、太虚丸子、油炼鹌鹑、六合野鸭、无极山药泥、八卦烩、混沌羹、花藕肉

主食：三菽饭、五谷粥

**洞房宴**：洞房宴也称送房宴，民间风俗，在新婚入洞房时，不可缺少送房宴。入洞房前摆上送房宴，要有人陪送，开唱送房歌，"请新人、观新人、十杯酒"等。新婚夫妇入座，四面六人相陪，一人唱送房歌，其余喊好，富有戏弄词语，闹一些笑话，而后送入洞房。

据传徐州某代楚王孙迎娶江南新妇，夫妇颇有文采，在送房时，端上一鸳鸯丸子，送房人以此菜为题，要求新婚夫妇一题一和，并要以相伴、团圆、二口、首尾字同为内容，新郎出题曰："圆字有两口，一里一外，有宝贝在内，终身团圆。"新娘立即答曰："侣字有两口，一上一下，有立人在旁，一生伴侣。"对仗工整，堪称绝联。

鸳鸯丸子为送房宴中的一道主菜，是否有先例或约定俗成，无可考

证。20世纪三四十年代，豪绅富家，平民人家，婚礼仍有此俗。送房宴是五个果碟、五个中碗、五个小碗。五个中碗是红烧鸡、烧红绿丸子、一品蛋、百合羹、烧鱼，碗都摆有红顶（较为讲究的还要刻上"福、禄、寿、喜、财"五字）。先上五果碟、五中碗，间隔上一小碗，谓之带子上朝；或后齐上五个小碗，谓之五子登科；最后每人一小碗莲子汤，一谓吉利，二谓团圆，三谓官高一品，四谓百年好合，五谓吉庆有余。

**大十样**：大十样是徐州市婚丧嫁娶中的普通筵席，是以八个冷菜、十道热菜而得名。上菜程序：先摆八个冷盘，配上一个大件，次上两个小件。此种上菜程序谓之带子上朝。其历史悠久，流传至今。

**水十样**：水十样与大十样的规格相同。其不同的地方，冷菜是用碟子，大件是用三红碗，四坐菜用四小碗与大十样相同，四小件用青花瓷碗。所谓水十样，大碗、小碗均无海味，原料品种较低，是用于白事的低级筵席。

**八盘五簋宴**：春秋五霸之一的齐桓公，大会诸侯以居天下。宴请各路诸侯的筵席就是"八盘五簋"筵席，"八盘五簋"筵席原是徐州传统筵席。现徐州各市县仍沿用至今，其特点是丰盛简单、实惠大方。

**五福面席**：五福面席主要是用于老年人做寿，中年人过生日，小孩吃喜面。此筵是徐州晋阳风味同园面食馆，根据山西晋阳风味面席而改进的，以五个大件谓之五福，故名。

**三滴宴**：也称三揖宴、大三揖（揖是旧时的拱手礼），"滴"是"揖"的谐音，有"大三滴、中三滴、小三滴"之分，大、中、小之分是按器皿的大小来区分的。

"三揖宴"是旧时官场和民间宴宾的简化筵席，谓之便饭。旧时宾主在筵席上，每上一道菜都要拱手相让（意思是请用），再一起动筷食用，礼节过于烦琐。为此，一般把十二道菜（四盘、四炒、四碗）改为分三次上完，宾主只须三次拱手相邀，而无须每道菜都拱手，故称三揖宴。

**五吉宴**："五吉宴"是徐州古代寿筵的一种高档的寿筵。自明代以来在徐州广泛流传。此宴共有二十五道冷菜、五个大件、五个中件、五个小件、五个坐菜、五个饭菜，共有五十个菜，外加五个小点心、五撤桌，以五吉为名，是寓意福禄寿喜财，其规格之高实属罕见。其中五个大件是"燕窝、熊掌、烤方肋或明炉烤鸡、清烧干贝、蜜汁莲子"。

**十全宴**："十全宴"又称"三十全"，一般是十个冷菜、十个大件、十个小碗（包括饭菜），原料一般是鱼皮、海参、鸭、鱼、银杏、莲子等。

**全狗宴**：所谓全狗宴，是以狗身各部位为原料而制作的筵席，故称。狗肉制作自古是我市独有的品牌，闻名全国的鼋汁狗肉，众所周知。古时徐州一带有饲养食用犬之风，因此徐州先辈厨人都在狗肉上下功夫，不仅鼋汁狗肉闻名遐迩，狗全席也享誉全国。近年来，老厨师相继过世，这项名牌筵席也被湮没。现正根据一些在世老厨师回忆，考证有关资料，加以整理。

全狗宴的特点是以狗身各部位为原料，根据不同部位的肉质特点，采用不同的烹调方法烹制而成的筵席，菜肴冠名采用象征吉祥的称谓，具体如下：

八冷盘（四荤盘、四时蔬）：日月灯、采听门、红花朵、品香官

八大件：跨南山（前膀）、七宝全（头）、登北峰（后胯）、五关通（脖子）、四柱顶天（前后腿）、贯通南北（通脊）、坐地锦（臀部）、双门会（两肋）

四小件：烹宝库（肚子）、炸气囊（肺）、烧万里（爪蹄）、炮独香（尾）、一品锅带四个素菜碟

主食：两道

**云龙草堂宴**

按：此文系彭祖文化研究会会长、徐州师大中文系副教授张士魁，

110

国家荣誉特一级烹调师胡德荣与云龙山管理处郑新华书记共同商议撰写的。

自熙宁十年（1077）至元丰二年（1079），苏轼在徐州为官。凡诗坛挚友相约，或书苑相知造访，苏轼无不盛情相邀且以礼相待。淮海居士秦少游由衷发出"我独不愿万户侯，唯愿一识苏徐州"的感慨。须知，"徐州雄伟非人力，世有高名檀区域"呀！

苏轼徐州待友处，以云龙山黄茅岗为多，其中最突出的便是"张山人花草堂"。山人名天骥，是位"脱身声利中，道德自濯洗"的高士。故苏公来，非"折花馈笋"即"法筵斋钵"，常"斗酒自劳"。是"草堂宴"染道家色彩，故肴馔多为"托荤"件。

苏轼徐州诗作，清淡飘鲜，素雅可闻。"披美玉山果，粲为金盘实"；"子有千瓶酒，我有万株菊"；"碎点青蒿凉饼滑"；"一杯汤饼泼油葱"；"老楮忽生黄耳菌，故人兼致白芽姜"。"葵心、菊脑"皆成膳，"菌陈、竹萌"尽入馔。以至子杭州灵隐寺高僧参寥法师"萧然放箸东南去，又入春山笋蕨乡"（《与参寥师行原中得黄耳菌》）。东吴"斋馔"受启迪于知徐州的苏轼，那是清清楚楚，有文献佐证的。

此宴由"徐州彭祖文化研究会"所隶"烹饪研究委员会"为"虚白斋"专门策划，由国家荣誉特一级烹饪师胡德荣先生领衔，国家特一级面点师李鸿旭及国家特三级烹饪师薛胜利担纲制作。适逢"中国第十一届苏轼学士研讨会"于我市举办，敢竭鄙诚，恭迎海内外知己并以慰先贤。

1999年10月28日，中国第十一届苏轼学士研讨会在徐州举行。此会由中国苏轼学会与徐州人民政府主办。根据上级领导指示精神与我市苏轼饮食文化研究成果，徐州市彭祖文化研究会所辖烹饪研究委员会，由胡德荣先生主持，认真研究，集体论证，最终隆重推出托荤历史文化名宴——"云龙草堂宴"。菜单如下：

冷盘七碟：秋菊紫蟹（主拼）、黄茅青蒿、香槽竹萌、葵心菊脑、糖醋排骨、炸三丝卷、无关仔鸡热菜八件：古彭五千年（红焖乌龟）、红烧大肠（文台品肠）、龙井春韵（回赠雀舌牙）、禹贡烩鱼（虚白烩鱼）、辣子肉酱（徐方椒酱）、桂酪银杏、清炒鱼片、托荤肉松

汤羹一道：莼菜羹

面点两道：笋饼、蕈馒头

## 睢宁风味——金谷宴

东晋时期，古邳（今睢宁）出了一位首富石崇，他所居住的金谷花园，豪宅成片，一派繁华，成为睢宁最为热闹的商业、饮食与娱乐中心。此后，有名厨设计、推出了一代名宴——"金谷宴"，其主要特色即为睢宁传统风味。今日，睢宁当代名厨刘勇先生及其助手，在前人的基础上将传统睢宁风味加以创新、改进，使"金谷宴"更加丰富、成熟，更受当代徐州消费者的喜爱。目前，位于徐州淮塔东门的鸵鸟大酒店专营此宴，并有鸵鸟系列特色菜面世，是专营睢宁风味的徐州著名风味酒店之一。菜谱如下：

凉菜八道：王集香肠、五香扒鸡、香椿豆腐、卷筒腊皮、金谷河虾、蒜泥肚丁、红油百叶、葱油搅瓜

炒菜四道：腊皮肉丝、葱爆睢宁豆腐、南瓜托面、干煸绿豆饼

大菜六道：板栗小鸡、银鱼鸵蛋、白门楼牛肉、山药糕、锅仔鸵排、杞桥长鱼

主食：菜煎饼、大酥饼

汤羹：玉米羹、萝卜粉丝汤

点心、水果：各两道

徐州筵席品种繁多，如菩提宴、四四药膳鸡宴、六六药膳鸡宴、彭祖养生宴、彭祖百寿宴、沛公宴、高祖宴、素八珍、三八托荤宴、三五宴、八仙宴、四四宴、海参席、三汤五割宴、五菜平头宴等。近年来还开发了一些新的筵席，如彭祖营卫宴、鸿门宴、东坡宴。我们要挖掘和整理古代筵席，不断改进和开发新的品种，不断丰富新内容，使徐州筵席更加发扬光大。

112

# 第四节　徐州面食的饮食风味特色

## 一、徐州面点概况

面点在我国人民饮食生活中占据十分重要的地位，包括"面食"和"点心"。"面食"主要指日常生活中的主食；"点心"则是从面食中衍生出来的一种精细的品种，在中国自古有"南米北面"的说法，北方是面食消费的主要地区，品种繁多，地域性区别较大，从而形成了独特的中国面点文化。面点文化是中国饮食文化的重要组成部分，它既渗透于菜肴文化，又丰富了小吃文化，还与原料、土特产、风俗习惯、食俗、器具、礼仪等休戚相关。

早在尧舜时期，彭祖捉雉配稷制羹，献于尧帝，说明早在四千多年前，徐州人民就有种植稷米的经验。稷米，也叫粢米、穄米、糜子米，源于中国北方，史前已有栽培，殷商时期已是人们的主食之一，在古时人民生活中占有重要地位。在邳州五千年前的梁王城遗址中，出土了大量的稷、豆等农作物，甚至还有黑陶高柄杯这种酒器，说明当时已有酿酒技术，而酿酒则需要粮食。

徐州面点存在的形式主要有早点类、中晚餐主食类、筵席点心类、糕点食品类、小吃类、夜宵类及饭菜兼用类。

徐州面点的加工工艺主要有包、捏、擀、切、押、撕、摊等；成熟方法主要有烙、烤、蒸、炸、煎、煮、烩等。

徐州面点的面团主要有发酵面团、油酥面团、水调面团（包括冷

水面团、温水面团、烫面）。

徐州面点原料多以小麦面粉为主，兼及米粉、山芋粉、大麦粉、黄豆粉、绿豆粉、玉米粉、高粱粉等。

## 二、徐州面点文化的特征

徐州地区下辖邳州、新沂、睢宁、丰县、沛县及徐州市区，整体地界与鲁南接壤较多，面点文化与鲁南、豫西、皖北既相互融合，又各具特色。主要体现在：

1. 以麦粉为主，取料广泛

徐州地区农作物主要是小麦和水稻，兼及其他，因此，徐州面食主要以小麦粉为主。小麦面粉用途极广，不论是水调面团，还是油酥面团及发酵面团，基本都是以小麦粉为主要原料。除此以外，米粉、玉米粉、豆粉、山芋粉等各种杂粮粉类用得也较多。如玉米面窝头、龟打、玉米煎饼、绿豆面条、杂粮面条、米线、元宵、年糕等，这些丰富的粉质原料，为徐州面点的加工和制作提供了丰富的物质保障。

2. 制作讲究，成熟方法多样

徐州面食制作讲究，技法多样，充分体现了面点的制作工艺。如烩面要大锅煮、小锅烩，徐州壮馍要用杠子压面，面条面要硬，饺子面要软等，十分注重制作工艺。在成熟技法上，变化多端。如炸，有炸油条、炸菜角、炸糖糕等；蒸，有蒸包子、蒸饺、蒸花卷等；煎，有煎包、煎饺、煎面糊饼等；煮，有煮饺子、煮面条、煮面叶等；炒，有炒面、炒年糕、炒米粉等；烙，有烙馍、烙煎饼、烙壮馍等；烤，有烤酥饼、烤烧饼等。除此以外，还有半煎半烤的火烧，饭菜相宜的地锅贴饼，各种拌制的冷面、蛙鱼、凉皮等；食品糕点中还有蜜汁、挂霜、琉璃、烘焙等。

3. 口味变化多端，兼顾南北风味

徐州面点注重口味，不仅讲究面点馅心口味的调制，还十分讲究各种面食的附加口味。徐州面点的馅心，原料丰富，荤素搭配，口味多样，咸甜香辣均可。喜欢使用一些葱、姜、芹菜、香菜、茴香菜等辛辣味重的原料，日常面食喜欢添加一些馅心或调味品，如葱椒泥、椒盐、芝麻盐等，以增加其口味。如烧饼，制作时喜欢放一些葱花油盐，烤制时撒一些芝麻，做花卷喜欢抹上油、放葱花或椒盐或辣酱，酥饼也是如此，或咸或甜，油酥饼喜欢加些咸菜、辣酱，烙煎饼喜欢放上鸡蛋、蔬菜等。

4. 品种繁多，各具特色

徐州面点品种繁多，从主食、小吃到筵席点心、日常糕点等，达几十种之多，仅烧饼就有吊饼、朝牌、龟打、反手烧饼、牛舌烧饼、锅贴烧饼、油酥烧饼等；馒头有圆形馒头、高庄馒头、刀切馒头、机器馒头等；花卷有椒盐花卷、油盐花卷、芝麻盐花卷、辣酱花卷等。具体来看主要有：早点类：蒸包、煎包、蒸饺、豆腐卷、萝卜卷、糖糕、麻团、菜角、锅贴饺、八股油条等；主食类：面条、烩面、水饺、馒头、花卷、煎饼、烧饼（反手烧饼、吊烧饼、朝牌）、烙馍、壮馍、馄饨等；菜肴类：春卷、炒辣椒疙瘩、香菜拌馓子、地锅、面鱼、面疙瘩汤等；小吃类：渣涝煎包、豆腐卷、萝卜卷、烧饼卷狗肉、葱油饼、镜面火烧、油旋子、菜角、菜煎饼、塌烙馍、菜盒子、麻花、煎饼卷小鱼、蛙鱼等；点心类：蝴蝶卷、小笼包、窝窝、春卷、元宵、酥饼等；糕点类：羊角蜜、蜂糕、芙蓉、京果棒、蜜三刀、糖豆等。

5. 饭菜结合，讲究实用

徐州面食许多品种与菜肴相互搭配，既饭又菜，经济实惠，方便食用，节约时间，营养搭配合理。如独具一格的地锅，中间为菜，四周为饼，饼菜结合，菜借饼香，饼借菜味，软滑与干香并存，食之有味；再如面鱼，将面和稠状，用筷子拨成小鱼形，放入菜中或汤中，有菜有饭，干湿结合，别具一格；再如流行于丰沛县的热烧饼夹热狗肉，类似于肉夹馍，是当地的一大特色；除此以外，还有菜煎饼、韭菜盒、辣椒疙瘩等，经济实惠。另外，还使用面食做原料来制作菜肴，如将烙馍切成丝，经油炸酥脆再炒制后，用烙馍卷着食用，俗称"烙馍卷烙馍"，软酥松香，风味独特。其他的还有如干煸窝头、粽子烧排骨、香菜拌馓子、拔丝馒头等。

6. 遵循风俗习惯，地方风味浓郁

徐州民俗中的饮食习俗，是人们在长期生活中自然形成的一种饮食习惯，带有祝福、吉祥之意，全国各地饮食习俗差异很大，即使徐州辖区有些地方都有差异。徐州西部以烙馍、龟打、窝头、花卷等面食为主，北部临近山东的乡镇和整个徐州东部，主食则以煎饼（以原粮磨成糊状，摊在鏊子上烙成）、烙馍为主。

"迎客饺子送客面"，就是说客人来到要包饺子以示重视欢迎，因为过去只有过年时才吃饺子；送客人走要吃面条，以示以后常来常往。新婚三天，新人回门，必带礼品两样，两只大寿糕、二斤糖糕，送给父母，祝他们长寿、甜蜜、幸福。送粥米，娘家的亲朋好友要备上红糖、挂面、油炸馓子、米花等食物。吃喜面要喝红糖茶泡馓子，红糖表示喜庆，馓子谐音"散子"，意多得贵子。吃长寿面要卧两个鸡蛋。春节从腊月二十五后，要准备油炸麻叶（面团擀成长方形，中间切一刀，翻卷，有甜咸两种）、油炸果（特制的山芋片）、炸丸子、蒸年馍（实心和带馅两种，形状奇特）。元宵节要蒸"面灯"，用面做成莲花状或其他形状蒸熟，里面倒上油，用棉花做捻子，点着后小孩子手里拿着玩，油尽灯灭，靠火处已被烤成焦黄色，表皮酥脆，里面松软可口，可以当点心食用。二月二，家家炸糖豆，面粉加糖和成面团，切粒状油炸。端午节吃粽子，徐州有些地方兴五月初七吃粽子。中秋节，家家户户喜欢蒸月饼。蒸月饼有两种较具特色，一种为肖像月饼，如小白兔、刺猬、龙等；一种为"千层月饼"，视蒸笼大小和家庭人数而定，有多少人做多少层，全家一起品尝，寓意"团圆"。徐州的庙会很多，也是面点、小吃集中的日子，这时候，各类面食小吃竞相登场，品种繁多。

7. 顺应时令季节，追求养生

徐州人民在长期的生活中，形成了独特的饮食习俗，在这些习俗中，不同季节往往还借助于不同食物来达到养生保健的目的。如馓子在徐州常被百姓作为一种中药而采用，徐州民间常用馓子泡汤，配以延胡索、苦楝子治疗小儿小便不通；用地榆、羊血炙热后配馓子汤送下，治疗红痢不止。尤其是产后妇女，在月子里喝红糖茶泡馓子，以利于散腹中之瘀。

旧时徐州有"六月六，吃炒面"的习俗。不过那时是先炒熟麦粒，然后再磨面食之。唐代医学家苏恭说，炒面可解烦热，止泻，实大肠。

"头伏饺子二伏面，三伏烙饼摊鸡蛋"，头伏吃饺子是传统习俗。伏日人们食欲不振，往往比常日消瘦，俗谓之苦夏，而饺子在传统习俗里正是开胃解馋的食物。

在民间还有"彭城伏羊一碗汤，不用神医开药方"之说法，徐州人伏羊历史悠久，当地民谣"六月六接姑娘，新麦饼羊肉汤"。伏日吃羊习俗至少三国时期就已开始了。

煎饼多由粗粮制作，纤维素较多，营养价值高，煎饼疏松多孔，有利于消化吸收和增加肠胃的蠕动。

"五仁油茶"是用茶油与熟面冲成的糊状食物，亦称"茶子油"，是一种具有食疗作用的汤点。据《王氏医案记载》称："油茶，加五仁可医百病。"

8. 注重工艺和调味，技法独特

徐州面点十分注重工艺和调味，有些品种制作工艺复杂，技法独特，体现了面点在制作上的要求，也是别处所没有的。

擀面皮是邳州的面食特色，用适量的上等面粉，加水揉成面团，在清水中搓揉稀释开，以能用箩儿过滤为宜。停留在箩面上的就是面筋，过滤在盆内的就是淀粉。沉淀的时间以水与面粉分离为宜。接着把留在粉上的浮水倒净，然后移入锅内文火加热，烧沸后用短擀面杖搅拌，形成块状时，用木塔塔（形状似木工用的泥模）用力在锅内不停地翻压，待熟到五六成后移到案板再擀。一般按一张面皮约一两面粉的标准，将面块分成等量的面块，再揉搓至光滑平整。接着用两头直径相等的短擀杖，先后用力压薄边沿，然后用劲依次向前推去。每擀一张，底面须用食油润过，然后十张或二十张一叠，移入笼内蒸熟，出笼后，即成透亮的面皮。可见其注重工艺。调料也很讲究，食盐要化成盐水，辣子不能太辣，用箩儿筛过后，用熟油浇过，加点五香粉、芝麻等佐料，醋要自酿的大曲陈酿。通过精细加工制作的面皮，才真正能体现出邳州正宗擀面皮的"白、薄、光、软、筋、香"的风味特点，令人百吃不厌。

壮馍是将面团放在石板或石案板上，另用一根擀面杖，一头固定，一头坐在身下，用身体的重量压擀面杖，用来揉面团，俗称"腚端面"。

徐州面食注重调味，除了馅心一类的调味外，还注重面团的调味。如花卷有葱泥、椒盐、麻盐、蛋花、辣油等味型；烧饼多配以饴糖、芝麻；油酥烧饼有白糖、酥油、葱泥、椒盐、肉泥等；烙馍在和面时加进芝麻，放入糖或盐烙成半熟的馍，放入油锅中炸至金黄，吃起来更加香脆可口，别具风味；也可在烙制时放上葱花、白糖、鸡蛋、葱花、蔬菜等做成各式口味的菜盒；带有汤汁类的，多喜欢配以徐州特产萝卜榨菜，如蛙鱼、米线、豆脑等。

这些独特、复杂的制作工艺和调味，形成了独特的面点文化。

### 三、徐州面点文化的形成和发展

1. 地理环境对徐州面点的影响

徐州市地处古淮河的支流沂、沭、泗诸水的下游，以黄河故道为分水岭，形成北部的沂、沭、泗水系和南部的濉、安河水系。境内河流纵横交错，湖沼、水库星罗棋布，废黄河斜穿东西，京杭大运河横贯南北，东有沂、沭诸水及骆马湖，西有夏兴、大沙河及微山湖。

徐州地区处于黄河下游，是一个以面食为主的区域，食面历史悠久。自古以来，黄河流域的人民就种植小麦、玉米、谷子、高粱等农作物，然后再加工成食物食用。徐州地处苏、鲁、豫、皖四省交界，位于华北平原的南部黄淮平原上，水源丰富，有古黄河、奎河、京杭大运河、云龙湖、骆马湖、微山湖等，其气候四季分明，季节性明显，光照充足，雨量适中，雨热同期。四季之中春、秋季短，冬、夏季长，春季天气多变，夏季暖热湿润，高温多雨，秋季天高气爽，冬季寒潮频袭，干燥寒冷，雨量较少。全年光照充足，积温高，降水较为充分。这些地理环境和气候为农作物的生长提供了自然条件，也为徐州人民日常生活中以面食为主提供了物质保障。

从邳州大墩子古文化遗址和徐州出土的一些文物来看，徐州农作物种植较多，水稻虽然种植较早，但中间中断了一段时期，而一些面粉加工工具的出现，如石磨、石碾等，说明面粉的加工很普及，用面粉制作食物也较多。

2. 当地生产活动对徐州面点的影响

自然活动是人类生产活动的物质基础，人类的生产活动是人们在一定的地理环境条件中进行的以自然资源为对象，以获得生活资料为目的的活动，是利用和改造自然资源的方法。为了生存，人们用粮食来制作食物，而磨粉是粮食的主要加工方式，因而面粉的加工就成为人们生活中的重要方式。人们在长期的生活生产活动中，逐步积累了对农作物的加工工艺、制作方法和经验，并在长期的生产活动中，创作出有特色、便于食用、便于储存、有益身体健康的面食制品。

3. 人文因素对徐州面点的影响

徐州面点文化除受地理环境等因素影响外，还受许多人文因素影响。徐州毗邻山东，受孔孟儒家思想影响较大，讲究礼仪，注重三纲五常、三从四德。过去，食物制作者主要是妇女，由于妇女心灵手巧，因此制作的面食也是精益求精。在过去，烙煎饼、烙烙馍、蒸馒头等面食制作是衡量妇女会不会持家的标准。

清代顺治年间，方文来徐州做客时，在其《北道行》中这样写徐州的烙馍和热粥："白面调水烙为馍，黄黍杂豆炊为粥。北方最少是粳米，南人只好随风俗。"

苏东坡在徐州任职期间喜食馓子，对徐州人爱吃的烙馍卷馓子，他在《寒具诗》中写道："纤手搓成玉数寻，碧油煎出嫩黄深。夜来春睡无轻重，压扁佳人缠臂金。"

这些人文因素也推动了徐州面点的发展。

4. 饮食习惯对徐州面点的影响

徐州面食，粗放中含有细巧，大气中含有精致，这与徐州的饮食习惯是分不开的。徐州饮食讲究量大实惠，重油、重盐、重色，善用葱、姜、蒜、香菜、小茴香等辛辣食物调味，口味多辛辣，制作上简洁方便。油炸食品、辣油辣酱食用较多。

徐州属于中原地带，在饮食习惯上，徐州偏向北方，从食用面粉和大米的情况来看，大多数徐州人只有中午一顿米饭，有些人甚至一天三顿都是面食。

俗话说"五里不同俗，十里改规矩"，这是徐州周围六县的真实写照。徐州市辖邳州、新沂、睢宁、铜山、丰县、沛县六个市县，各个市县的乡土菜也有区别，由于风俗习惯不同，因此各地的面食在原料的选用和风味上也有所不同。西部丰沛一带多馒头、烧饼等；东部邳州、新沂一带多煎饼；铜山一带多烙馍、壮馍、高庄馒头等。这种食俗与古代祭祀、中医学理论、阴阳五行、节气变化、民俗习惯都有着密切的关系。

5. 徐州面塑是对徐州面点的补充

徐州面塑主要存在于徐州民间的手工艺人手中，以观赏为主，特别是在庙会及集市上，这些艺人往往会摆摊制作出售，人物、鸟兽、鱼虫、花卉栩栩如生。制作这些面塑，多用面粉和淀粉，加以色素，制作效果好。

# 第五节　徐州小吃的饮食风味特色

徐州小吃文化是徐州饮食文化的重要组成部分，具有悠久的历史和灿烂的文化气息。追根溯源，徐州小吃文化可以追溯到四千多年前的帝尧时期，彭祖捉雉烹羹，留下了千古芳名的雉羹，即今天的徐州著名汤点小吃——饦汤。

风味小吃是在口味上具有特定风格特色的食品的总称，既可以作为筵席间的点缀，也可以作为早点、夜宵的主要食品。世界各地都有各种各样的风味小吃，其特色鲜明，风味独特，往往是一个地区重要特色的表现，是所有游子思念家乡的"主要对象"。风味小吃因为是就地取材，所以通常能够突出反映当地的物质及社会生活风貌，往往用本地所特有的材料精制而成的。所以吃风味小吃不仅能够品尝异地风味，而且还可以借此了解当地人情风貌。

小吃来源于民间，流行于民间，又称为"小食""点心"，因其地方风味浓郁、特色鲜明而受到人们的喜爱，故亦称特色小吃、风味小吃。香气诱人、味道独特，冷、热滋味适度，质感舒适，具有深远丰富的内涵和独特的艺术魅力。

## 一、徐州小吃文化的形成和发展

### 1. 历史成因

新石器时期，石磨的出现，面粉的加工，形成了小吃的萌芽。石磨盘（考古学界称之为"石碾磨""研磨盘"等）的出现，其形制的精制化和数量的增加，表明植物性原料的结构地位和人们可能拥有的某种特殊理念的意义。石磨盘之后出现的重要加工工具是杵臼，臼为石质，杵则是石或木制的，杵臼最初用于谷粒和坚果脱壳，连带的是谷粉的出现，后来用于糍饵的加工。

尧舜时代，彭祖捉雉烹羹，也是徐州著名小吃饦汤的原型，说明当时食物的制作已经较为普遍。

春秋战国时期，彭城为宋邑。《宋都城考》记载，彭城"商贾云集，酒楼市肆星罗棋布"，并有"驿站馆舍"，饮食业相当发达，小吃业也随着饮食业的发展而发展。

两汉时期，刘邦当了皇帝，把妻儿老小接到长安，建丰邑城。据《三辅旧事》记载："太上皇不乐关中，高祖徙丰沛屠儿、沽酒卖饼商人，立为新丰县，故一县多小人。"历史上称为"东食西迁"。徐州出土的汉代汉画像石中，有官场宴饮、市肆酒楼、二人对饮、四人小酌等场面，也有鸡、鱼、兔、鹿、雁等原料，还有庖人宰牲、厨人烧火做炊、案头操作等描述，徐州当今小吃烤羊肉串、腊鱼、风肉高悬也在其中。

唐宋时期，诗人韩愈、白居易、苏东坡等，不仅以诗著称，更是美食家。苏东坡对徐州人爱吃的小吃——烙馍卷馓子爱不释手。

历史小说《金瓶梅》描写的大多是明朝时期徐州的市肆场景，其中许多菜肴、筵席、小吃、食品等，至今食肆仍有供应。

近代，由于社会发展，徐州小吃得到了发扬光大。饣它汤、辣汤、丸子汤、八股油条、蝴蝶馓子等相继登上了江苏名小吃。饣它汤、中华醉鸭获得第一届中华名小吃金奖；八股油条、一字酥、双色馄饨、烧烤猪脸、百顺脆皮鸭、猪肉煎包、清真素煎包、吊地瓜、风岐把子肉、民主路八宝粥、柱子扒鸡、柱子酱牛肉等十二道小吃获得中华名小吃金奖。

2. 地理环境与物产因素

物产丰实，蔬菜品种繁多，常年不断青，四季有别。粮食作物主要有小麦、大麦、水稻、谷子、玉米、山芋、高粱等，主食大米、面粉，兼及米粉、山芋粉、大麦粉、黄豆粉、绿豆粉、玉米粉、高粱粉等。用其来制作小吃，种类繁多，如热粥、八股油条、蝴蝶馓子、壮馍、烙馍、各种烧饼、米线、蛙鱼、豆脑、窝窝头等。

比较有名的土特产如铜山县的韭黄、苔菜，邳州的苔干、辣椒、白果，新沂的板栗，沛县微山湖的水藕，徐州当地的青萝卜等。这些为风味小吃提供了丰富的蔬菜品种。

家畜家禽饲养，有猪、牛、羊、马、驴、狗、鸡、鸭、鹅等，其历史悠久，清代《调鼎集》中就有"徐州风猪天下闻名"的记载。徐州原料歌云"东猪西羊青山鸡"，这些家畜家禽，为徐州的小吃提供了丰富的物料来源，如沛县热烧饼夹热狗肉，丰县的羊肉饦汤、五香驴肉，睢宁大王集烧鸡，邳州麻辣兔头，徐州的把子肉、烤羊肉串等。

水产品一年四季不断，微山湖的四孔鲤鱼天下闻名，骆马湖有银鱼、青螺、青虾。一年四季有鲤鱼、鲢鱼、草鱼、鳊鱼、鳜鱼、甲鱼、鳝鱼、青虾。这些水产品，增添了徐州风味小吃的品种，如尖椒干烤鱼、微山湖的臭黑鱼、徐州博爱街的田螺、鳝鱼辣汤等。

徐州人民在长期的历史演变中，掌握了各种原料独特性和食用方法，从汉画像石可以看出，其中有猪、牛、羊等家畜，有各种各样的蔬菜，并有多种制作方法，如腌制、风制、干制等，说明了徐州地区不仅物产丰富，而且对小吃的制作有一套完整成熟的经验。

3. 饮食风俗因素

徐州小吃简单粗放，但又不失其细巧精致；五味兼蓄，却不缺少适中平和；经济实惠，不会欺诈顾客。徐州小吃，讲究量足实惠，善用调料。如豆脑喜欢放一点辣酱；热豆腐要蘸辣椒酱；丸子汤要放生蒜泥、香菜、辣椒油；牛肉汤、羊肉汤更是辣油漂满汤面。当然也因人而异。许多小吃桌上都放有辣酱、米醋等调味品，由顾客自由添放。

有些小吃是顺应地方节令饮食习俗的，如春节炸麻叶、油炸果，夏季入伏时要喝羊肉汤，羊肉汤配烧饼是徐州著名汤点小吃之一。

特别是徐州特色物产——萝卜榨菜，是徐州人的最爱，许多小吃离不开它来调味，其口味独特，咸甜鲜辣适中，口感爽脆宜人。既可作为小菜，又可作为调味品，在小吃中主要起调味作用，如豆脑、米线、面条、馄饨、凉皮、蛙鱼、油酥饼等都少不了它。

这些饮食习俗，推动了徐州小吃的发展。

4. 社会活动和经济发展因素

在饥荒年代，由于生活窘迫，人们往往借助于杂粮野菜等食物原料来制作一些简易的充饥食物，由于口味和口感差异，人们要不断变化口味来调剂食物味道。在收成好的时期，人们又往往借助于制作不同的食物来改善生活，提高生活质量。久而久之，一些有特色、便于食用、有益身体健康的食物就成为小吃制品而流传下来。20 世纪 70 年代以前，一般人家多以高粱面、玉米面、山芋干面为主，麦面甚少。80 年代以来，城乡人民主食即以麦面和大米为主了。因此，社会生产活动是创造小吃的源泉。

**二、徐州小吃的特征**

1. 历史悠久，影响范围大

徐州小吃文化的历史，可以追溯到上古时代的帝尧时期，彭祖治羹献尧帝，其留下来的雉羹，开创了徐州小吃文化的开端，也使受封地彭城成为人类生产和饮食文化发达的地区之一。战国时期，宋弃睢阳而都彭城，饮食业发展繁荣，其中食肆小吃众多；楚汉相争，刘邦得天下，定都西安，为取悦父亲，"东食西迁"，把丰沛小吃带到咸阳，影响甚大；东晋时期，徐州曾南迁至京口（今镇江），徐州小吃文化也随之南下。徐州地处苏鲁豫皖四省交界，毗邻地域受徐州影响甚大，加之民间流传的传说和掌故以及徐州名人墨客辈出，留下了大量小吃文化历史资料，徐州小吃文化也随之传播开来。

2. 工艺较为简单，手工操作性强

小吃作为一项传统的行业，单项品种多，制作方法相对简单。不要求技术全面，多数小吃只须经过拜师学艺便可自行摆摊设点，技术门槛低，且大多是手工操作，产量少，基本是卖多少做多少，有些品

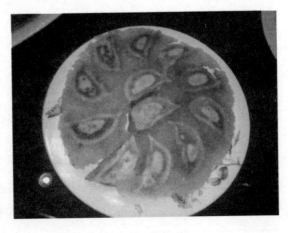

种一个人即可加工制作，也可家庭加工制作，边做边卖。设备工具简单，场地要求不高，好一点的租个门面，简单一点搭个棚就可生产，投资少、费用低、经营灵活，特别是过去一些流动摊点，经常换地方，走街串巷，或赶集市、庙会等人多的场所。有些是单一品种，有些是干湿结合。

3. 取料广泛，品种繁多

徐州小吃，取料广泛，主粮杂粮，应有尽有，如大米、面粉、玉米、山芋、小米等；蔬菜瓜果，时令得当，如各种时令蔬菜、时令水果、干果、蔬菜制品等；畜禽水产，灵活运用，如猪、牛、羊、驴、狗、鸡、鸭、鹅、鱼、虾等；蛋乳豆类，如鸡蛋、鸭蛋、鸽蛋、鹌鹑蛋、牛乳、羊乳、豆腐、腐衣、腐乳等；还有一些野生蔬菜和动物等。特别是一些地方特色原料，应用更为广泛，如邳州的红心萝卜，质感爽脆，腌制后透红发亮，还有徐州的青萝卜、韭黄，皇藏峪的香椿，丰县的牛蒡、山羊，微山湖的四孔鲤鱼，骆马湖的小黄鱼、银鱼，云龙湖的田螺等。这些丰富的物产，丰富了徐州小吃的品种，据不完全统计，徐州小吃（含辖管六县）品种多达一百多种。

4. 五味兼蓄，注重特色调味

徐州小吃注重调味，多以咸鲜为主，兼蓄五味，味浓而不灼，味淡而不薄，善用五辛，注重地方调味特色。如羊肉汤、牛肉汤、丸子汤喜用辣椒油，丸子汤还喜用生蒜糜调味，辣汤注重胡椒，酥饼注重椒盐，烧烤注重孜然，酱卤注重香料，卷饼喜用辣酱、甜酱，油饼喜用葱椒泥，豆脑、馄饨、米线等注重用徐州特产萝卜榨菜来调味等。各种口味，风味独特，符合徐州大多数人的日常口味，也赢得了外地人对徐州小吃的喜爱。

5. 制作粗放，经济实惠

徐州小吃在制作上，讲究简单粗放。如包子，不像南方包子，小巧玲珑，制作精细，徐州包子一般个儿大，经济实惠，如煎包，一两四个，一般人早餐一两包子，外带一碗辣汤，足矣。再如盛汤羹粥类的碗，基本还是过去的大碗，拉面、烩面更是量大实惠。这些小吃特征，也符合徐州人豪爽大气，大碗喝酒、大块吃肉的性格。当然，也有一些小吃，在制作上讲究精致美观，工艺较为复杂。

6. 注重节令，地方气息浓厚

徐州小吃还比较注重节令，有些和全国其他地方的节令食俗大体一致，但也有独特的地方。最典型的就是徐州羊肉汤，冬喝三九，夏喝三伏，尤以从入伏第一天开始兴盛，炎热夏季，喝白酒、吃羊肉、喝羊肉汤，还要带上厚厚一层辣椒油，直喝得大汗淋漓，把体内一年的毒气排出体外。再如，冬至母鸡汤、中秋节蒸月饼、元宵节蒸面花灯。

7. 注重招牌，讲究声誉

徐州小吃比较注重招牌，在制作上沿循古法，有些祖传秘方秘而不宣，历经几代，风味不减，成为地方有名的特色品种，立于徐州小吃市场不败之地。如冯天兴烧鸡、马市街馇汤、沛县的狗肉、大王集香肠、风岐把子肉、博爱街蜗牛、堤北米线等。这些小吃，有些为加盟商，遍及徐州大街小巷。

## 三、徐州小吃文化的现状

1. 成本小，设备简单，投资低

街头小吃多数活跃在夜市或集贸市场以及其他类似公共场所，投入资本较小，进入门槛较低。多数人员能够从精力、财力、体力等方面进入该行业。

2. 场地简陋，卫生环境差

由于成本小、设备简单、投资低、经营零散，因此大多为露天经营，即使有门面，也是非常简陋，卫生环境差，不能达到食品安全法的要求，生产加工人员复杂，卫生意识差，环境意识不强，购买原料低廉，因此存在很大的安全隐患。

3. 经营者多为个体失业人员、低保人员等弱势群体

街头食品摊贩从业人员大多是失业人员、低保人员等社会底层的弱

势群体。普遍存在学历低、年龄大、缺乏就业技能等问题，因而只能靠摆摊设点维持一家人的基本生活。对其而言，寻找一份稳定的工作难度较大，面临生存压力的他们只好靠出售街头小吃来维持生活。

4. 管理难度大，没有统一的标准要求

由于经营零散，给工商管理部门带来一定难度，加上一些地域保护，碰到检查及时通知，这些商贩撤退及时，因此执法者很难找到他们。再者，管理上没有一个统一标准，即使抓住这些无证经营的小吃加工者，也往往是批评教育，很难真正达到管理的目的。

5. 消费需求大，市场仍具有潜力

市场消费需求大，导致了这些小吃加工业的存在。由于小吃与人们生活息息相关，消费群体庞大，小吃的加工无处不在、无时不在，市场潜力很大。如能把这些小吃集中起来，规范管理，满足市场消费需要，无疑能为小吃业的健康发展提供条件。

6. 产业化程度不高，没有形成一定的产业链

由于小吃手工操作性大，单项加工零散，产量需求不高，机械化程度较低，因此，大多数的小吃加工没有形成一定的产业链。小吃产品的深加工不够，不能形成规模大、管理规范、加工科学、注重食品安全的小吃加工企业，也就没有扩大化的再生产。

目前市场经营的小吃有：

汤羹类：羊肉饦汤、辣汤（母鸡辣汤、鳝鱼辣汤、素辣汤）、牛肉汤、羊肉汤、丸子汤煮馍、狗肉汤、丰县热粥、豆脑、玛糊、油茶、豆浆、面疙瘩汤、八宝粥。

煎炸类：水晶煎包、羊肉煎包、锅贴饺、炸菜角、油旋子、煎萝卜卷、煎豆腐卷、八股油条、蝴蝶馓子、镜面火烧、牛肉火烧、葱花油饼、油炸臭干、糖糕、麻团、炒面。

烙烤类：朝牌、反手烧饼、马蹄烧饼、牛舌烧饼、吊炉饼、酥饼、煎饼、菜煎饼、塌鸡蛋煎饼、龟打、喝饼、烧饼夹驴肉、烧饼夹狗肉、马蹄烧饼、韭菜盒、烙馍、鸡蛋葱花塌烙馍、壮馍、菜卷饼、烤羊肉串

（配烙馍）、烤地瓜、烤玉米。

蒸煮类：蒸包、高庄馒头、蒸萝卜卷、蒸豆腐卷、干菜包子、蒸窝窝头、各类蒸菜、米线、鸡丝馄饨、面叶子、绿豆面条、杂粮面条、粽子、沛县（朝鲜）冷面、板面（外地）。

菜肴类：把子肉系列、沛县狗肉、丰县驴肉、烧鸡（冯天兴烧鸡、睢宁岚山烧鸡、沛县张记烧鸡）、香肠（大王集香肠）、干盐豆、萝卜豆、老咸菜、玫瑰咸菜、萝卜榨菜、八义集腐乳、徐州青方。

其他类：蛙鱼、热豆腐、大豆脑、豌豆凉粉、三鲜馄饨、拨面鱼。

第一届中华名小吃：饣汤、中华醉鸭。

第二届中华名小吃：八股油条、一字酥、双色馄饨、烧烤猪脸、百顺脆皮鸭、猪肉煎包、清真素煎包、吊地瓜、凤岐把子肉、民主路八宝粥、柱子扒鸡、柱子酱牛肉。

# 第六节　徐州小菜的风味特色

在传统上，徐州人好自做小菜。春天腌咸蛋，夏天晒面酱、西瓜酱，秋天晒盐豆、拐辣椒酱，冬天腌萝卜干、雪里蕻等。

小菜，顾名思义是在菜肴中微不足道的，但在人们的日常中却是必不可少的，是人们日常饮食中重要的调节剂。各地对小菜的定义不一，在徐州，咸菜、酱菜、腌菜、泡菜等均称为小菜，但它们之间还有一些本质的区别。

用盐腌制的蔬菜就是咸菜，腌制咸菜所需要的原料和辅料极其简单，也指某些酱菜。简单来说，咸菜是用盐直接腌制的，泡菜是通过泡制发酵形成的，酱菜则是用酱或者酱油腌制的。徐州以咸菜和酱菜为主，泡菜较少。

蔬菜腌制是一种历史悠久的蔬菜加工方法。过去蔬菜保鲜技术不高，更没有反季节蔬菜，人们要想在冬天吃到青菜是不可能的，所以就有了腌菜。由于加工方法简单、成本低廉、容易保存、产品具有独特的

色香味，是其他加工品不能代替的，所以蔬菜腌制品深受消费者欢迎。在过去，经济不发达，老百姓几乎家家做咸菜，可长期保存，够全家一年食用。

不是任何蔬菜都适于腌制咸菜。比如有些蔬菜含水分很多，怕挤怕压，鲜腐易烂，像熟透的西红柿就不宜腌制；有一些蔬菜含有大量纤维质，如韭菜，一经腌制榨出水分，只剩下粗纤维，无多少营养，吃起来又无味道；还有一些蔬菜吃法单一，如生菜，适于生食或做汤菜，炒食、炖食不佳，也不宜腌制。因此，腌制咸菜，要选择那些耐储藏、不怕压挤、肉质坚实的品种，如白菜、萝卜、苤蓝、玉根（大头菜）等。徐州用于腌制咸菜和酱菜的原料较多，一般都是蔬菜原料，如雪里蕻、大萝卜、胡萝卜、大头菜、苤蓝、大白菜、莴苣、蒜薹、辣椒、豆角、生姜、洋姜、萝卜缨等，还有些不宜长时间腌制食用的蔬菜如韭菜花、韭菜、蒜苗、香椿等。长时间腌制是指腌制一个月以上，有的蔬菜腌制要几个月，特别是酱腌类蔬菜；短时间腌制是指腌制几小时或几天即可食用。

徐州腌制蔬菜讲究季节，一般来讲，冬季下霜以后开始腌制蔬菜，这时候蔬菜经过霜降，粗纤维较少，淀粉含量增加，腌制出的蔬菜口感好。在腌制的过程中，家庭喜欢用大缸来腌制，先把蔬菜洗净，晾干，一层一层撒上盐，然后用手搓，再用重物或石头压，隔几天翻开再揉搓，再压上石头，一个月以后即可食用，随吃随取，方便实惠。待天气转暖，可以将腌制的蔬菜拿出晒干，过去农村家庭在这时候，一般将腌制的蔬菜用腌汁制作面咸菜。

徐州小菜品种众多，市面上有许多摊点专卖徐州小菜，也有外地的一些泡菜等，特别是徐州的一些较为有名的品种，不可缺少，也是徐州居民饭桌上必不可少的下饭菜，特别是在饥荒年代，小菜是不可代替的。具体品种有：

盐腌类，是用盐直接长时间腌制，如腌雪里蕻、萝卜干、糖醋蒜、胡萝卜、大头菜、苤蓝、大白菜、莴苣、蒜薹、辣椒、豆角、生姜、洋姜、萝卜缨等。

酱腌类，用酱或酱油腌制的蔬菜，也叫酱菜，如大头菜、玫瑰菜、酱黄瓜、酱莴苣、五香疙瘩、酱苤蓝等。

发酵类，是指经过发酵后经过再调味的小菜，如盐豆（干盐豆、鲜盐豆、萝卜豆）、腐乳（青方、红方、醉方等）、黄豆酱等。

酱汁类：豆瓣酱、黄豆酱、面酱、辣椒酱、牛蒡酱、芝麻酱等。

其他类：黑咸菜（面咸菜）。

腌菜一般要半个月才能开启，洗去盐分，可以直接食用，原汁原味，醇厚爽口，也可以炒着吃或做一些肉菜的辅助料。

徐州小菜较南方小菜来讲，甜度不大，但咸度较大，许多腌制的咸菜要事先用水泡去盐分，有些小菜放置时间久了，表面会出现一些盐霜，这也是久置不坏的原因。还有些品种口味重，如干盐豆，有臭气；八义集腐乳，臭气重，但吃起来香。俗语云"闻着臭，吃着香"就是指这两种。

大多数徐州小菜制作工艺不是很复杂，但有些品种制作讲究，如盐豆的制作，煮熟的豆子一定要发酵到位，要有一定时间和温度，否则不会有盐豆的风味；徐州的面咸菜，一定要炓到时间，需要十二个小时以上；青方要发酵到一定程度，调味有专门配方；面酱要经过发酵、泡制、调味、日晒等环节，否则达不到效果。

徐州小菜有时候不仅仅作为小菜使用，在徐州许多特色小吃中，经常会用这些小菜作为调味或配料。如萝卜榨菜，在徐州小吃蛙鱼、豆脑、馄饨、米线等，经常用它来调味，已经形成一种独特的调味品；再如盐豆炒鸡蛋，用干盐豆与鸡蛋同炒，是家庭常见的做法；还有雪菜扣肉、雪菜肉丝、雪菜面条、腐乳肉、萝卜干炒肉丁、葱拌酱等。

徐州小菜中，数量最多的就是大头菜，也叫大疙瘩菜，是用大头菜腌制的，色较淡，凉拌、炒制均可；用苤蓝菜腌制的，徐州称为玫瑰菜，黑褐色，炒制较多，口感软面。分黑白两种。黑的是腌好后再煮，口感面面的；白的就是简单腌制的大头菜，脆生生的还有一股苤蓝菜味。把大头菜划开几层，逐层撒上炒熟的五香粉，用细麻绳紧紧捆绑住晾晒或直接晾晒，称为五香疙瘩菜，香味浓郁。

徐州比较有名的小菜有：徐州的萝卜榨菜、青方、醉方、小康牛肉酱；邳州的臭盐豆（萝卜豆）、红心萝卜干、腌辣椒、面咸菜、八义集的腐乳；丰县的牛蒡酱；新沂窑湾的黄豆酱等。有的是用当地的特产原料，如邳州红心萝卜做的萝卜干、萝卜豆、腌辣椒，丰县的牛蒡酱；有的是独特的工艺，如徐州的萝卜榨菜、腐乳等。

徐州过去的酱菜园，前店后厂，场地很大，坐满了腌制酱菜的大沙缸，直径约有一米多，缸上罩着尖顶的竹编盖子，以腌制酱菜为主，也生产酱油、醋等。徐州市区及各县区都有酱园，四道街、西关、牌楼、马市街、统一街、三民街、建国路、王大路、二眼井、万里香等居民集中的地方都有酱菜店，品种都差不多，只是面积大小而已。

过去比较有名的酱菜园，当属徐州户部山下马市街的"李同茂酱园"，当时堪称徐州酱菜业的龙头老大。据老年人回忆和资料记载，马市街47号是民国时期名噪四方的李同茂酱园的旧址，李同茂酱园从摆水果摊、经营南货和洋货起家，光绪二十七年（1901）起经营酱园，生产酱菜、酱油、醋，一直保持有一千三百个酱缸的规模，作坊两处，口味纯正，经营有信，远近驰名，供不应求，后来公私合营，纳入徐州酿造总厂。

万通公记酱园，创办人为王梅轩，来自酿造业发达的浙江绍兴，曾在二舅高锦荣开办的青岛万通酱园（现青岛第二酿造厂前身）任经理。1941年1月1日，酱园在大马路镇河街3号开张。由于青岛酱园出了公股，王梅轩就在"徐州万通酱园"的字号后加"公记"二字。

除此以外，比较有名的还有睢宁的古邳酱园、新沂窑湾的赵信隆酱园、邳州的邳城继林酱园、丰县吴家老酱园等。

　　据徐州民俗学会副会长李世明先生在《寻找徐州四城门》中介绍，清中期的时候，苏辙后裔来到徐州后，也在北门处开设酱菜店，一时间很有些名气。

# 第三章　徐州物产

## 第一节　徐州野味

狭义的野味是指野生的各种动物，主要是指野生的哺乳动物、鸟类、昆虫、水产，尤指猎获野兽的可食用的肉。古时人类经常对野生动物进行捕杀，并成为一种仪式，历朝历代，尤其是皇室贵族，有专门的狩猎场所，以扑杀野兽为消遣，也是人们餐桌上的美食。随着人们对野味口福的不断追求，野兽遭到人类的大量捕杀后，数量大幅减少，很多物种已经灭绝。濒危的动物虽然受到国家保护，但仍然有非法猎人进行猎杀。

广义的野味，不一定是野生动物，也可以是野生蔬菜，如清·惠周惕《从赤城至国清寺》诗："庞眉老僧可人意，为我扫石开禅关。匏樽酌茗荐瓜果，野味足洗官庖膻。"李渔《闲情偶寄·饮馔·蔬食》："野味之逊于家味者，以其不能尽肥。"

随着社会的发展，有很多野味已经进行了人工饲养，但在人们的思想意识中，仍然把它们列入为野味的范围，如鹌鹑、野猪、鸵鸟、鳄鱼等。

过去所谓"山珍"和"野味"也是对野生食物的统称，是指珍贵的野生高档原料，而"山珍"历来与"海味"并驾齐驱，人们赞扬酒席的丰盛往往用"山珍海味"一应俱全来形容，"山珍"配"海味"，可以说把筵席档次提高到了极点。

　　大约在一万年以前的史前时期，人们随着捕食量的增加和技术的进步，逐渐产生了"拘兽以为畜"（《淮南子·本经训》）的饲养方法，逐渐开始了对植物的栽培和对一些动物的饲养，最早驯化成功的就有狗、猪、牛、羊、鸡等，在古代的祭祀中，常常以这些动物作为祭祀的贡品，因此，这些动物已经不属于野味的范畴。周代"八珍"，最早为八种烹饪方法，后延伸为八种珍贵原料，现在看来，基本都是野味的范围。到了秦汉时期，人们不仅对野味有深刻的认识，而且有很多的加工方法，对不同的部位和产地都有详细的记载。如《吕氏春秋·考行览·本味》："肉之美者，猩猩之唇，獾獾之炙，隽触之翠，述荡之掔，旄象之约。流沙之西，丹山之南，有凤之丸，沃民所食。鱼之美者，洞庭之鱄，东海之鲕，醴水之鱼，名曰朱鳖，六足，有珠百碧。藋水之鱼，名曰鳐，其状若鲤而有翼，常从西海夜飞游于东海。菜之美者，昆仑之苹，寿木之华；指姑之东，中容之国。有赤木，玄木之叶焉；余瞀之南，南极之崖，有菜，其名曰嘉树，其色若碧；阳华之芸，云梦之芹，具区之菁，浸渊之草，名曰土英。和之美者，阳朴之姜，招摇之桂，越骆之菌，鳝鲔之醢，大夏之盐，宰揭之露，其色如玉，长泽之卵。饭之美者，玄山之禾，不周之粟，阳山之祭，南海之秬。水之美者，三危之露，昆仑之井，沮江之丘，名曰摇水，曰山之水，高泉之山，其上有涌泉焉。冀州之原，果之美者，沙棠之实。常山之北，投渊之上，有百果焉，群帝所食。箕山之东，青鸟之所，有甘栌焉。江浦之橘，云梦之柚，汉上石耳，所以致之。"其中不少野味，在两广一带还有盛行。

　　徐州野味的食用，应追溯到4000多年前的彭祖，彭祖的"雉羹"，就是用山上猎来的野鸡，与稷米同熬而成。那时人们已经学会了部分农业庄稼的栽培和动物的饲养，但那个时期，洪水泛滥，民不聊生，食物缺乏，捕捉野味是人们生活中一种必要的食物补充，彭祖带领居民靠捕猎获取食物，也认识到了"雉"的功效和美味。

　　徐州周围有山有水，古语云："三片平原三片山，故黄河斜贯一高滩。"仅山就有50余座，山上灌木丛生，为小动物提供了栖息之地，如刺猬、野兔、蛇、各种鸟类等，也丰富了各种野生蔬果的品质；水有故黄河、奎河、京杭大运河、云龙湖、微山湖、骆马湖，丰富的水源蕴育了许多的水生植物，为各类候鸟提供了丰富的食物和舒适的栖息之地。《铜山县志》记有"野鸭群飞蔽天，声如风雨"。广阔的平原、茂盛的庄稼和各种野生植物也为野生动物提供了生存的环境。夏季暖热湿润，高温多雨，冬季干燥寒冷，雨量较少，全年光照充足，积温高，降水较为充沛，水分资源比较丰实，这些气候和地理环境为徐州地方野味的产生和繁殖提供了物质条件。但由于徐州市位于平原地带，大型的野味类很少，常见的都是一些小型的野味动物。

徐州专业经营野味的馆子有40余家，经营的品种除当地的一些常见的品种外，还有一些外地引进的野味种类和近年来人工养殖成功且允许市场经营的品种，如野猪、黄羊、獐子、鳄鱼、鹿、牛蛙、蛇、孔雀、鸵鸟、火鸡等。

徐州过去常食用的野味有本地所产，也有外地购进的。过去外地购进的干货居多，如熊掌、蛤士蟆油、驼蹄、驼峰等高档原料。现在引进的大多为活物，自己加工制作，主要品种有：

兽类：刺猬、野兔、獾狗，近年来有野猪、竹鼠、黄鼠狼、黄羊、鹿、獐子。

禽类：野鸡、野鸭、鹌鹑、野鸽、斑鸠、鹧鸪、灰鹊、麻雀、大雁，近年来还有引进的火鸡、鸵鸟、孔雀等。

昆虫类：蚕蛹、蝉、豆虫、蚂蚱、蝎子等。

两栖类：青蛙，后引进的牛蛙、娃娃鱼、鳄鱼等。

其他：蛇、鼠等。

野生蔬菜花果类：荠菜、榆钱、地耳、扫帚菜、苜蓿、马兰头、枸杞头、南瓜梢、马齿苋、槐花、荷花等。

徐州野味菜肴很多，各具特色，略举几例。

1. 野味五套。据《州志·徐州物产考》载：雉、雀等皆系徐州著

135

名禽类。野味五套就是采用徐州地方所产的大雁、野鸭、斑鸠、鹌鹑、禾雀为原料烹制而成。它是在野味三套的基础上增加大雁、鹌鹑两种原料变化而成。清咸丰年间，著名学者吴大澂途经徐州品尝此菜，曾给予很高评价，并将这个菜的做法带到江南，经江南厨师改进后，更名为"百鸟朝凤"。此菜选料多样，制作精细，融五味为一体，观其外表仅一禽而已，食之则层出不穷，情趣横生，汁浓味厚，香气四溢，乃野味珍肴。

2. 葱烧孤雁。雁属水禽，种类很多，徐州地区有鸿雁、豆雁、白额雁等。雁是食用的珍品，也是古人馈赠亲友的礼品。孔子拜见老子时，就是持一雁作为贺礼的。

此菜以雁为主料，是徐州常见风味菜，源于一个凄婉动人的故事。唐贞元年间，名歌伎关盼盼在丈夫张愔死后，矢志不再嫁，长年深居高楼之中。相传白居易重游徐州，见到盼盼，关盼盼亲手为丈夫的这位好友制作了这道菜。诗人初不解其意，略思悟出，她像孤雁一样哀苦，也像孤雁一样忠贞。以此菜款待诗人，实为表其忠贞。这桩事被文兰若记录在《大彭烹事录》中。厨人沿袭制作，流传至今，并有葱烧鸽肉、葱烧鸡、葱烧野鸭等。传统技艺为人瞩目，品之令人兴味无穷。此菜如雁肉难得，可选用野鸭、野鸡，亦可用家鸭、家鸡，另有一番风味。

徐州诗人王祥甫为葱烧孤雁题诗云："春归月月钦愁眉，雨后年年润玉资。孤鹜从来不比翼，舍人不审知未知。"

3. 雉羹。雉羹亦称野鸡汤，起源于徐州，距今已有4000多年历史了。彭祖为尧帝制作了此羹，从此开辟了中国的烹饪之道，对后世产生了颇大的影响。清代乾隆皇帝食后赞叹不已，写下"名震塞北三千里，味压江南十二楼"的名句，因此成为历代的皇家贡品。屈原的《天问》篇中有"彭铿斟雉帝何飨，受寿永多夫何长久"句，将彭祖制羹的事载入史册。

因雉羹源于上古，被誉为"天下第一羹"。据《扈从赐游记》中说，清朝皇帝每年"秋狝大典"，都要特赐王公大臣"野鸡汤"一器。

概因野鸡汤是古代圣君唐尧食用过的，王公大臣也以能品尝到皇帝所赐的野鸡汤为荣。据《大彭烹事录》记载，"雉羹被历代皇帝视为珍品"，至今仍是高级筵席上的珍馐美味。此菜制法是因循古法。如今因雉、稷购之不易，改用母鸡与薏苡米熬制，亦不减古法，别有一番风味，滋味浓郁，鲜香宜人。张绍堂先生品尝了雉羹，即兴赋打油诗云："屈原《天问》留遗篇，雉羹源流四千年。宇内烹调始彭祖，发扬光大代有传。"

4. 翡翠蛤油饼：蛤士蟆油入馔由来已久，早在《古邳食谱》便有"冰糖蛤士蟆油"的记载。蛤士蟆学名中国林蛙，主要产地在黑龙江、新疆及腾湖等处。蛤士蟆不仅是珍贵的佳品，而且也是名贵的药材，《金峨山房药录》称之为"五弱神丹"。由于蛤士蟆油含蛋白质、碳水化合物、无机盐、脂肪，并含有胆醇及三磷酸腺甙、二磷酸腺甙等，具有治咳嗽、虚劳及养阴健脑、利肺益肾等功能。

徐州40年前所用的蛤士蟆，乃雌性整体干制之物，经发制取其腹中之油精汤烹制，在徐州流传很久，至今仍是高级筵席上的珍馐美味。鲜嫩滑爽，滋醇柔糯。

5. 太虚丸子。出自清代同治年间。据《饮食业同业工会》史料记载：同治皇帝驾崩，江西龙虎山第六十一代天师赴京为皇帝做道场（念经超度亡魂）。回来时，特来徐州看他的先祖（道教创始人张道凌是徐州丰县人）故居，并在徐州真武观说法。宴请天师时的筵席是道教名厨刘勤膳所作，名为"太虚宴"，这道菜是其中的一道主菜，具有浓郁、外嫩里虚的特点。

6. 油炼鹌鹑：油炼鹌鹑是"太虚宴"中的一道大件。以鹌鹑为主料，丁香粉为主要调料，此菜冠一"炼"字，正是由道家的术语而来，具有酥而鲜嫩、香醇四溢的特点。

7. 独头蒜烧一快。这道菜是徐州市邳县传统名菜之一。邳县是夏商时古城，自古以来就有养兔之风，野兔随处可见。大蒜又是该县的名产，此菜的出现是以本土原料得天独厚而成。无论是从口味还是营养学的角度来看，均属上乘之作，享有较高的声誉。古人有诗赞云："刘曹鏖战千百秋，关羽有迹土山留。鼋兔（一快一慢）成菜各一款，村野美食誉我州。"具有味厚滋浓，酥香不腻的特点。

8. 芹菜爆鸠肉。此菜是以斑鸠肉为主料，斑鸠在徐州地区是常见之物，有珍珠鸠、山斑鸠等。能益气补虚，明目，强筋骨，用于久病虚损，少气乏力；眼目昏花，视力减退；肝肾不足，筋骨不健等。前人野味谚语中就有"兔鸽雁雉鸠"的记载。清末徐州书画名家、秀才苗聚五诗云："九近鸠正肥，芹芽脆嫩时。"斑鸠肉肥，与碧绿脆嫩的芹菜一道爆炒，可谓配之有当，具有鲜香脆嫩、野味非凡的特点。

9. 炸全鸽。鸽子，有家鸽、野鸽两类，品种很多，现多选用饲养肉食鸽。此菜与"酥烧鹌鸪""红焖麻雀"同出于市属铜山县东乡小吴家（吴清才曾在明末任归德府知府）。20 世纪 40 年代，吴书英受祖传之风影响，偏好野味，并有家厨张继先善于制作这三种野味，后受邀去东关"第一楼"执厨，常作此野味以飨食者，甚得各界人士的好评，朝夕门庭若市。现据刘登云先生回忆加以整理，名菜复得传世。具有酥香肥嫩，油而不腻的特点。

10. 酥烧鹌鸪。此菜亦出于吴府家厨张继先之手，取鹌鸪为主料。鹌鸪产于长江南北，徐州地区夏秋季节山林处常见。鹌鸪肉肥味美，加之制作有术，虽属村野风味，却久享声誉，具有浓香味厚、骨酥滋醇的特点。

11. 红焖麻雀：麻雀肥于初夏，经制作骨醇肉香。俗语云："宁吃飞禽四两（旧制，相当于 125 克），不食走兽半斤（250 克）。"以此可想而知，飞禽胜过家禽家畜，也胜过野味中的走兽。在家禽雏鸡未上市前，麻雀是极好的野味，具有骨酥肉烂、滋浓味厚的特点。

12. 清炖一快。徐州兔肉入馔，历史悠久。《礼记·内则》中有"狗去肾，兔去尻"等记载，也说明古人很讲究食兔的方法，兔与甲鱼齐名。此菜是由徐州市邳县民间筵席发展而来。一席菜中，兔肉与甲鱼同上桌，借龟兔行动一快一慢，相映成趣而得名。加之兔肉甘凉味美，富有蛋白质和多种氨基酸等营养成分，现被评为效果极佳的美容菜，具有食物疗养之功能，深受群众欢迎。具有野鲜浓郁、香味异常的特点。

13. 炸网油糟雉。此菜用雉，因汉高祖刘邦之妻吕后名雉，为避圣讳，后来改称野鸡。雉的品种很多，有环颈雉、长尾雉、五彩雉、水雉等。九州之一的徐州，自古就以物产丰富著称。据《史记·夏本纪》记载，徐州贡品不仅有"蚌珠及美鱼"，特别提有"夏狄"（狄，雉名）。至今徐州城北沿微山湖一带，仍是雉栖身散集之地。因此徐州厨行以"水雉"（肉质肥美）成菜品种很多。当年彭祖为唐尧帝制作的雉羹即取用此雉。炸网油糟雉，40年前地方正宗菜馆均善制此菜，是徐州市野味名馔之一，具有外酥里嫩、香味浓郁的特点。

14. 金蟾戏珠。北宋时期，汴泗水交流的徐州盛产鱼虾。苏东坡在此任知府时，却偏好野味青蛙，因其肉味如鸡，故称田鸡、水鸡。蛙的种类甚多，有青蛙、金线蛙等。相传有东坡用田鸡成菜待客的故事，《大彭烹事录》载之不详。此菜不但命名新颖，制作也别具一格。因蛙形似神话传说中的金蟾，以青蛙肉制成珠丸，故此得名。青蛙因被视为难登大雅之堂，厨人又改用鳜鱼，抽去脊骨，劈两瓣反剞丁子刀入味，经炸制使两尾向前如蛙脚。再配上鱼丸，熘汁而成，亦有独具之处。徐州烹饪学家文兰若曾仿制此菜，"畅春楼"名厨师杨函春继承了制作方法。具有野味酥香、鲜味异常的特点。

15. 胭脂野鸭。20世纪30年代，徐州有一家专营野味的家庭作坊，地址在现在的丰储街南面，老板是宿迁人陈静三，祖传卤制野味，尤以胭脂野鸭著称，因色红而得名。徐州盛产野鸭，《铜山县志》记有："野鸭群飞蔽天，声如风雨。"陈家卤制野鸭不是以斤论价，而是以个论价，干拔毛，头剥皮，经久泡腌渍后，再下卤锅中温煮。在煮至八成熟时，先把硝放在铁勺中燃烧，随即焖入卤汤中，即发出噼啪爆炸声，硝助汤势，生色似火，鸭肉似胭脂色。特别是在冬季，鸭肉肥厚、味道甘醇，文人雅士常在数九天大雪封门之时雅聚聊天，以此菜下酒，并留下"高粱美酒好，陈家野味香"之佳句。

在食物缺乏的时代，人们捕捉野生动物是为了生存的需要，而现代人往往把追求野味当成一种时尚。但随着社会发展，野味生存的环境和食物来源也受到威胁。从人体健康角度和保护野生动物角度来看，食用野味会带来以下几方面危害：

第一，野味可能会食用有毒有害物质，从而危害人类的健康。工业"三废"和生活污水污物对环境造成了严重污染，生活在该环境中的野生动物受其毒害，形成急性或慢性中毒，人食用这样的动物，就可能导致体内激素水平失调，生殖、免疫等功能障碍及多种生理功能的异常。

许多动物体内存在着内源性毒性物质，不经检验盲目食用也会对人的健康和生命造成危害。目前已经发现的有毒野生动物有某些蛇类、鱼类、蜥蜴等。这些内源性毒性物质可以对人体的各种生理功能造成危害，严重的可以致死。

一些偷猎者常常采取毒杀的办法获取野生动物，而且所采用的毒药毒性大且多不易降解，容易残留在被毒杀动物体内，食用这样的动物就有中毒的可能。

第二，野味可能会是疫病的传染源。野生动物与人类共患的主要疾病有狂犬病、伪狂犬病、口蹄疫、日本乙型脑炎、流行性感冒、炭疽病、Q热病等15种疾病比较常见，另外还有多种由霉菌和寄生虫引起的疾病共计100多种。

第三，如果你购买了野味，就会助长猎人捕杀野味的信心，从而破坏大自然的生态平衡。喜欢传统美食的食客仍把珍稀野生动物视为美味佳肴，动物越罕见，意味着它的价格越昂贵。有的人认为，越难弄到的动物，对身体健康越有好处。近年来，食用、经营野生动物现象有所发展，经营的场所增多、种类增加、食用者数量增加，说明一些地方滥食野生动物正在形成一种风气。特别值得注意是，经营和提供食用的野生动物，多数直接或间接来自野外。因此，需要全社会给予关注，采取有力措施，制止滥食野生动物现象的滋长蔓延。

第四，有些野味是国家保护动物，食用它们会受到法律的制裁。吃野味，加快了濒危野生动物的灭绝，破坏物种多样性和威胁生态平衡。野生动物不是绿色食品，禁食野味，珍爱地球，尊重自然，是人类必须遵循的准则。

## 第二节　徐州水产

徐州地处古淮河的支流沂、沭、泗诸水的下游，以黄河故道为分水岭，形成北部的沂、沭、泗水系和南部的濉、安河水系。境内河流纵横交错，湖沼、水库星罗棋布，废黄河斜穿东西，京杭大运河横贯南北，市内有云龙湖、大龙湖、金龙湖、九龙湖等湖面公园，东有沂、沭诸水及骆马湖，西有夏兴、大沙河及微山湖。

徐州拥有大型水库 2 座，中型水库 5 座，小型水库 84 座，总库容 3.31 亿立方米，形成具有防洪、灌溉、航运、水产等多功能的河、湖、渠、库相连的水网系统。近年来，随着徐州煤矿塌陷区改造，形成了新一批的九里湖、潘安湖等大型水域。整体水域面积约 680 平方公里，约占徐州境内面积的 6%。如此巨大的水域面积，加上四季适宜的气候，为各类水产品的生长繁殖带来了适宜的生长环境和空间，也给徐州居民带来了丰富的水产资源，满足了居民日常生活的需要，也丰富了徐州饮食的内容。

徐州水产以淡水水产为主。海产品在古代就已经引入到徐州一些高档筵席中，过去由于运输、保鲜等条件限制，徐州多数海产品都是以干货形式使用，数量不多，过去所说的"山珍海味"，就是形容原料的高档。现在由于运输和保鲜技术提高，徐州市场的海产品多为生鲜，且品种众多，食法多样，接近日常居民生活。

徐州众多的河流湖泊，诞生了众多的水产原料，有些水产原料还具有一定的地方特色，形成了独有的加工方法和烹调技法。由于时代的发展，水产品在人们的生活中所占的比重越来越大，从营养角度来说，鱼肉的营养价值较高，且容易被人体消化吸收，其脂肪酸多为不饱和脂肪酸，在讲究养生的年代，水产品越来越多地走上居民的餐桌。

在过去，人民生活不富裕，甚至得不到保障。记得小时候，到了一定季节，就到河流、池塘等捉鱼，算是改善了伙食。那时候，人民对生活质量不太注重，许多水产品无人去食用，价格很便宜，也没有现代那么多的食用方法。如甲鱼、鳝鱼、鳗鱼、龙虾等，龙虾在 20 世纪 80 年代以前，很少有人食用，鳗鱼在人们心中是不祥之物，如今已经成为高档原料，价格不菲。

徐州土生土长的淡水产品，主要有植物类、鱼类、虾蟹类、贝类和两栖类。

植物类主要有：藕、莲子、荷叶、鸡头米、蒲菜（80 年代以前还有，后很少有人再栽培采摘，现为淮安特产）。铜山部分地方使用无污染的杂草（一种水生水草，长年生活在水中，主要用于炸杂草丸子）。植物类水生原料在徐州不多，近年来有不少南方水生蔬菜进入徐州市场，如荸荠、茭白、芋头、水芹等。

鱼类品种较多，主要有鲤鱼、鲫鱼、青鱼、草鱼、花鲢、白鲢、鳜鱼、白鱼、黑鱼、鳊鱼、鲶鱼、八须鲶鱼（90 年代从南方引进）、罗非鱼（90 年代引进的热带鱼品种）、甲鱼、鳝鱼、泥鳅、昂刺鱼（徐州俗语鮥鱼）、鳡鱼（徐州 50 年代以前还有少量，现在市场见不到了）、银鱼、虎头鲨（徐州俗语趴地虎），另外还有一些麦穗、白参等小杂鱼。比较有名的鱼的品种有：微山湖的四孔鲤鱼、大运河的赤色鲤鱼、黄河鲤鱼、大运河（骆马湖）白鱼、骆马湖的银鱼等。名菜及具有地方风味的家常菜品种主要有：糖醋黄河鲤鱼、红烧四孔鲤鱼、蒜爆运河鲤鱼、三军占鳌头（鳡鱼鱼头）、龙门鱼、梁王鱼、红烧划水、清蒸鳜鱼、清蒸白鱼、彭城鱼丸、珍珠绣球鳜鱼、网油包烧鳜鱼、奶汁鲫鱼、愈炙鱼、糖酥草鱼、老蚌怀珠、众士乘龙、炒乌鱼片、糖醋鱼丁、清蒸肚藏鳞、酱汁四孔鲤鱼、霸王别姬、独头蒜烧鳝筒、泥鳅钻豆腐、红烧板鳅、烧杂鱼、新沂闸头鱼、云龙湖花鲢鱼头、地锅鱼、鲶鱼烧豆腐、砂锅萝卜鱼、鮥鱼粉丝等。

徐州水生的虾、蟹类主要有：青虾、草虾、龙虾、罗氏沼虾、螃蟹等。青虾以微山湖和骆马湖青虾最为有名，个大、色青、晶莹半透明、虾肉鲜嫩。草虾主要生长在杂草丛生的水中，个小，带有一定的寄生虫，多用于制作虾干。龙虾，也叫淡水龙虾，学名称为蝲蛄、螯虾，肉食性虾类，个大、壳硬、黑褐色，肉质结实，带有攻击性。据说源于日本，此虾常生活在污水中，以腐肉等小动物为食物，故过去人们认为脏污，没人食用，现在经过大量人工培育，已经成为较为奢侈的饮食消费品。罗氏沼虾是90年代徐州引进的淡水虾品种，壳薄体肥，头大身小，肉质紧实鲜嫩，味道鲜美，营养丰富，生长快，易于繁殖培育。螃蟹则以微山湖的湖蟹较为有名，个大、体重、蟹黄饱满、蟹味足。徐州地区食用青虾多喜盐水虾，原汁原味，也可制作糖酱虾、醉虾、炒虾仁等，体态较小的多喜用韭菜或蒜苗炒制，也可用淀粉、面粉、鸡蛋调成糊，挂糊炸制，多用于家常吃法。龙虾近年来吃法多样，红烧、清蒸、蒜茸、咖喱、糖醋等均可，风靡全国，但徐州多喜烧制，五味俱全，突出辣味，符合徐州居民的口味。

徐州水产贝类主要有田螺（徐州俗语蜗牛、蜗了牛，南方叫螺蛳）、河蚌等。田螺是徐州人日常生活中常见的食物，将田螺用清水洗净体内泥沙杂物，尾巴用剪刀剪去，留小口，加入多种香料卤煮，其中辣椒最不可少，最有名的就是徐州博爱街蜗牛，每天供不应求。田螺也可取肉，用开水烫过，挑出螺肉，去净螺肠等杂物，洗净，多用韭菜或蒜苗、辣椒炒制，配以徐州烙馍，风味独特。大型的蜗牛，多配以其他肉类烧制，如蜗牛烧公鸡、蜗牛烧牛肉、蜗牛烧鸭块等。河蚌则以云龙湖河蚌最为有名，个大肉厚，味道鲜美，大者比脸盆还大，多用于氽汤，汤汁奶白，味道鲜醇；也可将蚌肉红烧，或与红烧肉一起烧制，也可炒制。

徐州水产两栖类主要就是蛙类。徐州土生的蛙类是青蛙，20世纪80年代引进养殖牛蛙，个大肉肥。青蛙以害虫为食，属于国家保护的动物，禁止捕杀食用，徐州近几年有养殖青蛙，但需要政府批准。青蛙，徐州称为水鸡，南方叫田鸡，肉质洁白细腻、味道鲜美，是一些美食家口中之物。徐州名菜有"金蟾戏珠"，相传是宋时苏东坡在徐州待客，用青蛙加工成泥，余制后再烧制而成。市场酒店等多供应酱爆牛蛙、辣子牛蛙、水煮牛蛙、炒水鸡等。

长期生长在湖中、以渔猎为生的渔民，不仅掌握了各种水生动植物的生活习性和生长季节，还掌握了一些独特的加工方法和烹调技法。如骆马湖白鱼，当地喜欢先将白鱼用盐腌制再烧制，鱼肉呈蒜瓣状，肉质鲜美；新沂闸头鱼在当地用原水烧制，风味突出，离开此地，就达不到原地的效果；微山湖在船上地锅的运用较为普遍；干燺鱼、干燺虾不是将鱼晒干，而是用小火将小鱼、小虾烘炒干，香味浓郁。如此技法，是徐州人民在长期的实践活动中得出的宝贵经验。

谈及徐州水产，不得不说一下徐州的船宴。徐州的船宴与南方船宴有一定区别，并非指船民在船上的生活饮食，而是指达官贵人或文人墨客在船上举行的筵席聚会，多在一些交通便利、经济发达、环境优雅、人群集中的闹市码头水域。骆马湖窑湾，其船宴是骆马湖的一大特色。

窑湾位于京杭大运河与骆马湖交汇处，三面环水，与新沂、邳州、睢宁、宿迁四县市毗邻。

窑湾船宴的形成和发展，一是源于运河的南北开通，达官贵人、商贾富人由于行程运输的需要，长时间地逗留在船上，并且带有厨房设备、物品原料、杂役仆人等，为了消磨时间，经常在船上设宴，从而形成了别具风格的一种船宴形式。这种船宴，用料考究，讲究制作，虽然受到一些条件的限制，但每到一处都会及时补充当地的特色物产，同时也会把技艺带到岸上，形成了一种饮食交流。隋炀帝三次南巡，就是以船舫为交通工具，沿运河而行，船上带有御厨，并配有山珍海味。《资治通鉴》记载："炀帝上行幸江都……所过州县，五百里内皆令献食，一州至百舆，及水陆奇珍。后宫厌饫，将发之际，多弃埋之。"清朝康熙、乾隆也是频频南下，行程之中，多数时间逗留在船舫中，设宴娱乐，浏览风光，了解民俗，体察民情，留下了许多遗址和传说，品尝了各地的美食佳肴。

船宴，顾名思义就是在船上所设的筵席。古时帝王贵族每逢佳节和令节，都会泛舟于水上，观赏风景，设宴取乐。专门用于设宴的船，又称为餐船，所设筵席，即为船宴，筵席上所上菜点，即为船菜、船点。传说吴王阖闾江上游船，举行宴饮，将吃剩的残菜鱼脍倾入江中，化作大银鱼。

宋代以来，南京秦淮河，苏州、无锡太湖，扬州瘦西湖，杭州西湖等地盛行游船，船上多为才子佳人、达官贵人等。这些游船在清代以后，美其名为"画舫"。《扬州画舫录》有："画舫在前，酒船在后，放乎中流，橹篙相应，传餐有声，炊烟渐上，……谓之'行庖'。"史料中相关记载较多，但对于窑湾船宴的记载几乎没有。

窑湾作为重要的交通枢纽、商品集散地，经济自然发达。饮食服务业逐渐完善，餐馆、酒店遍及大街小巷以及船上，其中船宴深受南来北往船商的喜爱，成为当地具有代表性的饮食文化。

# 第三节　徐州馃子

徐州把糕点叫馃子，是民间的一种叫法，实际上是徐州糕点的统称。糕点是一种食品，它是以面粉或米粉、糖、油脂、蛋、乳品等为主要原料，配以各种辅料、馅料和调味料，初制成型，再经蒸、烤、炸、炒等方式加工制成。

中国过去点心以糕点为主，按风味流派主要有京派、津派、苏派、广派、潮派、宁派、沪派、川派、扬派、滇派、闽派等；按照加工制作有油酥类、混糖类、浆皮类、炉糕类、蒸糕类、酥皮类、油炸类、其他类等。

徐州拥有5000多年的历史，地处苏、鲁、豫、皖四省交界，素有五省通衢之说，历来为兵家必争与商贾云集之地，食品行业发达，孕育出了独特的徐州美食，尤其是独具特色的糕点，如今仍然是徐州老年人们钦点的美味小点，影响了周围整个淮海经济区。美食传承记忆，历史沉淀文化。不管时代如何变迁，"徐州馃子"永远是徐州人记忆中永远的味道。

徐州糕点历史悠久，早在清朝同治年间，徐州就有专门加工和出售糕点的作坊。民国时期，店铺多达百家，比较有名的有潘义泰食品店、永康食品店、云泰丰食品店、万生园食品店等，有的现在已经消失，有的传承至今。经营品种众多，许多品种已成为当地名产。如"蜜三刀"在宋代就已流行，传说乾隆皇帝吃过蜜三刀后，龙颜大悦御笔手书"徐州一绝，钦定贡品"。"羊角蜜"相传是楚汉时期楚王项羽所创。"小孩酥"是清朝乾隆年间的传统食品，荣获中国首届食品博览会金奖、全国首届妇女儿童用品食品博览会金奖、首届新加坡国际名优博览会金奖，受到高度评价。"蜜制蜂糕"传说源于唐朝，系徐州歌伎关盼盼所创，是徐州名特糕点之一，是国家贸易部命名的"中华老字号"徐州名特产。"蝴蝶馓子"在北宋时期就非常有名，苏东坡在徐州任职期间喜食这种馓子，还写有《寒具诗》。"桂花楂糕"在清代就已形成。《铜山县志》记有："土人磨楂实为糜，和以饴，曰楂糕。""丰县蜂糕"，相传明万历年间，丰县城里有个虔诚的伊斯兰教徒，其母患病，医治不愈，他用面筋、香油等作料制成糕给母亲滋补身体，结果母亲身体病愈，蜂糕便由此而来。后经历代糕点师改进制作工艺，蜂糕成为丰县特产，在苏鲁豫皖毗邻地区享有盛誉。1983年荣获江苏省名特产品称号，1985年荣获江苏省优质产品称号，1990年在中国妇女儿童博览会上获铜牌奖。"金钱饼"源于北宋时期，当时徐州一带用面粉制作一种铜钱大小、实心无馅的饼，其外还布着密密麻麻的芝麻，金钱饼是百姓逢年过节常吃的点心。

徐州糕点品种众多，最有名的应当数徐州人熟知的"徐州老八样"（蜜三刀、羊角蜜、条酥、麻片、花生糖、金钱饼、江米条、桂花酥糖）；其他传统糕点还有糖豆、京果棒、寸金、枣泥酥、红豆沙酥、赖皮月饼、面京果、油京果、糖豆角（也叫空壳）、云片糕、大芙蓉、蜜套环、麻枣、炒糖、蜂糕、桂圆糕、桂花糕、绿豆糕、糯米雪片糕、马蹄糕、牛舌酥（也叫鞋底酥）、方酥、百合酥、香蕉酥、菊花酥、甜切酥、燕窝酥、馓子、麻花等；近年来相继创新开发了牛蒡酥、银杏酥、板栗酥、红枣燕麦酥、红枣酥等。众多的品种丰富了徐州馃子的内涵，也满足了当地居民及外来游客的饮食需要，形成了具有地方特色的饮食品种。

徐州糕点讲究用料，注重制作技艺选料严格，方法复杂多样，比如蜜三刀、羊角蜜、炒糖、蜂糕等，非一般人能做出正宗的口味。有些工序复杂，如桂花酥糖，酥糖的屑子要经八十孔筛子筛过，再采用传统工艺碾制，利口不沾，入口即溶，松而不散。羊角蜜是用白面擀制成面皮，两层中夹砂糖，用一种特制的套在食指上的刀切割好，在沸油中炸，使其膨胀，趁热捞出，立即放入预先备好的米糇浆中，吸入米糇浆，最后捞出放在糖粉中拌匀。再如麻片，糖要熬制得恰到火候，色泽金黄，芝麻成熟恰当，麻片厚薄均匀，不带杂质和杂味。现代有许多传统工艺已经近乎失传，需要进行挖掘保护和传承。

徐州糕点比较注重用油，特别是酥皮类，如条酥、京果、芙蓉，更是少不了油，再加上使用油炸，从而使一些糕点油性较大。有些糕点注重用糖，如蜜三刀、羊角蜜、炒糖等，主要就是以糖为主，注重糖稀的黏稠度和数量，一口下去，会使人感到沁人心脾，糖浆晶莹剔透，甜中带香，甜味浓郁，老少皆宜。徐州不同的糕点，由于其口味不同，酥而适口，甜而不腻，突出食材本味桂花香、玫瑰香、芝麻香、花生香等不同香味。

徐州糕点注重造型，形状美观，丁、条、丝、片、块都有一定的标准；色泽鲜艳，诱人食欲；口味有甜味、酸甜味、咸香味、麻香味、果香味、椒盐味、花香味等。许多糕点老少皆宜，重点突出，深受居民喜欢，故其传承悠久。

过去徐州传统的糕点行业几乎都是手工制作，产量不高，多是以师带徒，口传手授，故而形成了一批有影响力的糕点作坊，他们严格工艺，控制食材质量，注重产品质量，形成了一批有个性特色的糕点。近年来，随着国有企业改革，一些传统的糕点食品厂有的因人才流失、产品不过关、经营不景气而改头换面，有的转入到私人企业，大批量的工业化、标准化生产还没有形成气候，多数还维持在手工作坊阶段，工艺复杂的一些传统糕点，有的已经流失。一些有绝活绝技的老师傅，有的已经作古，有的在颐养天年。对于传承和保护，还需要进一步加强。

近年来，随着人民生活水平的提高，人民对健康的需求也越来越高，高糖、高油已经不适应人体健康的需要。徐州糕点在这方面也做了大量的改进和创新，有些糕点已经采用木糖醇代替白糖，油的使用也从动物油向植物油转化，采用了一些不饱和脂肪酸较高的花生油、橄榄油、松子油等。

徐州过去糕点的加工和出售，一般是前店后坊，现场加工，趁热出手，方便顾客。比较有名的糕点作坊有稻香村糕点坊、泰康清真食品店、吕同茂糕点坊等。现在最有名的是彭城路的泰康清真食品店。民国时期，徐州的食品业以生产糕点的食品作坊、糖类作坊为主。民国七八年间，永康祥绸布店店主姚鼎臣（绰号姚麻子）就在今泰康食品店处经营食品，店名为稻香村，该店制售饼干，当时徐州其他食品店均没有饼干制售，而且该店还用铁听盛放饼干，非常受欢迎。后来经历了停业、重开、辗转多地的遭遇。他说，据他了解，白少轩是泰康清真食品店的老板，该店在徐州沦陷之前就已经存在。抗日战争的徐州会战时期，白崇禧协助李宗仁抗击日本侵略者。在指挥台儿庄战役时，白崇禧多次途经徐州，和泰康清真食品店的老板白少轩有过往来，白少轩用清真糕点招待他，并常送一些清真糕点到白崇禧的司令部去，方便他的日常饮食。白崇禧食用多次后发现，该店牛骨髓油茶属于方便食品，在战场上能够充饥，也比较有营养。当时战场上有很多回族士兵，在战事紧急的情况下，来不及为他们单独开灶做饭，恰好可以用这油茶充饥，于是他向白老板提议，把牛骨髓油茶作为回族士兵的军事补给。白老板当即就赶制一批，辗转送到台儿庄抗日战场上。日军占领徐州后，有人将此事举报给日军，称白少轩是在抗击日本人，于是泰康食品店被付之一炬，无法营业。白少轩就到徐州城北开了间羊肉馆谋生。抗日战争胜利后，全市人民欢欣鼓舞，各种欢庆活动纷纷开展，对糖果糕点的需求激增，于是白少轩的糕点情结再度被点燃，他在大马路重开泰康清真食品店。

近年来，徐州恢复了一些传统的糕点制作，也出现了一些较为有名的企业，如重阳糕点、永康糕点、汉品坊食品等。

徐州糕点不少品种是地方特色比较浓厚的产品，有的多次在全国获奖，已经形成徐州的传统食品，代表徐州糕点的制作技艺和水平。略举几例：

徐州"老八样"，主要指蜜三刀、羊角蜜、条酥、麻片、花生糖、金钱饼、江米条、桂花酥糖。据老师傅讲，传统的老八样中还有寸金、炒糖。

### 蜜三刀

相传北宋年间，苏东坡在徐州任知州时，与云龙山上的隐士张山人过从甚密，常借酒相会。一天，苏东坡与张山人在放鹤亭上饮酒赋诗，酒酣之时，苏东坡抽出一把新得宝刀，在饮鹤泉井栏旁的青石上试刀，连砍三刀，在大青石上留下深深的刀痕，看到宝刀削铁如泥，苏轼十分高兴。正在这时，侍从送来茶食糕点，有一种新作的蜜制糕点十分可口，只是尚无名称，众友人请苏东坡为点心起名，他见这种糕点油润金黄，表面上亦有浮切的三痕，随口答曰"蜜三刀是也"。后来，经苏东坡亲自起名的"蜜三刀"名噪一时，徐州城里的茶食店、糕点坊争相制作，经过数百年的流传，徐州蜜三刀的配方工艺已达到炉火纯青的境界，大约是出于对苏东坡的崇敬之情的缘故吧，因而徐州人对徐州蜜三刀也情有独钟。清朝乾隆皇帝三下江南路过徐州的时候，指名徐州府衙派人去买百年老店泰康号即今天的泰康回民食品店制的御膳蜜三刀，传说乾隆皇帝吃过蜜三刀后，龙颜大悦，御笔手书"徐州一绝，钦定贡品"。

徐州市生产的蜜三刀，表面裹上一层密密麻麻的白芝麻，蜜里透亮，大方坦然，内心实在。吮吸浆汁，晶莹剔透，芳香扑鼻。由于选料考究，选用精面粉、芝麻仁、蜂蜜、植物油、麦芽糖、白砂糖、南桂花等优质原料，传承传统工艺，保持了蜜三刀油润金黄、香甜可口的特色，已经成为外地游客来徐游览时首选的名特产品。

### 羊角蜜

因其形态似山羊之角，内含蜜糖而得名。此品系选用上等面粉、蜂蜜、白糖、麦芽糖、素油等原料精制而成。将面粉擀制成面皮，两层中夹砂糖，用一种特制的套在食指上的刀切割好，在沸油中炸，使其膨胀，趁热捞出，立即放入预先备好的米秙浆中，因热胀冷缩的原理吸入米秙浆，最后捞出放在糖粉中拌匀。成品里外分三层：蜂蜜糖浆、角壳、粉屑。食时，咬破角壳，蜜浆流出，香甜满口，别有风味，是甜品中的甜品。

民间传说，霸王项羽率军与汉刘邦大战于九里山前，在人困马乏、饥渴难耐时，山上牧童用一只羊角盛满野蜂蜜，敬献给楚霸王项羽及妃

子虞姬饮用，饮后顿觉神清气爽、愉悦无比。霸王大喜，把随身的镶满金银珠宝的佩剑送给牧童。后来，军师范增命御厨坊用面粉制作成羊角形的点心，里面灌制蜂蜜、麦芽糖，成为楚王宫里的一道名点。随着岁月的变迁，昔日楚王宫的御用名点逐步演化成古城徐州一种著名的特产点心。

**条酥**

条酥是徐州传统的面食糕点，是将蒸熟的小麦粉、绵白糖、饴糖、小苏打调和，擀成厚胚，撒上芝麻，烤制而成，金黄酥脆，香甜酥松，入口易化。徐州的条酥与其他地方的条酥相比较而言，质地稍硬，故而条酥能保持一定的形状，吃起来的口感也更加酥脆。以前居民喜欢拿一些鸡蛋、面粉、糖去蛋糕作坊让师傅加工条酥。

**麻片**

也叫芝麻片，是用白芝麻、绵白糖、饴糖等原料，采取传统工艺——芝麻去皮、熬浆、上浆、压片、切片等工序精制而成。薄如纸，洁晶透明，香酥可口，脆而不黏。

**花生糖**

徐州民间很早就流传用熟花生仁、麦芽糖制作花生糖，因其色泽金黄、香甜可口，很受人们的喜爱。一般家庭都可制作。将花生去皮炒熟了，放在一边凉透备用，接着把白砂糖放入铁锅中，加水熬成黏稠状，再加入麦芽糖和它们拌和。糖熬好后，把花生倒入糖汁中拌和，趁还没有完全成形时倒出，摊平砸紧，等稍硬后切成片。

**江米条**

江米条是徐州传统糕点，一般家庭逢年过节也会做。江米也叫糯米，制作江米条时需用糯米面加麦芽糖，用热水调制，擀成圆形，切成筷子粗细的段，用热油炸制起鼓，趁热再裹上熬制的糖浆，撒上白砂糖，裹蘸均匀。口感酥脆，甜香适口。

### 金钱饼

全国各地的金钱饼从形状到制作有较大差异，徐州的金钱饼外形如铜钱大小，实心无馅，精致小巧，裹满芝麻，色泽金黄，犹如金钱，故名"金钱饼"。相传元朝末年，在朱元璋的部队中，流行一种以糖

为馅的"大金钱饼"，当时称作"麻饼"，作为军队的干粮。打败元军，朱元璋非常高兴，又称这种饼作为"得胜饼"，后流传到各地。徐州对其进行改进，在面粉中加入蛋黄，切成小方块，刷上蛋黄液，经烤制后，形如金钱，一口一个，酥脆香甜，实用方便，流传至今。

### 桂花酥糖

桂花酥糖以芝麻、精面粉、蜂蜜、麦芽糖、白砂糖、南桂花等经熬糖、打糖、烘烤等十几道传统工艺精制而成。相传北宋年间，苏东坡时任徐州知州，农历七八月间，黄河上游决口，洪水直抵徐州城下，苏东坡率领军民日夜防洪，黄河洪水越涨越高，眼看就要漫过城墙，民间纷纷传言，只有一位年轻貌美的女子跳进黄河，大水才会退去。苏东坡

13岁的女儿苏姑闻讯后，焚香祷告："只要能拯救徐州老百姓，我情愿舍身抗洪。"祷毕便从城墙上纵身跳入水中，人们顺水打捞直到徐州城东南的下洪处，才发

现苏姑穿的红鞋漂浮上来，苏姑事迹感动了徐州的军民，他们日夜抢险防守，终于保全了徐州城。为了纪念苏姑，徐州人民还建起了黄楼庙，塑了苏姑像祭祀。从前每年正月十六日为庙会，赶会的人以妇女居多，所以有"苏姑香火满黄楼，有女如云拥"的诗句来描绘黄楼庙会的盛况。赶会的人们争相购买百年老字号泰康回民食品店生产的"白麻桂花酥糖"来祭祀苏姑。桂花酥糖可直接食用，也可沸水冲饮，具有香、细、甜、松的特点。所谓"香"，指桂花香、芝麻的清香扑鼻而来；所谓"细"，指酥糖的屑子经八十孔筛子筛过，采用传统工艺碾制，利口不沾，入口细而爽口；所谓"甜"，即以白糖为主，饴糖适量，甜而不厌；所谓"酥"，指麦芽糖骨子松脆，入口即溶，松而不散，上口松脆，回味油润。

另有传说，唐朝初年，古彭城有一位孝子，为了给母亲治病，将干面粉炒熟至冒出香味，再配蔗糖、桂花，又香又甜，母食数日，止咳康复。此法后被一董姓的糕饼店主得知，仿制并加以改进成桂花董糖，十分受欢迎，生意兴隆。再后来，仿造的人越来越多，工艺原料也越来越精致，延至今日就是徐州人最爱的桂花酥糖了。桂花酥糖是徐州的著名特产糕点，有着上千年的制作历史。

### 小孩酥

小孩酥糖是徐州传统名牌产品，早在清朝乾隆年间就已流行，其特点是香、酥、甜三性具备。相传楚汉时期，虞姬爱吃甜食，霸王项羽为博得红颜一笑，四处寻找，一日偶遇一老汉，老汉奉送一物，此物入口

即酥，甜而不腻，虞姬吃后开怀大笑，赞不绝口，后来此物成为"贡糖"，也就是今天的"小孩酥"。该产品继承传统特色，改进生产工艺，造型体态完整，具有风味独特、品质纯真、香甜酥松、老少皆宜的特点，曾荣获首届中国食品博览会金奖，全国妇女儿童食品用品金奖、被誉为"群酥之冠"。

**蜜制蜂糕**

蜜制蜂糕是徐州名特糕点之一，尤以丰县蜜制蜂糕为最，传统工艺制作，配料独特考究，在苏鲁豫皖毗邻地区享有盛誉。1983 年荣获江苏省名特产品称号，1985 年荣获江苏省优质产品称号，1990 年在中国妇女儿童博览会上获铜牌奖。可直接食用，也可开水冲饮。传说唐朝贞观年间，礼部尚书张愔任徐州武宁里节度使时，有宠妾关盼盼，烹饪女红、音乐歌舞无所不能，尤其是关盼盼擅用面筋、蜂蜜、麻油、果料制作一种蜜制蜂糕日常食用，以保持红颜不老，姿色动人，深得张尚书的喜爱。张尚书特为关盼盼独建一楼，曰"燕子楼"。后来张愔病故后，关盼盼独居燕子楼十多年，闭阁焚香，坐诵佛经。其侍女将蜜制蜂糕的制法传至民间，徐州百姓争相仿制，成为一道名点。尤以坐落在市中心彭城路上的泰康回民食品店生产的蜜制蜂糕最为著名。唐宋以来，文人墨客白居易、苏东坡、文天祥都到过徐州燕子楼并有名诗题咏，随之燕子楼声名大振，蜜制蜂糕因而也成为历经千年而不衰的名特糕点，列为古城徐州的八大名点之首。另外相传，明万历年间，丰县城里有个虔诚

的孝子，其母患病，医治不愈，他用面筋、香油等原料制成糕给母亲滋补身体，结果母亲身体病愈，蜜制蜂糕便由

此而来。后经历代糕点师改进制作工艺，蜜制蜂糕成为丰县特产。

**蝴蝶馓子**

徐州的蝴蝶馓子以其香脆、咸淡适中、馓条纤细、外形美观、入口即碎的特点，赢得人们的喜爱。苏东坡在徐州任职期间喜食这种馓子，在他的《寒具诗》

中写道："纤手搓成玉数寻，碧油煎出嫩黄深。夜来春睡无轻重，压扁佳人缠臂金。"不过徐州人最喜爱的食法是烙馍卷馓子，配以稀粥，吃起来惬意舒坦。

# 第四节　徐州名特原料

**搅　瓜**

搅瓜，生物学名上称为金瓜，又称搅丝瓜、金丝瓜、面条瓜等，为葫芦科南瓜属美洲南瓜种中的一个变种。原产北美洲南部。中国明代就有栽培，主要分布在江苏、上海、山东、安徽、河北等省市。其形

体呈椭圆形，色泽呈金黄色，从外观上看，比较像甘肃的白兰瓜。每年春天下种，秋天结实，体形大小不一。据《植物名实图考》载："搅丝瓜生直隶，花叶俱如南瓜，瓜长尺余，色黄，瓤亦淡黄，自然成丝，宛

如刀切，以箸搅去，油盐调食，味似撇兰。"明代万历年间，睢宁县引种落户，是徐州东郊邳县及睢宁一带特产。

搅瓜，作为烹饪原料的品种之一，在使用上还有它的局限性。由于历史的原因及数量的限制，在城市的餐馆中很少使用，在农村的小吃及酒席中使用较多，几乎是必备的一道凉拌菜。每当秋后，路旁摆的小吃摊上都少不了有凉拌搅瓜菜。对于搅瓜的食用，《素食食略》中有详细的记载："瓜成熟，放僻静处，至冷冻时，洗净，去皮，蒸熟，割去白蒂处，灌入酱油、醋，以箸搅之，其丝即缠箸上，借箸力抽出，与粉条相似，再加香油拌食，甚脆美。"一般来说，搅瓜主要用作凉拌，极少作为热菜或其他荤菜的配料。搅瓜食用前，先将搅瓜切开，分成两份或四份，放水中煮或蒸，熟后取出放入冷水中冷透，用筷子或用手将食用的肉质部分一丝丝剔出，然后沥干水分，加盐、酱油、醋、香油、味精、胡椒粉、姜末，拌匀即可，口感上脆嫩爽口，鲜香清淡。若喜欢食辣，可以放入少许蒜末和炸香红辣椒。若用麻汁浇之，称为麻汁搅瓜。也可以赋予其他口味。凉拌搅瓜看上去比较简单，实际上却不容易做到，其关键在煮（或蒸）。火力旺，煮得过老，则肉质软烂易碎，不易成丝，口味上无爽脆之感；火力不够，煮得不透，则搅不出丝。因此，关键是火候，煮到搅瓜刚好能用筷子插透为宜。这需要多次实践才能掌握，当然还要看搅瓜的老嫩大小等来确定。

搅瓜一般不适宜于做热菜，因为搅瓜主要是食其脆爽之味，但可以用搅瓜做汤，切成片或丝放入汤锅中，同一般氽汤一样。生食搅瓜也可以，食用时轻拍瓜的周围，切开瓜后，用筷子或叉子扒动瓜内已分离的瓜条，就能出现像粉丝一样的瓜丝，在产区一带，经常把搅瓜去皮切成薄片放盐腌一下，然后用水一搓，则成为一丝丝的细丝，然后用开水烫一下或不烫也行，直接加入各种调味品，即可食用，其风味比煮或蒸，更加爽口脆美，搅瓜味浓厚。腌搅瓜也是一大风味，将搅瓜洗净（不去皮），割开，放入盐水中或撒上盐腌制半个月，捞出晾干，随时可以食用，风味独特，被誉为绿色食品、天然粉丝。凉拌搅瓜看起来和粉丝差不多，但吃起来脆脆的，不知道的会以为厨师的刀功真好，居然将菜切得这么匀称。

现代生物医学研究表明，搅瓜含有能够抑制脂肪合成的丙醇二酸和保健功效广泛而普通瓜类不含有的葫芦巴碱，具有明显的减肥保健功效。还能调节人体新陈代谢，具有补中益气、抗癌等功效。搅瓜受到减肥保健爱好者的广泛青睐，有"绿色保健果蔬"之美称。

**雪窟苔菜**

苔菜是徐海地区一种时令蔬菜，在秋季末播种，冬节采摘食用，叶茎粗糙，颜色黑褐色，当地人俗称为"黑菜"，以山东和江苏等地种植较多。《晏子春秋·杂下十九》："晏子相齐，衣十升之布，脱粟之食，

五卯、苔菜而已。"徐州当地最常见的做法是炖、热炒或做包子馅料，都非常好吃。

徐州苔菜种植历史悠久，一般秋季露地播种，冬季下雪被埋藏在雪下，经霜冻后，口味鲜美，故徐州雪窟苔菜最为著名。苔菜的病虫害较少，较少使用农药，为无污染的绿叶蔬菜。苔菜为低脂肪蔬菜，且含有膳食纤维，能与胆酸盐和食物中的胆固醇及甘油三酯结合，并从粪便排出，从而减少脂类的吸收，故可用来降血脂；苔菜中所含的植物激素，能够增加酶的形成，对进入人体内的致癌物质有吸附排斥作用，故有防癌功能。此外，苔菜还能增强肝脏的排毒机制，对皮肤疮疖、乳痈有治疗作用；苔菜中含有大量的植物纤维素，能促进肠道蠕动，增加粪便的体积，缩短粪便在肠腔停留的时间，宽肠通便，从而治疗多种便秘，预防肠道肿瘤；苔菜含有大量胡萝卜素和维生素 C，有助于增强机体免疫能力，强身健体。

苔菜在烹饪中用途极广，可以单独用于成菜，如徐州名菜"海米苔

菜荚""裹炸苔菜""芥末苔菜"等，也可与肉类等同烧制，特别是家庭制作中，多用于烧肉，深受居民喜爱。

据饮食资料记载，徐州古代有一位名叫时成的菜农，他有一位做厨师的朋友。这位厨师有次在三九隆冬的时候去拜访时成，时成拔来雪中苔菜，在仅有油和盐的情况下，炒制这道菜，吃来却异常鲜美。厨师回去后加以改进，将苔菜去掉老叶，削根划荚，增加了海米（开阳）等配料及调料，就成了一道深受大家欢迎的美馔——海米苔菜荚。

辅佐朱元璋奠定明朝江山的刘基，不但是政治家、文学家，而且在烹饪学上也是一位专家，他写的《多能事鄙》就是一部烹饪专著。相传刘基在明初曾三次来徐州，在一次地方官宴请他的筵席上，上了海米苔菜荚这道菜肴，色泽鲜艳，清淡鲜嫩，颇得刘基赞赏。此段逸事出自徐州文人文兰若的《大彭烹事录》。

### 高帮白菜

徐州高帮白菜，也称黄芽菜，据《铜山县志》记载："菘，俗名白菜，有青白二种，白者攒簇，中心黄，名黄芽菜，最良。"黄芽菜是大白菜的一种，因外皮叶子为黄色，又称黄芽白。此菜在冬季下霜后采摘，口感爽脆，可单独成菜，也可辅以其他调料或与各种肉类同烹，也可用来涮火锅，不少地方还用来做家庭泡菜。徐州名菜"风猪烧黄芽白"，即以徐州所产黄芽菜作主料，以风猪（风腌的猪肉）作配料，以油混合烧制，故此得名。

唐代学者李延寿在《南史》中说，齐国周隐居钟山，其好友王俭问："山中何食为佳？"答曰："初春早韭，秋末晚菘。"北宋大文豪、美食家苏东坡也写道："白菘类羔豚，冒土出熊蹯。"比喻白菜像羊羔和小猪肉一样好吃，是土里生长的熊掌。白菜是中国原产蔬菜，有悠久的栽培历史。据考证，在中国新石器时期的西安半坡原始村落遗址发现的白菜籽距今约有 6000 年至 7000 年，《诗经·谷风》中有"采葑采菲，无以下体"的记载，说明距今 3000 多年前的中原地带，对于葑（蔓菁、芥菜、菘菜，菘菜即为白菜之类）及菲（萝卜之类）的利用已经很普遍。到了秦汉，这种吃起来无滓而有甜味的菘菜从"葑"中分化出来，三国时期（公元 3 世纪）的《吴录》有"陆逊催人种豆菘"的记载。南齐（公元 5 世纪）的《齐书》有"晔留王俭设食，盘中菘菜（白菜）而已"的记述（《武陵昭王晔传》）。同时期的陶弘景说："菜中有菘，最为常食。"唐朝时已选育出白菘，宋时正式称之为白菜。

黄芽菜亦享誉南北，名人赞烧黄芽菜诗云："一声默默土中藏，不羡花开乐素装。雪肤冰肌甘寿献，高汤玉液助安康。"秋冬季节空气特别干燥，白菜其性微寒，有清热除烦、解渴利尿、通利肠胃、清肺热之效。若你要清热燥湿，利水利胆，可多吃大白菜这样的清热利水的食物，以此达到治疗功效。清代《本草纲目拾遗》记载说"白菜汁，甘温无毒，利肠胃，除胸烦，解酒渴，利大小便，和中止嗽"，并说"冬汁尤佳"。如捣烂，炒热后外敷脘部，可治胃病。白菜根配银花、紫背浮萍，煎服或捣烂涂患处，可治疗皮肤过敏症，尤其是对面部皮肤过敏症有较好疗效。

### 徐州药芹

芹菜，又称"怪菜""药芹"，有空心、实心之分，旱芹、水芹之别。芹菜的栽培与食用，历史悠久。《诗经·小雅》就有"芹楚葵也"的记载，北方主要是旱芹，有刺激味，药芹、野芫荽为伞形科芹属中一二年生草本植物，以其肥嫩的叶柄供食用，中国古代亦用于医药。原产于地中海沿岸的沼泽地带，我国芹菜栽培始于汉代，至今已有 2000 多年的历史。徐州芹菜空心脆

嫩，尤以雪里芹芽及春芹为最好。现奎山、黄茅岗四季均有栽培。

《列子·扬朱》篇载，有人向同乡富豪赞美芹菜好吃，结果富豪吃了反倒嘴肿闹肚子。后来古人以"献芹"称所献之物微薄，以示诚意。辛弃疾写的《美芹十论》是献给皇帝的，说这"十论"不过是他自己觉得好，皇帝不一定就会喜欢。实际上芹菜是一种美味，不过有人不习惯罢了。《吕氏春秋·本味》就记有"菜之美者，有云梦之芹"。《诗经·采菽》有"觱沸槛泉，言采其芹。君子来朝，言观其旂"，《诗经·泮水》有"思乐泮水，言采其芹。鲁侯戾止，言观其旂"，也有芹菜的记载。从这两次采芹来看，不论是朝见，还是庆宴，准备点新鲜的芹菜，虽然是表示礼节、表示亲近之义，但也说明古时候不论是皇亲贵族，还是平民百姓，对芹菜都有一种喜爱。孔子故里曲阜离徐州很近，徐州芹菜自然也是美名传扬。徐州盛产空心芹菜，叶茂茎短，筋少空心，爽脆味鲜，早春芹芽更胜一筹，鲜嫩无比，使人久食不厌。

杜甫《崔氏东山草堂》："爱汝玉山草堂静，高秋爽气相新鲜。有时自发钟声响，落日更见渔樵人。盘剥白鸦谷口栗，饭煮青泥坊底芹。为何西庄工给事，柴门空闭锁松筠。"清张雄曦的《食芹》："种芹术艺近如何，闻说司宫别议科。深瘗白根为世贵，不教头地出清波。"芹菜不仅用来食用，药用价值也高。《本草纲目》记有："旱芹，其性滑利。"《食鉴本草》也记有："和醋食损齿，赤色者害人。"《本草推陈》也说芹菜有"治肝阳头痛、面红目赤、头重脚轻、步行飘摇等症"。现代科学也证明，芹菜具有镇静安神、利尿消肿、平肝降压、养血补虚、清热解毒、减肥降压、防癌抗癌、醒酒保胃、安定情绪、消除烦躁等作用。

徐州市场目前有西芹、外地芹菜、本地芹菜、新品种芹菜苗，但最好的还是春季的芹芽，色白细嫩，脆爽清新，用来凉拌、热炒均是上等佳肴，徐州过去有"五味芹芽"等名菜。民国初年，著名考古学家罗振玉来徐州，由地方学者作陪，在祠堂巷一菜馆就餐。他点了以芹菜为主料的四个菜——"金钩挂翠芽""火腿炒春芽""五味芹菜""裹炸

160

药芹"，由名厨师王庆阁制作。罗振玉品尝着徐州芹菜四味仔细咀嚼，兴趣盎然，情不自禁，即席吟诗一首："药芹有五味，金钩拌翠芽。烹调出彭城，无珍竟甘鲜。"罗振玉为吃到徐州的蔬食之珍而感欣慰，临别时说，久闻"烹饪圣地"未来一尝，今得机会消除了心中之怨，一品为快。

**徐州黄花菜**

黄花菜，也称金针菜，又名萱草、忘忧草。"竹林七贤"之一的嵇康，在其《养生论》一文中写道："含饮髑怂，萱草忘忧。"后者即指金针菜。董必武1961年为他爱人何莲庆寿时，引古人忘忧之意作诗相赠云："贻我含笑花，报以忘忧草。莫忧儿女事，常笑偕我老。"后人对"忘忧"一词解释不多，仅见《久延寿书》上有说"食之忘忧"。

徐州种植黄花菜历史悠久，据《徐州府志》说："花似玉簪而细，色先青后黄。二月取芽，连根插土中，列植成畦，五六月间抽至作花，摘取蒸熟，爆干作蔬。霜降后叶萎，次年自发。"苏轼在徐州观赏萱草有感赋诗云："萱草虽微花，孤香能自拔。亭亭乱叶中，一一芳心插。"古时仅供作观赏，后人却改以食用了。徐州市铜山县盛产黄花菜，个大色黄，口感爽脆，有淡淡的花香，不但行销各地，而且远销国外。徐州以黄花菜入馔甚多，兼之素菜荤制的得法，久负盛名。新鲜的黄花菜每年六到八月采摘上市，以含苞待放时为佳，干制品常年都有供应。由于新鲜的黄花菜含有秋水仙碱，因此家庭制作新鲜黄花菜，大多去掉菜心，大批量制作，须焯水后冷水浸泡方能去掉秋水仙碱，否则，秋水仙碱容易在体内被氧化产生二秋水仙碱，导致人体中毒。

黄花菜不仅有健胃、通乳、补血、止血、消

炎、清热、利湿、消食、明目、安神等功效，还有较好的健脑、抗衰老功效，是因其含有丰富的卵磷脂，这种物质是机体中许多细胞，特别是大脑细胞的组成成分，对增强和改善大脑功能有重要作用，同时能清除动脉内的沉积物，对注意力不集中、记忆力减退、脑动脉阻塞等症状有特殊疗效，故人们称之为"健脑菜"。黄花菜还能降低血清胆固醇的含量，可作为高血压患者的保健蔬菜，其含有的有效成分能抑制癌细胞的生长，丰富的粗纤维能促进大便的排泄，因此可作为防治肠道癌瘤的食品。

黄花菜还有着一种民俗文化的色彩，《诗经·卫风·伯兮》中有："焉得谖草，言树之背。"朱熹注曰："谖草，令人忘忧；背，北堂也。"这里的谖草就是萱草，谖是忘却的意思。这句话的意思就是：到哪里弄一枝萱草，种在北堂前（好忘却了忧愁）呢？《诗经疏》称："北堂幽暗，可以种萱。"北堂是母亲居住的地方，后代表母亲。以后，母亲居住的屋子也称萱堂，萱草就成了母亲的代称，它也成了中国的母亲花。

徐州传统名菜"软炸黄花"，采用传统之法，是用地方名产黄花菜做主料，外以鸡糊裹炸，因食之鲜嫩而得名。

### 邳州辣椒

辣椒，为一年或有限多年生草本植物。果实通常呈圆锥形或长圆形，未成熟时呈绿色，成熟后变成鲜红色、绿色或紫色，以红色最为常见。辣椒的果实因果皮含有辣椒素而有辣味，能增进食欲。辣椒中维生素 C 的含量在蔬菜中居第一位，原产墨西哥，

明朝末年传入中国。还有观赏椒，圆形，不可食用，颜色有红色、紫色等。辣椒原来生长在中南美洲热带地区。欧洲殖民主义者到达美洲以后，辣椒1493年率先传入欧洲，大约1583到1598年传入日本，传入中国的年代未见具体的记载，但是比较公认的中国最早关于辣椒的记载是明代高濂撰《遵生八笺》（1591），其中有"番椒丛生，白花，果俨似秃笔头，味辣色红，甚可观"的描述。据此记载，通常认为，辣椒即是明朝末年传入中国，然后逐渐向全国扩展。在我国，辣椒主要品种有：菜椒，中国南北均有栽培，即通常市场上出售的菜椒；朝天椒，中国南北均栽培，群众中常作为盆景栽培；簇生椒，8—10朵和数个叶一起呈簇生状，成熟后成红色，味很辣。

徐州饭馆里的家常菜几乎都是辣的，徐州人能吃辣是出了名的，但周围地区也各有区别。南至江苏宿迁，北至山东枣庄，东至东海，西至商丘、砀山，整个东陇海一带非常能吃辣，尤以徐州至新沂为甚，一道菜除了有红辣椒、青辣椒以外，还要加上辣椒油，"吃辣能当家"是徐州地区民间俗语。喝辣酒（辣酒即白酒）在邳州最个性的吃法是就着鲜辣椒蘸酱吃或辣椒干直接在火上烧一下当下酒菜。邳州人吃辣椒的地域文化值得研究，在江苏，最能吃辣椒的地区是邳州，辣椒吃出了邳州人的个性。四川人食辣是麻辣，湖南人食辣是香辣，邳州人食辣是火辣。邳州著名的特产有"一红一白"，分别指红辣椒（干红椒）和白蒜。邳州民间种植辣椒、蒜、葱、姜、红萝卜，称之为"五大辣"，历史很悠久。朝天椒是邳州的特色辣椒品种，适宜在邳州北部地区的沂河流域土地种植，因辣椒呈长圆锥形朝天生而得名。晾晒后的干辣椒具有椒体小，椒色鲜红，辣味浓、香，产量高的特点。每100g鲜果含蛋白质1.2~2g、维生素 C 73~342mg，同时还含丰富的脂肪、辣椒素等，具有增进食欲的功效和较高的营养价值。当地商人将辣椒加工成辣椒粉、辣椒丝、辣椒圈、辣椒面、辣椒油等畅销各地的调味食品。邳州市邳城镇、宿羊山镇、港上镇等镇有专门制作酱辣椒和辣椒酱的食品厂，邳州特色辣味食品已远销全国各地。的确，在诸多的食品中，徐州人始终都是偏爱辣椒的。没有辣椒，有时甚至难以下饭。

邛州的辣椒不同于南方朝天椒的干辣与麻，也不同于南方辣椒的皮厚、水分大、辣度不够。邛州的辣椒皮薄、脆、香，吃起来辣味足，下饭。无论是辣椒炒蜷鱼或者辣椒炒焙鱼儿、辣椒炒粉条子、辣椒炒豆腐、辣椒炒肉丝或者辣椒炒肉片；也无论是油泼辣子拌臭盐豆子，或者开水烫的辣椒糊浇在豆腐上，怎么吃都是过足瘾的香辣、舒服。

邛州的辣椒可作为主料单独成菜，如糖醋辣椒、烤椒、虎皮椒等，但用来做配菜较多，有名的家常菜辣椒炒小鱼、辣椒炒粉丝等，更多的是做辣椒酱、辣椒油、辣椒粉、干红椒、腌辣椒等。到了冬天，邛州农家人家家户户把收获的辣椒捣碎成辣椒面，邛州的"臭盐豆""萝卜干""热豆腐"都离不开邛州辣椒，换上别地的辣椒，风味就不一样了。

辣椒虽然富于营养，又有重要的药用价值，好处多多，但食用上也需要注意，食用过量反而危害人体健康。特别是心脑血管疾病患者、痔疮患者、有眼病者、慢性胆囊炎患者、肠胃功能不佳者、热症者、产妇、口腔溃疡者、消瘦的人、甲亢病人、肾病患者、高血压病人、泌尿系统结石患者和风热病患者应慎重食用。

### "皇藏峪" 香椿

香椿，为楝科落叶乔木香椿的嫩叶，又名香椿头、香椿芽，是早春上市的树生蔬菜，被称为"树上蔬菜"。每年春季谷雨前后，香椿的嫩芽可做成各种菜肴。它营养丰富，具有较高的药用价值。香椿芽以谷雨前为佳，应吃早、

吃鲜、吃嫩；谷雨后，其纤维老化，口感乏味，营养价值也会大大降低。香椿品种主要有红椿、紫椿、绿椿、红花香椿等，其中紫香椿和绿香椿最为常见。紫香椿树冠开阔，树皮灰褐色。芽苞紫褐色，初出幼芽绛红色，有光泽，香味浓郁，纤维少，含油脂多，品质佳。主要品种有黑油椿和红油椿。绿香椿树冠直立，树皮青灰或绿褐色，叶香味稍淡，含油脂较少，品质稍差，有青油椿等。在长期的栽培驯化过程中已选育出一些无性系，如山东、河北等省北部的抗冻香椿。

徐州香椿以皇藏峪香椿最为著名，皇藏峪位于安徽省萧县（原属于徐州），与徐州搭界，总面积 31 平方公里。2000 年被国家文物保护委员会授予"中国历史文化遗产"称号，景区内有地球同纬度保存最完好的落叶阔叶林带，动植物种类繁多，总面积 20 平方公里，地域广阔，农、林、水、土特产资源丰富，园内有木本植物种、中草药 700 多种，鸟类 58 种。

皇藏峪原名黄桑峪，因峪内长满黄桑树而得名。《汉书·地理志》记载"汉高祖微时常隐芒砀山间，此山有皇藏河，汉高祖避难处"，故名皇藏峪。是说当年刘邦带着一帮哥儿们自芒砀山斩白蛇起义，被秦兵追得无处藏身，便一口气跑到徐州正南萧县东南的一座深山（时称芒砀山）避难，山上正好有个山洞，刚好容下他们十几个人，待他们躲进去后，刘邦叨念道："要是能有一块巨石把洞门挡起来就好了。"话音刚落，从山顶上忽地滚下一块巨石，正好把洞口遮挡得严严实实，好像天然屏障，只听秦兵乱嚷嚷，却没有发现他们，一场灭顶之灾擦肩而过。一帮难兄难弟很是称奇。到了刘邦称帝以后，为了纪念这段神奇的经历，便在此处建了一座寺庙，寺名就叫"瑞云寺"，香火至今旺盛不衰。刘邦藏身的山洞就叫作"皇藏洞"，此山峪也就改称"皇藏峪"，沿用至今。

当时山上有户人家想招待刘邦，一时无菜，适逢这天是谷雨，是香椿芽正盛的时候，于是掰来做了两个菜："煎椿芽托盘"和"生油拌香椿"。刘邦食后，感到醇香无比，美不可言，遂问香椿为何这样好吃。

主人说："雨（谷雨）前香椿芽嫩如丝，雨（谷雨）后香椿芽生木质，王爷来得正是时候。"次日刘邦走出门外，见不远处有香椿数株，便顺口说出"但愿香椿长春"。后来这几株香椿树的芽果然比其他树芽晚老一个季节。为此有人题诗云："椿芽时已过，枝嫩权芽生。汉王长春愿，食之齿颊香。"徐州香椿就此名扬四方。不仅这一故事流传至今，而且托盘之美，令人津津乐道。

民国六年（1917）康有为来徐州，在皇藏峪的庙里听住持僧讲了刘邦吃香椿的故事，康有为叹曰："我来得不是时候。"住持僧只好用谷雨前腌渍的香椿芽做了四个菜款待他，"煎香椿饼""烩香椿丸子""炸长春卷""旋纹香芽拖"。康有为品之，自谓回味无穷，兴趣盎然，不觉诗兴大发，提笔疾书诗一首："香椿梗肥生无花，叶娇枝嫩有权芽。长春不老汉王愿，食之竟月香齿牙。"诗情菜意跃然纸上，至今传为美谈。

在徐州，香椿芽、韭芽、芹菜号称春菜三芽。香椿季节性很强，谷雨前，香味浓厚鲜嫩。徐州椿芽色紫、芽肥、梗嫩、醇香，久有名气。现在不少人家利用搭棚培育香椿芽，也别有一番风味。

祖国医学认为，香椿味苦、性平、无毒，有开胃爽神、祛风除湿、止血利气、消火解毒的功效，故民间有"常食香椿芽不染病"的说法。香椿是时令名品，由于香椿含香椿素、维生素 E 和性激素等挥发性芳香族有机物，有开胃健脾、增加食欲、抗衰老、补阳滋阴、清热利湿、利尿解毒、增强机体免疫功能，并有润滑肌肤的作用，是保健美容的良好食品。

香椿的食用花样繁多，根据不同的地域和个人的口味爱好，以及饮食习惯都会变化出不同的吃法，最常见的有盐腌香椿、香椿拌豆腐、香椿炒鸡蛋、香椿拌鸡丝、油炸椿芽鱼等。将洗净的香椿和蒜瓣一起捣成泥状，加盐、香油、酱油、味精，制成香椿蒜汁，用来拌面条或当调料，更是别具风味。

香椿是一种营养丰富的食材，多吃有益于身体健康，但香椿季节性很强，因此，值香椿芽大批下来的时节，将刚采摘下来的新鲜香椿芽用保鲜膜封起来，然后放到冰箱冷冻室里冷冻起来，不必担心香椿芽会被冻坏。待准备吃时，提前将香椿芽由冷冻室中取出，放置于室温下解冻，过不了多久，香椿芽又会像刚采摘下来时一样新鲜了。

另外，香椿芽含有亚硝酸盐等致癌物质，并且这些物质的含量与香椿芽的老嫩程度呈正比，就是说越嫩的香椿芽含量越少。所以，我们应尽量吃香椿的头茬，既鲜嫩可口，又保证健康。

### 黄河鲤鱼

鲤鱼是我国的主要淡水鱼种，又称鲤子、鲤拐子，黄河所产鲤鱼最为著名，以其肉质细嫩鲜美，金鳞赤尾、体型梭长的优美形态，驰

名中外。据说因"鳞有十字纹理，故为鲤"（《本草纲目》）。自古以来，鲤鱼就有"诸鱼之长""鲤为鱼王""圣子"等美称，同松江鲈鱼、兴凯湖白鱼、松花江鲑鱼一起被誉为我国"四大名鱼"，与宁夏黄河鲤、河南黄河鲤、山东黄河鲤、山西天桥黄河鲤并列为黄河干流的"五大名鲤"。此鱼色红而有光亮，肉质鲜嫩，白居易等古代诗人都曾为其写诗作赋，称其为"龙鱼"。民间流传有"黄河三尺鲤，本在孟津居，点额不成龙，归来伴凡鱼"等美好诗句。早在3000多年前，《诗经》中就有"岂其食鱼，必河之鲤""洛鲤伊鲂，贵如牛羊""鱼丽于罶鰋鲤""饮御诸友，炰鳖脍鲤"的记载，唐诗中有"郎食鲤鱼尾，妾食猩猩唇"之句。春秋战国时代，鲤鱼就被当作贵重的馈赠礼品。据《史记·孔子世家》记载，孔子得子，鲁昭公送鲤鱼作为贺礼。因此，孔子为其子取名曰孔鲤，山东孔府历史上因此有不吃鲤鱼的禁忌，不过他的后代也想吃鲤鱼，便起个特异的名叫"怀抱鲤"，或者干脆将鲤鱼改名叫"红鱼"。《诗经》中有"岂其食鱼，必河之鲤"的诗句，而古籍中的

"河"就是专指黄河的。汉代也有不少诗文提到鲤鱼，如《羽林郎》就记有"就我求珍肴，金盘烩利于鲤鱼"。到了唐代，鲤鱼因沾了个鲤字，与"李"谐音，身价倍增，高到了不准食用买卖的地步。

徐州地区有"无鲤不成席"的风俗，特别四孔鲤鱼，逢年过节，亲朋好友都要送上几条四孔鲤鱼，以示吉祥，还有"鲤鱼跃龙门"的传说，《埤雅·释鱼》记载："俗说鱼跃龙门，过而为龙，唯鲤或然。"传说东海中一大群金背鲤鱼、白肚鲤鱼、灰眼鲤鱼，听说禹王要挑选能跃上龙门的风流毓秀之才管护龙门，便成群结队，沿黄河逆流而上，还没到目的地，灰服鲤鱼便被黄河中的泥沙打得晕头转向，重新游回黄海。但金背鲤鱼和白肚鲤鱼迎风击浪，游到了龙门脚下，就向禹王报名应试。禹王大喜，说："鱼龙本是同种生，跃上龙门便成龙。"鲤鱼们一听，立即鼓鳃摇尾，使尽平生气力向上跃去，没想到刚跳出水面一丈多高，就跌了下来，但它们并不灰心丧气，而是日夜苦练，大禹见状，就点化它们说："好大一群鱼。"鲤鱼受到启发，在空中跳跃时一条为一条垫身，终于跃上了龙门。最后一条金背鲤鱼，借着黄河水正冲在龙门河心的巨石上，猛地蹿出水面，跃上浪峰，一跃而起，没想到竟跃到蓝天白云之间，一忽儿又轻飘飘地落在龙门之上，如同天龙下凡。大禹一见，赞叹不已，随即在这条金背鲤鱼头上点了红，一霎时，金背鲤鱼变成一条黄金龙。过去传说，在黄河上捞鱼的人如果捞到头顶有红的鲤鱼，就立即放回黄河中。学校招生出榜，姓名上点红的做法就来源于此。"鱼跃龙门图"也成了家喻户晓、必不可少的年画。

### 微山湖四孔鲤鱼

徐州四孔鲤鱼出产在沛县境内的微山湖一带，因其形体发黑，又称乌鳢，也称湖鲤。此鱼与其他鱼不同之处是，在鱼的鼻孔上方，又有两个小鼻孔，粗心的人往往不容易发觉；其次是形体发黑，肉质细嫩、鲜香。云西村人云："此鱼不是寻常鱼，前在天池后在徐。为何鼻上多两孔，荷满池塘香满渠。"

四孔鲤鱼是徐州人首先发现的。东汉时，流经徐州的黄河段决口，并夺泗水河床入海。又过若干年形成了微山湖。湖水环境特殊，竟出现了四个鼻孔的鲤鱼，被在湖上打鱼的沛县人、铜山人看出来。四孔微山湖鲤鱼的做法，一般有两种，一是糖醋鱼，先放油锅炸透，然后浇盖熬好的汤汁（含多种佐料）。二是红烧鱼，也是先放油锅里炸透，但不是盖浇汤汁，而是放进熬制汤汁的锅中，浸透后盛出来。糖醋鱼吃起来外酥里嫩，红烧鱼吃起来外润里嫩。

徐州人往往又把四孔鲤鱼称作美人鱼。民间传说，古时有一仙女爱上一渔郎，后来仙女被天庭惩罚，一身纵横各砍 36 刀，死后化为鱼，每刀长一鳞，渔谣云："四孔鲤鱼横纵鳞三六，一二九六片甲身。"是说它的鳞纵横均为 36 片，一身共有 1296 片鳞，故又有"六六鱼"之称。鲤鱼肋腹中间，皮下横贯有酸筋，故有鲤鱼抽筋之法，否则会影响其鲜度。鲤鱼是传说中的龙的化身，是吉祥如意的象征，徐州地区有"无鲤不成席"的风俗，特别四孔鲤鱼，逢年过节，亲朋好友都要送上几条四孔鲤鱼，以示祝福。

四孔鲤鱼一年四季均有出产，以二三月份最肥，也最鲜。1990 年春节，徐州诗词协会在宴春园饭店请海外诗人雅集，席间上了一道糖醋四孔鲤鱼，有人尝后即席赋诗云："鱼儿跃跃喜迎宾，四孔欣张来报喜。春满彭城客欲醉，酸甜酥嫩总宜人。"道出了糖醋四孔鲤鱼外酥里嫩、酸甜味浓的特点。

微山湖边曾发生这样一则故事，一支迎亲的队伍吹吹打打走到女方大门时，女方却不让进大门，说男方不懂规矩。一打听，原来是带来的礼物中，缺了两条在当地最看重的红尾巴四鼻孔大鲤鱼。其实，微山湖边关于鲤鱼的规矩多得很。徐州习俗，大媒做成后，新郎在给媒人的"谢媒礼"中一定要有两条大鲤鱼，婚宴上一定要上鲤鱼，徐州习俗中有"无鲤不成席"一说，象征着五谷丰登、年年有余。逢年过节送节礼，鲤鱼是必不可少的。"八十四，七十三，吃条鲤鱼窜一窜。"吃了红鲤鱼，就可能穿越这道坎。给去世的人上贡，鸡鱼肉为三鲜贡，鱼居其中。学生考上大学，谢师宴酒席上一定上一条高翘着尾巴的糖醋大鲤鱼，象征着鲤鱼跳龙门。

乾隆皇帝游江南，路过微山湖，也吃到了微山湖鲤鱼，赞赏之余，又把微山湖鲤鱼封为贡品。明末清初，微山湖西岸出了一个大诗人阎尔梅，他的诗文中对微山湖鲤鱼亦是非常喜爱，他在《游湖陵寺》写道："烟水昭阳万顷漩，香城隐隐住琴仙。我来闲访红鲤市，偏有邻家认酒钱。"（昭阳是微山湖北湖），琴仙是传说中善于鼓琴的神仙，隐居在微山湖岸边的沛城（别号香城），经常骑红鲤鱼出没于泗水之中。

微山湖鲤鱼与外地鲤鱼区别在于，身长而健，只有尾巴是红色，而且是有四个鼻孔、四个鱼须，当地人都认为这种外形是微山湖鲤鱼所特有的。微山湖鲤鱼的四个鼻孔还各有说法，一个代表吉祥，一个代表如意，一个代表平安，一个代表富贵，四个鼻孔的象征意义囊括了农民的理想和追求，因此，红白喜事，走亲串友，宾朋筵席，用红鲤鱼才显得吉祥如意。

用四孔鲤鱼做菜，徐州得天独厚。"糖醋四孔鲤鱼"是徐州传统名菜，用鲜鲤鱼烹制而成，菜肴成金黄色，头尾上翘，形如欲跳龙门之势，浇上琥珀色的糖醋汁，吱吱作响，外糯里嫩，甜酸味浓，深得群众喜爱。这道菜久负盛名，以其用四孔鲤鱼，加之酸甜味浓著称。因其历史悠远，有众多的传闻。南宋时黄河决口，夺泗水河床入海，久经冲刷而形成沿铜、沛湖形。这一变化为四孔鲤鱼的生长提供了特殊条件，不过所产稀少。

### 丰县山药

山药，又称薯蓣、怀山药、淮山药、土薯、山薯、山芋、玉延等。多年生草本植物，茎蔓生，常带紫色，块根圆柱形，叶子对生，卵形或椭圆形，花乳白色，雌雄异株。栽种者称家山药，野生者称野山药，中药材称淮山、淮山药、怀山药等，据《徐州府志》记载："薯蓣好者出彭城。"徐州以盛产山药闻名，尤其是丰县山药，更是当地特产，2014 年在中国举行的

APEC 峰会，徐州山药被选为无公害原料来招待各国领导人。

　　丰县属黄河冲积平原，土壤、气候非常适宜山药的生长，山药栽培历史悠久，品种主要有水山药和淮（怀）山药。在长期山药种植栽培中，丰县人民积累了丰富经验和技术，尤其重视良种选育。1953 年，丰县金陵乡（现为范楼镇）金陵村村民李全顺、李全忠在自家田里发现几棵不结山药豆，且叶片小、秧蔓细的山药，以为这几棵山药可能因施肥少或其他原因长势不好，也就没管它。但到收获时，却发现其块茎长得特别大。一家人感到好奇，决定第二年再进行试种。结果同样是叶小、蔓细、不接山药豆，块茎却又粗又长。经李全忠、李全顺兄弟繁衍推广，越种越多。到 1960 年，金陵全村都开始种植这种山药。1962 年推广至本乡部分村，1965 年由金陵乡齐阁村传入沛县孟集，随后逐渐传开，在苏北逐渐代替了过去的淮山药，形成了新型淮山药品种，以其硕大的块茎畅销国内 20 余个大中城市，国内市场占有率高达 60%，同时还远销日本和东南亚市场，出口量达 40%，成为名扬全国的特色产品。

　　山药具有健脾益胃助消化的功能，还有滋肾益精、强健机体的作用，有营养滋补、诱生搅扰素、增强机体免疫力、调度内排泄、补气通脉、镇咳祛痰、平喘等功效，能改善冠状动脉及微轮回血流，可治疗慢性气管炎、冠芥蒂、心绞痛等。铁棍山药具有补气润肺的功用，既可切片煎汁当茶饮，又可切细煮粥喝，对虚性咳嗽及肺痨发烧患者都有很好的治疗效果。春季天气较干燥，易伤肺津，招致阴虚，出现口干、咽

171

干、唇焦、干咳等病症，此时进补山药最为适合，因山药是安然平静之品，为滋阴养肺之上品。山药还有意想不到的美容功效，因为它含有植物女性荷尔蒙的成分，能防止肌肤老化，让皮肤细嫩。而且它含有糖、蛋白质、钙、铁、淀粉酶等成分，可改善肌肤干燥现象，有深层滋养的功效。以山药作为自制面膜的主要原料，在美白和抗老的方面起了非常大的作用。

山药皮中所含的皂角素和黏液里含的植物碱，少数人接触会引起山药过敏而发痒，处理山药时应避免直接接触。山药不要生吃，因为生的山药里有一定的毒素。山药也不可与碱性药物同服。山药在剥皮之后，表面的黏液使其变得很滑，难以抓牢或稳稳地放在切板上，切成想要的形状，这时候，可以在双手上涂些盐和醋，再拿山药的时候就不会手滑了，也不会影响山药的正常味道。山药含有大量的多酚氧化酶，去皮后需立即浸泡在盐水中，以防止氧化发黑。

丰县山药质细腻，肉洁白，是国家卫生部公布的既是食品又是药品的蔬菜。作为主料、配料均可，特别是冬季，许多人都将山药配以其他肉类，是进补的好食材。在日常生活中，大小相同的山药，较重的更好，同一品种的山药，须毛越多的越好。山药的横切面肉质应呈雪白色，这说明是新鲜的，若呈黄色似铁锈的切勿购买。

### 铜山韭黄

韭菜是我国驯化最早、栽培最久的蔬菜之一。最早见于记载的是西汉桓宽的《盐铁论》中，有"冬葵温韭"之说，温韭就是温室培育的韭黄，宋代陆游的诗词中有"鸡跖宜菰白，豚肩杂韭黄""新京韭芽天下无，色如鹅黄三尺金"等句。

韭黄也称"韭芽""黄韭芽""黄韭"，俗称"韭菜白"，为韭菜经软化栽培变黄的产品，是我国人民喜爱的蔬菜之一。古代《诗经》中就有"献羔祭韭"的描述，唐代以前就广为培植。将韭菜隔绝光线，完全在黑暗中生长，因无阳光供给，不能进行光合作用，合成叶绿素，就会变成黄色，乃冬季培育的韭菜，嫩而味美，称之为"韭黄"。其营养价值要逊于韭菜。属百合科多年生草本植物，以种子和叶等入药，具健胃、提神、止汗固涩、补肾助阳、固精等功效。

徐州韭黄不仅行销全国，而且出口到日本等地区。沙塘韭黄"色淡黄，叶似金条，茎如白玉"，以清鲜味美、芳香可口而闻名遐迩，是各种韭黄品种中的上品，特别是在蔬菜品种稀少的冬季，用韭黄做菜、做馅，其鲜无比。韭黄在徐州主要产在铜山县，当地农民用韭菜经软化栽培而成。民间传说，有姓李庄户，家中养牛，随手将牛粪倒在割过的韭菜茬上，待春天挖开牛粪，却意外地发现青韭已变成韭黄。烹而食之，竟鲜、香、嫩、脆，后人就根据这个原理，采用牛粪或稻草等遮光避阳来种植韭黄。北宋苏东坡在徐州任知州时曾写过"渐觉东风料峭寒，青蒿黄韭试春盘"的诗句，这就是指铜山沙塘韭黄，它色、香、味三绝。陆游也曾有诗赞道："新京韭黄天下无，色如鹅黄三尺余。"

韭黄在味道上、颜色及口感上要比韭菜好，给人一种新鲜、清爽的感觉，不像韭菜那样刺激，有促进食欲、帮助消化的作用。

韭黄在烹调中，可以凉拌、炒、做汤、做馅。在徐州一带，凉拌韭黄、韭黄鸡丝、韭黄鳝丝、韭黄炒蛋、韭黄酸辣汤、韭黄水饺等多不可数。

韭黄不仅作为主配料，给人以鲜、香、嫩的感觉，而且在颜色上给人一种悦目的色彩，加热也不变色。但在烹调中应注意的是，韭黄不宜加热过老，否则就变得稀烂，没有那种爽、脆、滑、嫩的口感了。其自身丰富的水分可以使得味道更浓，在翻炒的过程中就可以不必加水了。

韭黄不但味美可口，浓郁扑鼻，而且营养价值高，含丰富的蛋白质，糖，矿物质钙、铁和磷，维生素 A，维生素 B2，维生素 C 和尼克酸，以及甙类和苦味质等。具有驱寒散瘀、增强体力的作用，并能增进食欲。药圣孙思邈说："韭味酸，肝病宜食之，大益人心。"《本草纲目》载："韭黄乃菜中益者""具有生血养髓滋阴补肾的药效"。

徐州韭黄是著名的地方特产，棵棵韭黄叶似金条，茎如白玉，是各种韭黄品种中的上品。一般亩产 1500 斤至 2000 斤，是收入较高的蔬菜。在韭黄大量上市的日子，徐州韭黄一天就能销售六七十万斤。全国各地都有徐州韭黄在销售，享誉甚高，另外还远销日本欧美，也受到普遍赞誉。现在徐州韭黄的产量约占全国的 90% 以上，有"韭黄之乡"的美称。

### 邳州苔干

苔干是徐州邳县、睢宁县一带特产。据邳县地方志记载："苔干，在我国已有 200 多年的栽培历史。"过去由于条件的限制及人们的认识不足，苔干的生产未受到充分重视。近年来，随着对外关系及对外贸易的发展，邳县苔干在广州交易会，受到港澳商人的青睐，一些外商纷纷订购，使平凡的苔干身价倍增。

苔干，又名贡菜、响菜、山蜇，是一种被称为秋用莴苣的植物。从外表来看，和茎用莴苣没有多大区别，而且在鲜货食用上和茎用莴苣一样，凉拌、炝、做汤等。苔干菜是其干制品，在干制过程中，首先削去外皮，然后用刀从中划三四条细条，晒后即既成制品。市场上选购苔干菜，以粗细均匀、体态完整、色泽洁净、干而柔和、稍有潮湿感为上品。邳州、睢宁县种植苔干已有 200 多年历史，品种分紫茎和青茎两类：紫茎水分少，产量偏低，晾干后绿色稍暗，盐霜少；青茎水分大，产量高，晾干后，绿色鲜亮，盐霜大，糖分高，为优种。苔干传统栽培方法是：立秋前后 5 ~ 10 天播种，8 月 15 日收获，7 天内必须收割、加工完毕，过晚则生筋，不中吃，过早茎肉太嫩，割不成条。

加工苔干时先摘叶，剥皮后，把茎肉竖割为条。割刀固定在刨床上，移动茎肉一条条割开，一株开数瓣，茎基连接，便于挂晾，工艺精巧。不可暴晒，那样颜色发白，要在通风阴凉处晾干，但不宜时间过久，那样颜色会发黑，要保持鲜亮绿色和适度水分，晾干后立即打捆，放于不透风的器具内贮藏。干苔干和鲜苔干产量比

率是1∶80。苔干品味同一株中各有不同，上梢甜，中间淡，根部咸。馈享嘉宾以上梢为美。吃时将苔干分上、中、下三段切开，各束成捆，置于盆中，用60℃温水浸泡，盖严盆口，焖20分钟。然后取出，用清水洗净黏液、苦汁，切成 1 厘米左右的短条。根据客人食味爱好，进行烹制。生吃脆声清朗，又称响菜，也可与肉、蛋炒食，风味别具。

相传张良刺秦始皇未中，逃匿邳州，于圯桥遇黄石公授"天书"时，黄石公见张良面黄肌瘦，让其生食苔干，张良食后容颜焕发，气色红润，成为一位白面书生。张良为西汉军师后，仍不忘苔干之美味，因

此命地方官将邳州特产苔干进贡汉高祖刘邦品尝，刘邦食后甚是喜欢，赐名为"贡菜"。另一说则是清乾隆年间，苔菜被当贡品进了宫，因此被称为"贡菜"。因其食之有声音，清脆爽口，又被形象地称为"响菜"，亦称为"山蜇菜"。

苔干是邳县的名特产，已有数百年历史，目前邳县的土山、议堂、八路、占城等处均有种植，名扬中外。50年代英国人编《特产》刊物中曾有"苔干产地中国土山"，现远销日本、新加坡等国家，已被列入烹饪专业《烹饪原料知识》教材中，属世界名贵土特产之一。从1998起10多次荣获国内外大奖，并被中国绿色食品发展中心确定为绿色保健食品，人民大会堂指定绿色国宴佳肴。主要产于仪堂、土山、八路、新河等镇。邳南苔干与邳北莴苣属一科二种。莴苣茎短而粗（茎长20~30厘米），苔干茎长而细（70~110厘米）。据《隋书》记载，莴苣自古涡国传入邳州。古涡国，即今安徽省古涡水一带。邳南苔干相传于明代从安徽亳地传来。二者传至邳州后分别在邳北、邳南落户。邳北多年来不产苔干，不是种植技术问题，可能与土质有关。2013年通过国家质检总局地理标志产品保护技术审查，成为继邳州白蒜和邳州银杏之后的又一个地理标志保护产品。据检测，内含18种氨基酸、多种维生素以及锌、铁、硒等微量元素，是不可多得的健康食品。

苔干的发制有冷水发和热水发两种。冷水发制的苔干，清脆爽口，但时间较长。热水发，口感较冷水发差一些，柔而韧，但时间短。用冷水发制，可将苔干在冷水中浸泡1~4小时，待其发透后，取出洗净，用精盐揉搓（目的是除去苦味），然后用冷水洗净。发制好的苔干吃法多样，它既可单独成菜，又可以拼盘成菜；既可以凉拌，又可以热炒；既可以制作中餐，又可以调西餐。咸甜麻辣均可，荤素煎煮皆宜，是其他蔬菜所无法比拟的。苔干食用方便，可炒食、腌渍、糖醋，还是一种绝好的火锅调料，成为许多大中城市居民崇尚的菜肴。具有"色泽翠绿，响脆有声，味甘鲜美，爽口提神"之特色，备受海内外消费者青睐。邳县有句打油诗云："脆嫩爽口苔干菜，五味都可调中来。凉拌热炒皆适宜，独具口感真不赖。"诗人权启庆赞美徐州苔干，为之题云："清甘脆爽最宜筋，风味曾飘御宴堂。今日黎民亦天子，杯盘狼藉齿留芳。"

苔干含多种维生素、糖类、氨基酸及钙、铁、锌、碳水化合物等，具有健胃、利水、补肺、安神、清热解毒、抑脂减肥功效，常食延年益寿。《本草纲目》记载：苔干具有健胃、利水、清热解毒、抑制减肥、降压、软化血管等功能。苔干含有营养丰富的蛋白质、果胶及多种氨基酸、维生素和人体必需的钙、铁、锌、胡萝卜素、钾、钠、磷等多种微量元素及碳水化合物，特别是维生素 E 含量较高，故有"天然保健品，植物营养素"之美称，乃当今美容抗癌之佳品。该菜具有较高的营养和医疗价值，含有 20 多种人体必需的矿物质及氨基酸，具有降血压，通经脉，活血健脑，开胸利气，壮筋骨，抗衰老，清热解毒，预防高血压、冠心病等功效。

### 桂花楂糕

山楂糕是一道流行于北方地区的民间糕点。取山楂果汁，配以白糖、琼脂，冻结成板。口感爽滑细腻，甜美冰凉可口，是一种很不错的药用食品。其味甘洌微酸，具有消积、化滞、行瘀的食疗价值。

桂花楂糕是徐州传统名特产，是以山楂、白糖和桂花酱制成，颜色鲜红艳丽，晶莹剔透，因此又有水晶楂糕之称。北宋时，徐州楂糕就作为贡品进贡上京。据徐州《铜山县志》载："土人磨楂实为糜，和以饴，曰楂糕。"《徐州文史资料》第三辑咏楂糕诗云："红如朱砂透如晶，色似珊瑚质更莹。金桂飘香果酸酽，味回津液两颊生。"

桂花楂糕是一种果制品，由于原料主要是山楂，因此具有消积化痰清瘀的作用。徐州桂花楂糕被商业部称为优质产品。徐州名菜"拔丝楂糕"系采用楂糕为主要原料，刻成葫芦形，

因又称金丝缠葫芦。菜肴色泽金黄，糖丝绵绵，酸甜酥脆，色泽玫红，酸甜味浓。

民国初年，最早的徐州游览指南也特予介绍说："徐州茶食种类颇多，以楂糕为佳，有盒装、有罐装，以便旅客携带。产品以南门街之李同茂、蒋义生两店制者为佳，在东门街之杏花村亦制售此品。"这里所说的南门街和东门街现在已经大大改观。茶食店 1949 年后也合并改组了，经营这些茶食店的原工商业者和技工师傅们除已病故和退休者外，尚有少数人仍在徐州食品业工作。他们谈到过去的情况都有不胜今昔之感。因为过去和现在变化很大，那时的桂花楂糕虽然已成徐州名产，可是食用者多属上层的少数人，门市出售每日寥寥无几，遇有外出馈赠或外地旅客，一次售量也不过数斤。

徐州桂花楂糕既鲜红艳丽，又凝练晶莹，因此又有水晶楂糕之称。徐州桂花楂糕的色、香、味都是具有特色的。桂花楂糕的香，不仅具有桂花幽柔的甜香，并有楂糕本身的一种果香，是其他桂花食品所没有的，只要仔细品尝就能感觉出来。桂花楂糕的味，既酸且甜，酸和甜调和得很美，酸而不厉，甜而不腻，酸甜适口，恰到好处。

制作桂花楂糕的主要原料是山楂和蔗糖，桂花是增加香味的辅助材料。山楂经过拣选，剔除病蛀杂质，进行挖顶去梗和清洗，然后煮炼。煮炼的火候要掌握适当，不足则生熟不匀，不出果胶，太过也会破坏果胶，影响凝固。在煮炼山楂的同时，把与山楂同等分量的蔗糖熬成糖浆。蔗糖的质量和熬糖火候都有一定的要求。蔗糖质量不好，熬糖的火候差，都影响楂糕的色泽和透明度，糖浆的浓度不够或"泛沙"都影响楂糕的质量。把熬好的糖浆加进山楂糊里，再加桂花香料，进行充分的混合搅拌，倒进成型箱内凝固，24 小时后便制成了人们所喜爱的桂花楂糕。

徐州桂花楂糕的制作是有特点的。别的地方制作楂糕大都在糊中加入冻粉帮助楂糕的凝固，徐州是不加冻粉的，而是充分利用山楂的果胶以凝固成形。这就需要在熬炼过程中有一定的技术经验，既使楂糕可以凝固，也使楂糕的质地更为纯净。

## 丰县牛蒡

营养保健蔬菜牛蒡
是一种价值很高的保健
型蔬菜。它浑身是宝，
享有"蔬菜之王"之美
誉。食用牛蒡能够强身
健体，改善人体新陈代
谢的过程，有降血压、
健脾胃、补肾壮阳的功
效，对糖尿病、风湿病
的治疗有一定的辅助作
用。它能有效地抑制癌
细胞滋生与扩散，是淋
巴癌、肺癌、膀胱癌、
白血病等疾病患者理想
的保健食品。

牛蒡为根类植物，
原产欧洲、西伯利亚和
我国北部，为菊科牛蒡
属二年生草本植物，别
名恶根、牛蒡子、大力
子、狗宝、黑萝卜、蝙

蝠刺、牛鞭菜、蒡翁菜、鼠粘草等，因其形如人参，又称"东洋参"。
叶柄及嫩叶亦可食用，其果实为牛蒡子，为常用药材，其根圆柱形，长
度一般为 60～100 厘米，主根肉质肥大，以肉质根为产品器官，肉色灰
白，质较粗硬。如果采收迟了易空心。茎上部多分枝，根出叶丛生，茎
上叶互生，叶大，有长叶柄，叶片呈卵圆形或心脏形，边缘稍带波状或

179

旱齿牙状，表面深绿色，光滑，背面密生灰白色茸毛。头状花序簇生，球形，具先端呈钩刺状的总苞片，花冠紫色。开花期在栽植后第一年6～7月，结果期在7～8月，瘦果呈灰褐色，长椭圆形或倒卵形，先端有刺毛一束。牛蒡多系家种，也有野生，用种子繁殖。其粗细、长短视其品种而定，其品种有早熟和晚熟之分，成熟期相差一个月左右。目前，我国栽培甚广，其适应性强，容易种植，已成为世界上最大的牛蒡生产和出口国。

牛蒡是一种营养价值丰富、药用价值极高的药食保健蔬菜，在日本、韩国及一些欧洲国家，牛蒡作为一种饮食养生保健食物，被广泛食用，特别是在日本，已成为寻常百姓家强身健体、防病治病的保健菜肴。在我国，长期以来作为药用的比较多，近年来，国内许多专家、营养学家才开始对牛蒡的营养价值、食用价值以及相关产品的开发利用进行研究，对牛蒡中的化学成分进行提取分析、研究，用于保健食品和药品的开发研制。目前，对牛蒡的研究越来越多，牛蒡食品作为一种时尚保健食品也越来越多，越来越被人们所重视。

牛蒡作为蔬菜食用，自古有之，食法颇多。唐代孟铣的《食疗本草》就记有"根作脯，食之良""细切根如小豆大，拌面做饭煮食尤良"。姚可成在《救荒野谱补遗》中，把牛蒡列入为救荒野生植物，曰"处处有之，三月生苗，剪沟食之，可济急"；南宋林洪的《山家清供》记载："孟冬后，采根洗净，去皮煮，毋令失之过。捶扁压之，以盐、酱、茴、萝、姜、椒、熟油诸料研，淹一两宿，焙干。食之如肉脯之味。"随着社会的发展，牛蒡作为绿色蔬菜、保健蔬菜，其叶、茎、根均可食用，越来越受到人们的青睐。尤其是日本人，对牛蒡的食用更是情有独钟，食法多样。

### 邳州白果

白果，俗称银杏，为银杏科银杏属落叶乔木，别名白果、公孙树、鸭脚树、蒲扇。邳州著名特产。银杏是中国特有的古老珍贵树种，栽培始于秦汉，盛于三国，唐宋以来日益普及。是世界上最古老的树种之一，生长较慢，寿命极长，自然条件下从栽种到结银杏果要 20 多年，40 年后才能大量结果，因此别名"公孙树"，有"公种而孙得食"的含义，是树中的老寿星，古称"白果"。银杏树具有欣赏、经济、药用价值。银杏树是第四纪冰川运动后遗留下来的最古老的裸子植物，是世界上十分珍贵的树种之一，素有"活化石"之称。邳州的白果在国内外均享有极高声誉。年产量 50 万公斤以上，占全国总产量的 10%。1986 年被江苏省命名为银杏生产基地。

邳州境内银杏种植历史悠久，四户镇白马寺古银杏为北魏正光年间所植，树龄已有 1500 余年。2007 年银杏成片园 26 万亩，定植银杏总株数达 1000 万株，银杏果年产量达 1100 吨，年产优质银杏干青叶 1.2 万吨，银杏盆景 180 万盆。10 万亩连片银杏园被评为"国家级生态示范园"，银杏叶生产基地在全国率先通过国家 GAP 认证。邳州境内银杏种植主要分布铁富、港上两镇，两镇栽种面积为 20 万亩，这也帮助邳州成为全国栽种银杏面积最大的县。2010 年 12 月，经国家质检总局审核，决定对"邳州银杏"实施国家地理标志产品保护。

银杏营养丰富，具有很高的食用价值。食用银杏可以抑菌杀菌，祛疾止咳，抗涝抑虫，止带浊和降低血清胆固醇。但也含有小毒物质：氢氰酸、白果酸、氢化白果酸、氢化白果亚酸、白果酚、白果醇。所以食用时应注意白果的食用方式。如果煮熟食用，可以使白果酸和白果二酸分解，氢氰酸会因沸点低易挥发而去除，因此熟白果的毒性较小。为了预防银杏中毒，熟食、少食是其根本方法。医药界认为，生白果应控制在一天 10 粒左右，过量食用会引起腹痛、发烧、呕吐、抽搐等症状。

白果不仅是上好的食用佳品，还具有极佳的保健功能。银杏叶可提取黄酮素，可制各种保健食品，也是医药工业的重要原料，是心血管疾病治疗和保健的良药。我国记载银杏食疗的著作，首推元代饮食太医忽思慧写的《饮膳正要》。书中介绍了膳食内加入银杏，对人体机能和不同疾病所产生的效能。后来，记载银杏食疗的著作相继问世。明代李时珍曾曰："入肺经，益脾气，定喘咳，缩小便。"清代张璐璐的《本经逢源》中载白果有降痰、清毒、杀虫之功能，可治疗"疮疥疽瘤、乳痈溃烂、牙齿虫龋、小儿腹泻、赤白带下、慢性淋浊、遗精遗尿"等症。清代温病学家王士雄的《随息居饮食谱》，更是集所有食疗著作之大成，书中详细介绍了银杏与其他药物、谷物合理搭配，以更好地发挥对人体的补益作用。科学证明，银杏能降低人体血液中胆固醇水平，防止动脉硬化；消除血管壁上的沉积成分，改善血液流变性，增进红细胞的变形能力，降低血液黏稠度，使血流通畅，可预防和治疗脑出血和脑梗塞；对糖尿病有较好疗效；还可用于支气管哮喘的治疗，减轻经期腹痛及腰酸背痛等症状；祛疾止咳，抗涝抑虫，抑菌杀菌，止痒疗癣；减少雀斑，润泽肌肤，美丽容颜，除皱，防止细胞被氧化产生皱纹。

食用银杏，养生延年。银杏在宋代被列为皇家贡品。日本人有每日食用银杏的习惯。西方人圣诞节必备银杏。就食用方式来看，银杏主要有炒食、烤食、煮食、配菜、糕点、蜜饯、罐头、饮料和酒类。

白果食用时去壳，捣碎，生用，或蒸、煮熟以后用。白果熟食用以佐膳、煮粥、煲汤或为夏季清凉饮料等。

挑选白果应该以外壳光滑、洁白、新鲜，大小均匀，果仁饱满、坚实、无霉斑为好。取白果摇动，无声音者果仁饱满，有声音者或是陈货，或是僵仁。白果买回后要放在通风阴凉处，不能晒太阳。因为晒太阳后，白果会外干内热且湿润，极容易霉变，霉点往往先从外壳开始，保鲜的最好办法是冷藏，万无一失的办法是剥掉外壳，将果仁放在冰箱冷冻室里保鲜。

### 十孔浅水藕

十孔浅水藕，也叫白莲藕，个大、丰满、质细洁白。不管是凉拌还是热炒，均清脆爽口，甘甜无渣。之所谓稀有，是因藕有 10 个孔，是藕氏家族里绝无仅有的。其中，睢宁姚集十孔浅水藕最有名，远销南京、上海、天津、沈阳、哈尔滨等地。

说起白莲藕的来历，还有一段美丽的传说呢。相传明朝年间，黄河多次决口泛滥。有一年，无情的黄河水竟在姚集房湾村的金盆口处形成一个百余米宽的大决口，河水像箭一样射向大堤南侧一片背河洼地，首先形成一条宽约 400 余米、长约 3000 余米的深河（后称金潭），紧接着黄河的水头又凶猛上抬，约在其前方近千米的地方打个回旋，搅成一个深达六七米、方圆近百亩的深潭，又叫银潭。泛滥的黄河水不知从上游何地携带几株野荷，就在这银潭里扎下了根，经过不几年的繁衍，便形成大片荷塘。于是这里每年都呈现出一片春露尖角、夏溢清香、秋飘雅翠的自然景观。不久，在这银潭的南岸也就住上了几户人家，形成小村庄。其中最早落户此地的是一位姓郭的铁匠，后来小村又改称郭铁村，这银潭也随称郭铁潭子。那郭姓人家与其他村民依靠这片得天独厚的农业资源，实行夏秋采莲，冬春挖藕，生活很富裕。因这里生长的莲藕质细脆嫩、洁白如玉，很快闻名十里八乡及周边省、市，先是传叫"郭铁潭子白莲藕"，后又传为"姚集白莲藕"。

藕，属睡莲科植物，微甜而脆，可生食也可煮食，是常用餐菜之一。藕的附属物莲子也是滋补佳品，是烹饪中常用原料；荷叶具有清香的味道，烹饪中常用来增香，如荷叶蒸肉、荷叶蒸鸡等；荷花也是上等的原料。用藕来做菜，可凉拌，可热炒，也可做成糯米藕之类的小吃，有的还做成"全藕宴"，也可加工成藕粉等食品。藕还是药用价值相当高的植物，用藕制成粉，能消食止泻，开胃清热，滋补养性，预防内出血，是妇孺童妪、体弱多病者上好的流质食品和滋补佳珍。

中医认为，藕性寒、味甘。生用具有清热生津，凉血止血，散瘀血之功；熟用能益血止泻，还能健脾开胃，补中养神，除百病。常服之，轻身耐老，延年益寿。补益十二经脉血气，平体内阳热过盛、火旺。交心肾，厚肠胃，固精气，强筋骨，补虚损，利耳目，并除寒湿，止脾泄久痢，治疗女子非经期出血过多等症。

### 邳州大蒜

大蒜属百合科葱属，为一年生或两年生草本植物，味辛辣，古称胡，又称胡蒜，以其鳞茎蒜薹幼株供食用，分为大蒜和小蒜两种。中国原产小蒜，蒜瓣较小，大蒜原产于欧洲南部和中

亚，最早在埃及、古罗马、古希腊等地中海沿岸种植，据《唐韵》记载，大蒜为西汉张骞出使西域时带回的。古时西域泛称"胡"，故大蒜又名"胡蒜"。由此可见，大蒜在我国已有2000多年的历史。

大蒜按鳞茎的皮色可分为白皮蒜和紫皮蒜；按蒜瓣多少可分为6瓣、12瓣和独头蒜；按是否抽薹，可分为有薹种和无薹种；按种植方法可分为青蒜（蒜苗）和黄蒜（蒜黄）大蒜。

邳州主要生产白皮大蒜，历经千年培育，素有"中国白蒜"之称。以皮白、色白、个大、皮肉质脆、辣味适中、蒜瓣少、形状整齐、耐储运而闻名遐迩，被誉为白蒜中的上品，深受国内外商人青睐。主要集中在邳州市的宿羊山镇、车夫山镇、赵墩镇、碾庄镇、八义集镇等地。属黄泛沙土平原半湿润暖温带季风气候，日照和雨量充足，年平均气温13.9摄氏度，降雨量903.6毫米，水土潮湿，为大蒜的生产提供了充足的资源，非常适合大蒜生长。"宿羊山白蒜""车夫山大蒜""黎明牌大蒜"等优质品牌更是享誉国内外，其中黎明大蒜先后被评为中国名牌

农产品、江苏省名牌产品。

白皮大蒜为食药兼用佳品，含有丰富的维生素、氨基酸、蛋白质、大蒜素和碳水化合物，具有较高的药用和营养价值，集调味和保健于一体。

《本草纲目》记载，大蒜"其气熏烈，能通五脏、达诸窍、去寒湿、辟邪恶、消肿痛、化症积肉食"。现代医学也表明，常食大蒜，可抗氧化，抗衰老，促进吸收，杀菌消炎，防止心血管疾病等。被誉为"印度医学之父"的查拉克，在他的著作中就特别指出："大蒜除了讨厌的气味外，其实际价值比黄金还高。"据测定，大蒜中除含有蛋白质、脂肪、碳水化合物、钙、磷、铁以外，还含有丰富的维生素、微量元素、大蒜素、大蒜辣素及多种对人体有用的酶。超氧化物歧化酶是大蒜中含量丰富的具有特殊生物活性的物质，此酶能专一性地清除体内的超氧负离子，具有较强的抗肿瘤、抗衰老、抗氧化、抗炎症及美容养颜的作用，已被广泛地用于临床及化妆品、保健食品、饮料等。大蒜素和大蒜辣素具有广谱抗菌能力，特别是某些对抗生素已产生耐药性的细菌，对大蒜非常敏感，其中以大肠杆菌、痢疾杆菌尤为明显。因此生吃大蒜可以杀死口腔内的致病菌，达到预防流感、肠炎、肺结核等消化道疾病和呼吸道疾病的目的。此外，大蒜素还具有刺激胃液分泌，维护消化系统，扩张血管，降低血液中的胆固醇的水平，防治动脉硬化，抑制肿瘤细胞的生长，防治癌症的重要作用。目前，大蒜已被公认为抗癌食品之一。大蒜虽然对人体有益，但因其刺激性强，如果长期过量食用，会使人上火，伤人气血，损目伤脑，所以民间又有"大蒜百益而独害目"之说。因此，我们应该合理地食用大蒜，还可以利用大蒜资源，开发大蒜绿色保健品，以造福人类。

大蒜宜生食，食用大蒜最好捣碎成泥，而不是用刀切成碎末。蒜泥先在室温放置 10～15 分钟，让蒜氨酸与蒜酶在空气中充分结合，产生大蒜素后再食用，效果最好。

近年来，邳州在大蒜加工上不断改进，先后制作大蒜粉、大蒜酱、大蒜片、糖蒜、黑蒜等。尤其是黑蒜，近年来比较流行，又名黑大蒜、发酵黑蒜、黑蒜头，是用新鲜的生蒜带皮放在高温高湿的条件下发酵60~90天，让其自然发酵制成的食品。它保留生大蒜原有成分，对增强人体免疫力、恢复人体疲劳、保持人体健康起到巨大积极作用，而且味道酸甜，食后无蒜味，不上火，是速效性的保健食品，具有极高的营养价值。黑蒜比大蒜的水分、脂肪等有显著的降低，微量元素有显著提高，而蛋白质、糖分、维生素等则至少为大蒜的两倍以上，因此，黑蒜具有丰富的人体必需的可以提高机能的营养成分。

如今，在亚洲国家正刮起黑蒜养生的旋风，在新加坡，黑蒜售价最贵，达到68新币一袋，相当于人民币300多元。可以充分利用市场优势发展黑蒜工业，来满足国外市场强大的需求。

**新沂板栗**

板栗，又名栗子、风栗、大栗、栗果，是壳斗科栗属的植物，坚果紫褐色，被黄褐色茸毛，或近光滑，果肉淡黄，味道甘甜可口。原产于中国，多见于山地，喜爱阳光，对土壤要求不严，喜肥沃温润、排水良好的沙质或砾质壤土，对有害气体抗性强。根系发达，萌芽力强，耐修剪，虫害较多。另外，其品种耐寒、耐旱，寿命长达300年，已由人工广泛栽培。

新沂板栗是新沂市邵店镇沭河村名特产品，是全国板栗重点产区之一，已有数百年历史。目前，该市生产的"沭河牌"板栗已被认定为

省无公害农产品，邵店镇被中国林科院专家誉为"中国平原板栗第一镇"。

邵店板栗，分油栗、毛栗两大类型。其中以邵店大油栗为最好，籽粒大（每市斤 40 粒左右），色泽油光发亮，有肉质松、味香甜、糯性大等特点。近年来，经两次选种，先后选育新沂九加重、处处红、盘龙栗等单株优良品种，经省验收确定为区域性发展品种，已在省内外推广。1983 年，全国出口商品生产基地建设成果展览会上，邵店板栗参加展出，获外经贸部荣誉证书。10 多年来，邵店板栗出口量不断扩大，畅销日本、韩国、新加坡、中国香港等国家和地区，日本客商点名要邵店大油栗，邵店板栗在国际市场上取得了很高的声誉，闻名遐迩。

新沂板栗全身是宝，不仅用于食品加工、烹调筵席和副食，还可生食、炒食，也可用于糖炒板栗、烧栗子鸡、栗子炖鸭等多种菜肴，喷香味美，还可制作栗粉、栗酱、栗浆、栗干等，制成糕点、食品等。板栗易贮藏保鲜，可延长市场供应时间。板栗多产于山坡地，在国外属于健胃补肾、延年益寿的上等果品。

新沂板栗不仅含有大量淀粉，而且含有蛋白质、维生素、饱和脂肪酸、矿物质等，能防治高血压病、冠心病、动脉硬化、骨质疏松等疾病，是抗衰老、延年益寿、养胃健脾、补肾强筋、活血止血的滋补佳品，素有"干果之王"的美称，与枣、柿子并称为"铁杆庄稼""木本粮食"，是一种价廉物美、富有营养的滋补品和良药，被称为"健康食品"。

选购时要挑选个头大的，皮呈深褐色，果仁淡黄、结实、肉质细、水分少、甜度高、糯质足、香味浓，有光泽者为上品，炒后容易剥壳，颗粒也较均匀。

### 贾汪素火腿

素鸡、素火腿都源于佛斋，是佛教文化和饮食文化有机结合的产物。梁武帝登基后，笃信佛教，朝廷传旨天下，僧人一律吃素。梁武帝身为皇上，为僧人做表率，祭祀祖宗、祭祀天地神灵用的"五牲"

（牛、羊、猪、鸡、鱼）都改用豆制品及其他原料替代，但保留原名，所以便有了素鸡、素火腿之类的菜肴名称。其生产工艺和技艺，已有1500多年的历史，一直沿用至今，因形似而得名。成品红白相间，香甜细嫩，色形逼真，并有益肺固肾、行气和胃之功效。南北朝后，这一饮食习俗传入民间。

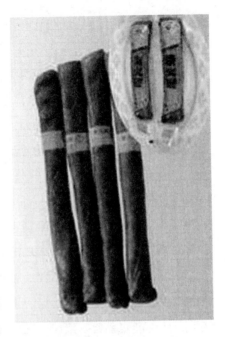

贾汪处于徐州东北处，属徐州的一个区，距市区大约40公里。素火腿，也称为贾汪素鸡，是其首屈一指的地方特色。作为地方风味名菜，采用传统工艺，运用现代科学方法精制而成，产品坚韧、柔软、鲜香、味美，营养丰富，可与火腿媲美，携带方便，既可佐餐下酒，又可作为家庭旅游的休闲食品。相继被评为"徐州名小吃""徐州名牌产品""徐州市名特旅游品""徐州市名优农品""徐州市消费者满意品""江苏省消费者协会推荐商品"等，成为徐州市代表性的地方特色产品。

贾汪素火腿中含有丰富的蛋白质，还含有丰富的维生素 E 及钙、钾、镁、硒等矿物质元素，营养丰富。素火腿等原料都是由大豆蛋白制作而成的，是极佳的蛋白质来源，天然植物蛋白更容易被人体吸收，而且不会增加肠胃的负担。现代食品科学研究表明，豆制品除能补充膳食中的优质蛋白外，它还富含能降低血脂等作用的物质，大豆中的棉籽糖、水苏糖还是双歧杆菌的增殖因子，同时其含有的异黄酮还具有抗氧化、抗溶血、抗血脂的作用，而大豆磷脂则能做活脑细胞，提高记忆力，延缓衰老。

"千张"是常见的豆制品，它和"油皮"不同，各地叫法也不一，包括"豆腐皮""豆皮""腐皮""千张""百叶""干豆腐"等。在特质工具内层层压制，出品时看起来有千百张叠加在一起，故称为千张，北方有些地方则称为豆腐皮。它是一种特殊的豆制食品，是一种薄的豆腐干片，可以理解成特别大、特别薄、有一定韧性的豆腐干，色米黄，可凉拌，可清炒，可煮食。

贾汪素火腿的制作就是先将油豆腐皮用冷水浸一下，用盐、酱油、白糖、味精及鲜浓汤汁、虾子、香油等调匀的汁均匀抹在上边，照做素鸡的方法叠好、卷紧，然后用纱布包裹卷紧，再用麻线绳捆紧，在蒸锅中蒸1小时。取出晾凉后，将布、绳打开，即成素火腿，切成薄片，即可食用。特点是鲜香味浓。

### 丰县红富士苹果

丰县大沙河是江苏最大的苹果生产基地，其所产富士苹果个大、爽口多汁、甜脆味美、色泽亮艳、肉质细腻、汁多口味佳，具有风味浓郁、可溶性固形物含量极高、极耐储藏等优点。

徐州丰县大沙河镇位于风景秀丽的大沙河畔，该镇农业生产以林果为主，是著名的果品大镇，1995年被国家命名为"中国红富士之乡"，被江苏省人民政府批准为外向型农业综合开发核心区。目前全镇有连片

果园7万亩，年产红富士苹果、白酥梨1亿公斤，成为徐州重要的优质果品生产基地，产品畅销全国各地，并出口到越南、泰国、马来西亚、菲律宾、韩国、新加坡等国家。

红富士苹果的营养很丰富，它含有多种维生素、酸类物质、类黄

酮、碳水化合物、果胶、膳食纤维、矿物质等。所含的胶质和微量元素能保持血糖的稳定，还能有效地降低胆固醇；还可改善呼吸系统和肺功能，保护肺部免受污染和烟尘的影响；所含的多酚及黄酮类天然化学抗氧化物质，可以减少肺癌的危险，预防铅中毒；果香味可以缓解压力过大造成的不良情绪，还有提神醒脑的功效；还富含粗纤维，可促进肠胃蠕动，协助人体顺利排出废物，减少有害物质对皮肤的危害；大量的镁、硫、铁、铜、碘、锰、锌等微量元素，可使皮肤细腻、润滑、红润有光泽。

丰县大沙河红富士苹果，不仅是生活中的副食来源，也是当地烹饪菜肴的原料。最常见的就是拔丝苹果，缕缕金丝，缠绵不断，苹果酸甜可口；还可做成苹果酱、果汁、果脯等。

### 新沂捆香蹄

捆香蹄，是新沂市的传统特产，在新沂市过年有送香蹄的习俗，它是以剔除中间主骨，保留蹄皮及趾骨的新鲜猪蹄为主原料，在其内包裹有腌制的猪精肉及熟皮丝相混合的馅料，经卤煮、杀菌得成品。外形美观，保留了猪蹄的形状，味美，香气浓，保质期长，是一种即开即食的肉制品。在制作的过程中有很多讲究，比如选择猪蹄要大小适中，剖皮时不能将蹄衣弄破，里面填充的瘦肉必须是猪后腿的精肉等等，任何一个环节有疏漏，都会严重影响到它的品质。制作成的香蹄蹄形完整，皮香肉嫩，香味独特。

捆香蹄保留原猪蹄形状，内裹精肉及皮丝，用盐、糖、味精、香料等放入鸡汤中煮熟。外表完整，采用独特的工艺、先进的嫩化技术和科学配方，精心研制而成，切片完整，皮香肉嫩，咸淡适中，风味独特，含有丰富的胶原蛋

白质，是区域间最有代表性的名特产。如今，新沂的捆香蹄不仅畅销本地市场，还卖到了上海、南京、济南等城市。目前，捆香蹄年产量几百万公斤，产值近亿元。

传说楚汉争霸，刘邦因项羽力大无比而苦恼，故特派密探暗中查探。不日，密探回报，项羽之神力竟来源于一种没有骨头的猪蹄。刘邦大喜，即刻下令御厨批量制造，赏赐给士卒食用。且此之后将士精力充沛，体力大增，终助刘家夺得天下。刘邦登基称帝后，仍不忘其功效，下旨赐名为"御品捆蹄"，仅限皇宫专享。

另一个传说是，朱元璋幼年时曾在新沂沈圩舅舅家放牛，与邻居王屠夫交情甚笃。每次朱元璋放牛回来，王屠夫总要送些好吃的东西给他，其中朱元璋最爱吃的就是熟猪蹄。

一天，一位倒骑毛驴的白发老头来到王屠夫的肉摊，抓起熟猪蹄就吃，一口气吃了一盆，吃完倒骑毛驴扬长而去。王屠夫追上问他要银子，白发老人不慌不忙地说："要银子没有，要话倒有一句：'骨从蹄中剔出来，保你永远发大财。'"说完，就不见了踪影。王屠夫虽觉老头来历蹊跷，但话却有道理。经过一番琢磨，便动手把蹄爪剖皮，剔去筋骨，填满瘦肉，配齐香料，然后用布捆扎起来，放到鸡汤里煮。煮熟后其形仍如猪蹄，香美可口，上市就被抢购一空，生意兴隆，果然发了大财。朱元璋更是常吃不厌。

后来，朱元璋做了皇帝，专请王屠夫进宫为他做捆猪蹄，王屠夫死活不去。朱元璋恼羞成怒，以捆猪蹄的"猪"字与"朱"同音，下令禁止他做捆猪蹄。王屠夫心想，捆猪蹄人人爱吃，销路又好，这生意哪能不做了呢？捆猪蹄这么香，便把"猪"字改为"香"字，"捆猪蹄"就变成了"捆香蹄"。

### 睢宁王集香肠

中国香肠约创制于南北朝以前，始见于北魏《齐民要术》的"灌肠法"，是一种利用非常古老的食物生产和肉食保存技术的食物，将动物的肉绞碎成条状，再灌入肠衣制成的长圆柱体管状食品。其法流传至今。中国灌肠香肠不加淀粉，可贮存很久，熟制后食用，风味鲜美，醇厚浓郁，回味绵长，越嚼越香，远胜于其他国家的灌肠制品，是中华传统特色食品之一，享誉海内外。

中国的香肠有着悠久的历史，香肠的类型也有很多，主要分为川味香肠和广味香肠。具体口味有咸鲜、五香、玫瑰、桂花、甜咸、辣味、麻辣、孜然等，形状有管状、球状等。是以猪或羊的小肠衣（也有用大肠衣的）灌入调好味的肉料干制而成。香肠一般指猪肉香肠，全国各地均有生产，著名的有如皋香肠、云塔香肠、广东腊肠、四川宜宾香肠、山东招远香肠、湖南张家界土家腊香肠、武汉香肠、辽宁腊肠、贵州小香肠、莱芜南肠、潍坊香肠、正阳楼风干肠和江苏香肠等，各具特色。

睢宁香肠以睢宁大王集最为著名，历史悠久，是睢宁具有地域特色的传统食品，誉满苏、鲁、豫、皖周边地区，享有"王集香肠，香肠之王"之美誉。一种传说为明太祖朱元璋为僧时，化缘到睢宁大王集，时值一大户人家办喜事，得残羹一钵，其中有一段类似胡萝卜粗细的肉制品，食之满口生香，回味无穷。朱元璋登基后，久思其美味，命御厨到睢宁大王集寻访当年所食之物，列入宫廷御宴食谱，食者交口称赞。另一种传说为清康熙年间，身为御膳房厨师的王氏先人，为调整康熙帝的饮食结构，选择精瘦猪肉加多种调料装入猪小肠蒸熟，经晾干切片献给康熙皇帝。康熙用后感到特香不腻，味道纯美，遂赐"香肠"之菜名。至清朝末期，八国联军进京，慈禧太后逃往热河，王氏家庭流落苏北大王集，王氏香肠方得代代相传。

大王集香肠精选新鲜猪里脊肉，辅以 10 余味中草药，工艺传统，口味独特，鲜美异常。香肠以精肉、肠衣、甜油、精盐、食糖、葱汁、姜汁、花椒汁及祖传秘方为主要原料，经过切丁、漂流、腌渍、皮肠、晾干、保藏等十余道工序，传统手工制作，香中隐甜，咸淡宜口，色佳鲜美，营养丰富，老少皆宜。是纯正的绿色食品，享有"王集香肠，香肠之王"美誉，获"江苏地方名特优产品奖""徐州市级非物质文化遗产"、徐州市"最受消费者欢迎产品"殊荣。

### 睢宁粉皮

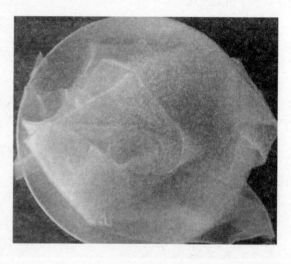

睢宁水粉皮，也叫辣皮、拉皮、腊皮，是睢宁县沙集镇的特产，又称"沙集粉皮"。相传睢宁水粉皮起源于宋代政和年间。徽宗皇帝微服私访来到东路淮阳，那时还是一片沙滩叠积，十分冷清荒凉。徽宗走得又饥又渴，可此地既没有驿站餐馆，也没有酒肆茶间，于是就让随从到附近一百姓人家寻便饭充饥，正巧是从事加工水粉皮的张姓人家，男人已将做好的水粉皮担出门叫卖了，女主人只好将剩下零碎的水粉皮略做整理，辅上佐料招待客人。徽宗皇帝食后觉得酸辣绵软，咸淡适中，清凉可口，十分惬意，连称："好菜，好菜！"问为何物，女主人答："是水粉皮。"徽宗大喜，于是传旨将水粉皮列为御膳房常菜。那张姓人家一直居住在今日睢宁东部沙集镇，也一直保持张家粉皮工艺世代相传，故又称"张家粉皮"。后代在祖传制作技艺基础上，又经潜心研制，生产出粉皮系列产品，如粉皮糕、粉皮丸、干粉皮、鲜粉皮等。

睢宁粉皮的传统制作技艺古老，极具苏北地方特色。工艺考究，原料主要来自绿豆、地瓜或土豆中的淀粉，尤以绿豆粉皮最佳。从原绿豆加工至成品粉皮，需要六道工序，即选豆、浸泡、磨浆、沉淀、调糊、旋制等。这种传统水粉皮，具有玉洁冰清的体态、柔软滑润的质地、鲜嫩清凉的美味之特点，使人百吃不厌。睢宁水粉皮的食用方法多种，尤以凉拌居多。冬令时节，水粉皮也可热炒或做成各种汤类，美味同样令人叫绝。在徐州，制作粉皮的很多，唯独以睢宁粉皮以色白、坚实有韧劲、无杂味、切成条开水烫后打卷而出名。

### 邳州老豆腐

豆腐是我国特有的豆制品，豆腐的起源，可以追溯到汉代。相传汉代淮南王刘安始创豆腐术。刘安是汉高祖刘邦的孙子，封地在淮南。他曾召集大批方士炼丹、制药、求仙。他们懂得化学知识，改进了农民无名氏制豆腐的方法，采用石膏或盐卤作凝结剂用，洁白细嫩的豆腐就制作出来了。《清异录》称之为"小宰羊"，认为豆腐的白嫩与营养价值可与羊肉相提并论。宋代，豆腐作坊在各地如雨后春笋般开设起来。安徽的八公山豆腐、湖北的黄州豆腐、福建的上杭豆腐、河北正定府的豆腐等都是古代有名的豆腐制品。

豆腐，是大众化的普通食品，全国各地均有，不同地方豆腐的风味特色也有区别，按地域来分有南豆腐和北豆腐之分。徐州豆腐属于北豆腐，比较粗糙，质地较硬，结实实在。过去形容哪家的豆腐好，通常会夸张地说："他家的豆腐是可以用马尾来称的！"邳州老豆腐又称为锅烧老豆腐，它制作方法独特，一直沿袭古法，经石磨打浆、网布滤汁、铁锅烧煮、盐卤点制等工序精制而成。选料要用邳州本地产的小黄豆，不用洋品种黄豆；磨浆要用石磨，不用电磨；点豆腐时要用卤水，不用石膏；烧豆腐要用大铁锅和柴火，不用煤气。这样一招一式全过程都按照祖传的老法子做出来的，就是正宗的邳州锅烧老豆腐，又称蒲包豆腐。在这个过程中，选取本地好黄豆浸泡一夜磨浆：豆子加水磨成浆后要过滤，浆渣分离；煮浆要用大铁锅煮沸，去沫；舀浆速度要快，将沸腾的浆快速舀入缸内；点卤时，盐卤要适量，倒入要均匀，并迅速搅拌；闷缸时间要恰当，盖上焖半小时。焖好后的豆浆成豆花状，舀至垫有笼布的木盒内，系好，盖上，要放重物压30分钟，去净豆腐水，然后解开笼布，盖上板盖，翻过来，揭去笼布，诱人喷香的热豆腐做成了。

做豆腐是一项劳苦活儿，每晚临睡前要拣好黄豆，清洗后泡上；天不亮起床磨浆，赶在天亮之前出锅，将热气腾腾的豆腐带到市场去卖。卖豆腐也辛苦，在乡下，经常见到走乡串户卖豆腐的，就把豆腐放在木板上，上面盖上一层白纱布，"打豆腐喽！""豆腐来喽！"一天下来，怎么也要跑上好几十里地。

邳州、睢宁、新沂一带，对豆腐情有独钟，最具代表的应该是邳州热豆腐（豆腐最经典的吃法），就是豆腐趁热蘸辣椒酱食用，简单不复杂，不需要烦琐的加工。把蒜捣成蒜泥，青椒或鲜红椒也捣成泥，加盐、麻油分别调成糊状，或混在一起调制，或配以干辣椒炒制后做成辣椒粉调制的辣椒酱，浇在刚出锅的热豆腐上。豆腐香味浓郁、香辣适口、营养丰富、开胃理气，再配以当地面食朝牌，是当地常见的早点之一，也是当地最受欢迎的小吃之一，远近闻名。

地方厨师仅以豆腐为主料，做成地方风味的名菜、汤类就达几十种。另外利用豆腐加工的豆腐皮、豆腐干、豆腐丸等豆腐产品，也是烹饪菜肴的主要原料。许多家庭和酒店还充分利用制作豆浆剩下的豆渣制作许多食品。豆渣营养丰富，富含粗纤维、蛋白质、不饱和脂肪酸等营养，有降脂、防便秘、防治骨质疏松、降糖、减肥和抗癌等作用，备受食客喜爱。

豆腐营养丰富，有提高免疫力、护发生发、补充能量、安神除烦、祛脂降压等功效。大豆的蛋白质生物学价值可与鱼肉相媲美，是植物蛋白中的佼佼者。大豆蛋白属于完全蛋白质，其氨基酸组成比较好，人体所必需的氨基酸它几乎都有；大豆中含有的18%左右的油脂，大部分能转移到豆腐中去。大豆油中的亚油酸比例较大，且不含胆固醇，有益于人体神经、血管、大脑的生长发育；大豆可以直接烹调食用，人体对其蛋白质的消化吸收率只有65%，而制成豆腐消化率可以提升到92%~95%。

但因豆腐中含嘌呤较多，对嘌呤代谢失常的痛风病人和血尿酸浓度增高的患者，忌食豆腐；豆腐性偏寒，胃寒者和易腹泻、腹胀、脾虚者以及常出现遗精的肾亏者也不宜多食；豆腐虽好，也不宜天天吃，一次食用也不要过量。

**骆马湖银鱼**

骆马湖银鱼是江苏省徐州市新沂市骆马湖的特产。骆马湖银鱼，通体洁白透明如美玉，形状如根根银条，肉质细嫩鲜美，有"水中白银""水中人参"的美誉。

骆马湖北临陇海铁路，东依风光秀丽的马陵山，西、南侧为京杭大运河所环绕。水域面积375平方公里，为江苏省四大淡水湖泊之一。湖区水草丛生，天然饵料丰富，属典型过水性草型湖泊。湖内繁殖着众多鱼类，其中数银鱼最负盛名。

骆马湖是有名的悬湖，由黄河侵泗夺淮造

成，湖水多来自沂蒙山山洪和天然雨水，沿湖又无工业污染，湖水吐故纳新周期短，因之湖水能常年保持新鲜水质。正因为这样，骆马湖银鱼生长快、质量优、无污染，为银鱼中的上品。在1988年汉城奥运会和1992年巴塞罗那奥运会期间，举办国都专程来中国，指名采购骆马湖银鱼，供应奥运健儿和世界嘉宾。

据骆马湖周围居民世代相传，战国时期，孙膑、庞涓的师傅，号称鬼谷子的王禅老祖，看中骆马湖这片神奇的山水，就在湖东长满苍松翠柏的马陵山上修身炼丹。炼好可使人吃了即有拔山盖世之力的仙丹后，就把药渣子投进骆马湖。谁知这些药渣子已在炉中历10年锻炼，灵性已通，在水中摇身一变，就变成药渣状的玲珑鱼类。王禅老祖遂命名为"脍残鱼"。这种奇异珍品晶莹似玉，人食之，皆感肉质鲜美，认定为"天赐大补良药，盖世美味佳肴"，在当时即将其定为贡品。因其通身如银，后人又称其为银鱼。

骆马湖的银鱼原有四种，现以大银鱼和寡龄新银鱼占绝对优势种群。经济价值高和最具发展前景的当属大银鱼。因其产卵期内发出黄瓜的清香味，当地渔民又称其为黄瓜鱼。这些银鱼在生物学分类皆属硬骨鱼纲、鲑鱼目、银鱼科。大银鱼头部扁平，呈三角形，上颌骨有一列细齿，体形细长，通体透明，躯体腹部两侧有一行黑色斑点。主要摄食浮游生物，如轮虫、无节幼体和绿藻、隐藻等。

骆马湖大银鱼产卵季节在每年阳历12月底至新年初，属冬季产卵类一年生的小型鱼类。当年卵出，当年即达到性成熟，并于产卵后死去。寡齿新银鱼产卵期为4月中旬。银鱼繁殖力强，喜阴雨，6～7月生长较快，此时的大银鱼一般体长在5厘米左右。大银鱼长到7厘米以上规格即达到出口创汇标准，其价格高出普通鱼类十倍以上，故有"水中白银"之称。

骆马湖银鱼因银鱼骨软无刺，可整体食用，无须开膛剖肚，故食用方便。日本人喜吃银鱼，为保护其中营养成分，他们常在卫生处理后凉拌生吃。台湾省人用银鱼煮粥，给刚断奶的婴儿喂食。银鱼还富有各种人体必需的微量元素，所以在我国古代就将其列为贡品，亦被现代食品专家誉为"水中人参"。据《食物本草》记载，此鱼具有"利尿、润肺、止咳"等功能，是体虚、水肿和肺结核患者的食疗佳品。

## 大运河白鱼

大运河白鱼，学名鲌鱼，当地人称白丝鱼，因下颌突出往上翘，故又称噘嘴鲢子。全国各地叫法不一，长江中游俗称翘白、白鱼，长江下游则称白鱼，也有的地方叫大白鱼、翘嘴巴、翘壳、白丝、兴凯大白鱼、翘鲌子等。体细长扁薄，呈柳叶形，口在上位，细鳞银白，少刺多肉，鱼肉洁白，细嫩鲜美，营养价值很高，为上等淡水鱼。分布广，生长快，平时多生活在流水及各池塘湖泊的中上层，鱼苗期以浮游生物及水生昆虫为主食，50克以上主要吞食小鱼小虾，也吞食少量幼嫩植物。游泳迅速，善跳跃。以小鱼为食，是一种凶猛性鱼类，也是上等经济鱼类。个体悬殊较大，最大个体可达十几公斤，小者几两。大诗人杜甫在其诗中曾形容"白鱼如切玉"，可见白鱼历来就深受人们的喜爱。

大运河白鱼常见的翘嘴鲌，肉白而细嫩，味美而不腥，多细刺，故有淡水鳜鱼之称，鲜食和腌制均宜。富含蛋白质、脂肪等，钙、磷、铁等矿物质丰富。其肉性味甘温，有开胃、健脾、利水、消水肿之功效。《本草纲目》记载，食此鱼可开胃下气，调五脏，理十二经络，可治肝气不足，助肝气。《食疗本草》也记载，食用白鱼具有补肾益脑、开窍利尿等作用。尤其鱼脑，是不可多得的强壮滋补品。久食之，对性功能衰退失调有特殊疗效。

过去农村常在农闲时候，去池塘或运河或与运河相连的骆马湖去垂钓，用浮钩，特别是夏季，有人喜欢夜钓，有时候一夜能钓几十斤。多数用来剖开腌制，制作咸鱼。此鱼刺多且小，特别是一些小型的白鱼，多做咸鱼或油炸至酥。

白鱼大者多用于清蒸、红烧、做鱼丸等，小者多用于油炸、香煎等，如油炸白鱼和椒盐白鱼。

### 邳州红心萝卜

邳州红心萝卜，属于大红袍萝卜的一个品种，红皮白瓤，中间有一条红线从头到尾，呈放射状穿插在白色的肉质中，也称为萝卜筋，是邳州的名土产，产量不大，邳州官湖半庄一

带出产最为有名，当地土话叫辣萝卜。几百年来，邳州有句人人皆知的顺口溜："半庄的萝卜，倚宿的瓜，良壁的老槐高如塔。"上街买萝卜，不论是不是半庄的，都吆喝成"半庄萝卜"。

沂河途经半庄，泥沙在半庄一带淤出了大片良田。土是沙土，水是蒙山水，这是半庄萝卜得天独厚的生长条件。"头伏萝卜二伏菜"，半庄人种萝卜讲究季节，既不抢先，也不推迟节气。种早了，天热，苗芽易烫死，易生虫，成活率低，皮里还会长出筋来；种晚了，没长大，霜来了，有种无收。因此要选好恰当时间，萝卜不光个头大，成色也好。半庄萝卜与众不同，只有一种紫红色，名曰"关公脸"，瓤子洁白，并从里到外连带红丝，口感爽脆，水多，不辣，又甜。"冬吃萝卜夏吃姜，不用医生开药方"，是半庄人挂在嘴边的顺口溜。由于半庄萝卜有名气，半庄人大都成了"萝卜专家"。正在生长的萝卜，他们根据叶型、头型（尖头、齐头）就认定能长多长，瓤子是红的还是白的，尾巴是粗的还是细的。

邳州的红心萝卜还是制作邳州名小菜的原料。秋末下霜，将洗净了

199

的中等个头红皮红心萝卜切成条块状，进行腌制，放一层萝卜，加一层盐，两三天后，萝卜被盐析出水分，整个萝卜盐水都是红色的，这时便可取出来晾晒。等晒得蔫巴了，晚上就收回来放在原先的萝卜汁里浸泡，第二天早晨捞出来，用手揉搓后，再放到日光下晾晒，如此操作反复多次，直到汁水被萝卜干吃光为止。这时萝卜干整体透红，身上披着盐霜，就可以把它储之于坛坛罐罐之中，器皿的颈口要严扎密封，以防水分潜入。另外萝卜干也可以搓上五香粉，制成五香萝卜干，这种萝卜干只宜干吃，不可浸泡。而要食用没加五香粉的萝卜干时，要切成细条，投到醋里浸泡，淋入香油，撒上姜丝，拌之以芫荽细末，香咸爽脆，味道极美。

邳州红心萝卜，是邳州萝卜豆不可缺少的原料。邳州萝卜豆是当地冬季家庭不可缺少的过冬小菜，是用邳州新鲜的盐豆加入切成厚片的萝卜，拌制 1~2 天，即可食用，萝卜鲜脆适口，诱人食欲。

邳州红心萝卜还可当作水果食用，一块萝卜，一杯热茶，具有消食化积的作用，俗语就有"吃萝卜喝热茶，气得大夫满地爬"。逢年过节，民间喜欢炸丸子，特别是萝卜丸子，是大众的最爱，现在大街小巷都有现炸现卖，香味扑鼻。

邳州萝卜是大众饮食不可缺少的蔬菜品种，特别是在过去，在冬季蔬菜缺乏的情况下，家家户户更离不开萝卜过冬，不仅是家庭制作小菜的原料，也是制作主食的辅助原料，如邳州有名的小吃萝卜卷，就是把萝卜切成丝，拌成馅，将发面或水调面团擀成大片，将萝卜馅倒在上面，铺平，然后将面皮卷起，用刀切成段，上锅蒸或用平锅煎，特别适口。再如邳州的塌煎饼，也是使用萝卜馅较多，素水饺也使用萝卜馅等等。同时还是制作菜肴的主要原料和配料，如炒萝卜丝、烧萝卜块、萝卜烧肉等等。邳州有道家常菜三丁萝卜，更是缺少不得，就是将萝卜与肉丁、花生米一同烧制，冬季烧好一盆，随吃随用。邳州名小吃萝卜丝饼、萝卜羹等都是萝卜的制品。

萝卜不仅以良好的口感受人喜爱，更因其有丰富的营养而受人喜欢。萝卜属碱性食品，是一种基本上不含嘌呤的蔬菜，生食可有效地促进嘌呤的代谢。萝卜中还含有大量的钾、磷、钙、铁、维生素C、维生素K等物质，这样就可以有效地提高血液质量、碱化血液并有利尿、溶石作用，对痛风患者十分有利。孟诜说，萝卜"甚利关节"。《食性本草》认为萝卜能"行风气，去邪热，利大小便"。《随息居饮食谱》也说它能"御风寒"。陶弘景在《名医别录》中对萝卜的药用便有记载："其性凉味辛甘，入肺、胃二经，可消积滞、化痰热、下气贯中、解毒，用于食积胀满、痰咳失音、吐血、衄血、消渴、痢疾、头痛、小便不利等症"。《本草经疏》中说："莱菔根下气消谷，去痰癖及温中、补不足，宽胸膈，利大小便，化痰消导者，煮熟之用也；止消渴，制面毒，行风气去邪热气，治肺痿吐血，肺热痰嗽下痢者，生食之用也。"李时珍在《本草纲目》中提到，萝卜能"大下气、消谷和中、去邪热气"，等等。除此外，萝卜还有防癌、抗癌、降血压、助消化、止咳、化痰、平喘、排毒美容、抗病毒、减肥、补血、补钙、治偏头痛、治烫伤、消肿、止痢疾、止痛、解酒等功效。

### 邳州盐豆子

在徐州的邳州、新沂以及睢宁一带，老百姓总爱把咸菜、盐豆、萝卜干戏称作饭桌上的"老弟兄仨"。因为它们出身地道，价廉朴实而又好制作，还是下酒佐餐的常用菜肴。至于它们的制作时间，大多在每年的秋冬之交，那时候原料充足，又值农闲，人们也相对有时间。

盐豆的制作，有其特殊的程序。每年立冬前后，主妇们开始忙活"下盐豆"。她们挑选上等黄豆为原料，放在锅里煮熟，趁热装入蒲包，放在暖热的地方，用干软草盖上，捂严实，使其发酵，到扯黏丝程度取出，拌上红辣椒酱（旧时农家是用拐磨将干红辣椒配上水磨成辣椒酱；现如今，城里人直接到加工辣椒酱的地方用机器加工好辣椒酱），加上盐、大葱、生姜等调料，再配上适量的鲜红萝卜，用少许凉开水搅拌而成，拌好后即食，叫鲜盐豆，晒干后再食用，叫干盐豆。

邳州盐豆具有其他菜肴无法比拟的优点。它风味独特，易保管，好收藏，一年四季都能吃，不变质。特别是刚拌好的鲜盐豆，红通通的，辣乎乎的，用新烙出的煎饼一卷，满口生津，令人食欲大振，当地有一句俗话：煎饼卷盐豆，一日三餐吃不够。邳州有个老太太做的盐豆，自从上了中央电视台后，生意供不应求，全国各地都有销售。

关于盐豆的来历，还有一段有趣的传说。楚汉相争时，项羽营中吃菜困难，便将黄豆煮熟了，加入少许盐，每天每个军士发上几十粒用来下饭。有一次，由于军情急如火，又赶上营中缺盐，只好将煮好了的豆子装进了蒲包，仓皇转移。等到战事稍息，才想起了那些熟黄豆，打开蒲包，臭气扑鼻，只得将就着放上些盐，撒上花椒粉，以盖臭味。在胡乱地佐餐中，反觉得比原来的鲜美得多，可是也有的人吃了恶心，于是便在里面加上些姜丝，这就成了今天盐豆子的祖师爷。

这个传说虽然简单，却概括了盐豆子制作的大致过程：先将上好的黄豆放到水里泡上两宿，待到发开后，煮熟，滗出水分，倒入蒲包（用其清香），四周簇围上干麦草，越厚越好。大约一星期后，打开蒲包，如果发现豆子能扯黏丝，有少许的臭味，即为成功，否则，就叫豆子继续在草窝里捂，直到合要求为止。达到标准的臭豆子，加入适量的盐和水，拌上一些花椒面、生姜丝、棋子般的萝卜片，以及炕过了的辣椒粉，均匀地搅拌之后，颜色红，味道足，浇上香油，撒上芫荽末，简直成了下饭的上品。在经济困难时，也有用槐豆和胡萝卜来做盐豆子的，味道大减。

鲜盐豆经过一冬天食用，当天气转暖后，就要晒制，否则就会变酸，晒干后的盐豆，有一种怪怪的发酵臭味，故干盐豆又叫臭盐豆。如果以它为主要原料，加上鸡蛋，就是一道有名的菜肴——盐豆子炒鸡蛋。要是用蒜苗生拌干盐豆子，加上佐料，那味道绝对特色，虽然味臭，可吃起来是越嚼越香。

### 云龙湖青鱼

青鱼，徐州俗称"螺蛳混子"，因其体青黑、喜食螺蛳而故名，略呈圆筒形，尾部侧扁，头宽平，口端位，无须。咽头齿臼齿状。栖息中下层，主食螺蛳、蚌、虾和水生昆虫。4～5龄性成熟，在河流上游产卵，可人工繁殖。个体大，生长迅速，最大个体达70公斤。为我国淡水养殖的"四大家鱼"之一。分布于中国各大水系，主产于长江以南平原地区。

徐州云龙湖青鱼，以体型大、肉厚且嫩、味鲜美、富含脂肪、刺大而少而著称，是当地淡水鱼中的上品。近年来，垂钓爱好者在云龙湖接连钓起百斤以上的大鱼，各地发烧友纷至沓来，期待打破云龙湖的"钓大鱼纪录"。

云龙湖原名"簸箕洼"，又名"石狗湖"，现为国家5A级风景区。云龙湖的《圆梦园记》碑载："云龙湖原为一环山负郭之洼地，其形如簸箕，故名簸箕洼。"云龙湖东有云龙山，南有大山头、拉犁山，西有韩山，唯北缺一口，其形如簸箕，故依其形而名"簸箕洼"。据说"簸箕洼"之名已有千年以上的历史。《徐州风物志》载："石狗湖，多雨时南山之水尽汇于此，积久不退，昔人作石狗镇之，故名石狗湖。"云龙湖位于徐州城区西南部，是云龙风景区主要景区，与杭州西湖并称姊妹湖。

由于云龙湖水质好，环境优美，无污染，每年都吸引大批候鸟，各种鱼类丰富，尤其是青鱼，每年都有钓获百斤以上大鱼的纪录，2012年9月28日，曾钓上173斤大青鱼。云龙湖青鱼肉质鲜美，尤其用于制作鱼丸、瓦块鱼、松鼠鱼尾、干烧鱼脯、红烧划水、清蒸中段等。

传统医学认为，青鱼性平味甘，具有补气养胃、益气化湿、养肝明目、桂风解烦等功效。主治脚气湿痹、烦闷、在疾、血淋等症。

吃青鱼能够预防记忆力衰退。营养学家发现，大脑最需补充的营养是一种特殊的脂肪——多元不饱和脂肪酸，它是营造大脑细胞的必需品，在青鱼中含量丰富。能帮助维护细胞的正常复制，强化免疫功能，有延缓衰老、抑制肿瘤的作用。

**邳州刘井粉丝**

刘井粉丝是邳州市土山镇刘井村的特产，已有几百年的历史，具有口感劲道韧性足、外表滑爽半透明、久煮长泡不糊烂的特点。早在2007 年，刘井粉丝制作工艺就已经被评为邳州市一级非物质文化遗产了。2004 年，刘井村成立了粉丝营销协会，刘井牌粉丝通过国家工商总局的商标注册，并被江苏省质监局评为无公害农产品。每年的 10 月份开始，各地的客商就把山芋运送到这里，刘井人就开始加工山芋粉。等到冬天上冻的时候，便开始制作粉丝，村民们通过择薯、磨糊、过滤、沉淀、晒粉、勾兑、漏粉、晾晒等一道道工序，那口感劲道、入口爽滑、不易煮糊的上等粉丝就做出来了。家家户户，门前屋后，田野里，道路旁，到处悬挂着粉丝。制作好的粉丝经过自然低温冷冻后，还要进行井水解冻，然后再进行晾晒，自然风干后，就可以出售了。

邳州刘井粉丝在制作过程中，由于没有化学添加剂，纯山芋粉制作，加以传统的特殊的制作工艺，在市场上非常热销。

刘井粉丝一般还是以农户单元进行小规模加工，以传统工艺为主。讲究选料，注重制作工艺。选料要选用表面光滑、色泽鲜艳、肉质洁白、无细渣、无杂质、无病虫害、无青头、大小适中的红薯，洗去泥土、杂质，削掉两头，洗净后加水粉碎，打得越细越好，以提高出粉率，然后用吊浆布过滤两次沉淀。

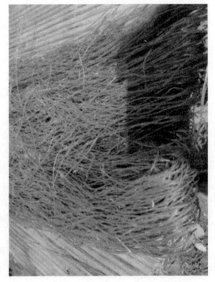

当池内全部澄清，把水排尽，取出表层油粉后，把下层淀粉取出吊成粉砣，放在晒场上曝晒。当粉砣内水分蒸发一半时，把粉砣切成若干份暴晒。晒场设在背风向阳的地方，以防灰尘污染。将淀粉、明矾掺冷水放入锅内煮沸，不断搅拌，成熟度达八九成即可。打成的糨糊兑入淀粉面，然后漏丝，漏丝时，糨糊要搅匀，边拌边加温水，在漏丝时，要预备一锅开水，当锅内水沸腾时才漏丝。丝条沉入锅底再浮出水面时，即可出锅，经过一次冷水降温，用手理成束穿到木棒上，再经过一次冷水缸降温，不断摆动，直至粉丝松散为止。然后放在室内，冷透后拿出室外背风向阳处晒丝。晒干后包装即为成品。

也有一些村民采用较为现代化的加工工艺，经过选料、配料、打芡、和面、挤压成型、散热、剪切、冷却、搓粉散条、干燥等步骤即可。提高了工作效率，可以适合中小规模加工，也可以用于大规模加工。

## 八义集青方

江苏省邳州青方腐乳，俗称青方，以八集酱菜厂生产的最为出名，其入鼻虽奇臭无比，入口却润若无物，沾舌则回味悠长，进喉已是妙不可言，在当地流传这样一句话，"闻着臭，吃着香，品了一缸再一缸"。当地人称为臭豆卤、臭豆乳，是腐乳的一种，它风味奇特，与众不同。相传最早成名于北宋时期，流传至今，一直为人们所喜爱，其质地松软细腻，滋味鲜美，风味独特且营养丰富，易被人体消化吸收。曾荣获省、部、国家质量银质奖，为江苏省邳州的名特产品。江苏省邳州青方腐乳产自江苏省邳州市八义集镇，是以黄豆经浸泡、磨浆、点卤，压制成豆腐后切成小块，入酵室进行前期发酵，结束后再入缸封口进行后期发酵，历时一年而

制成，保持了味美绝伦的天然本色。

八义集豆腐乳的先师刘祥胜，是睢宁县古邳人。约在 1740 年，古邳一带洪水泛滥，颗粒无收，刘祥胜父子逃荒来到八义集，靠生产祖传的豆腐乳谋生，以色、香、味俱全的美誉而千里驰名，在八义集地区广为流传。先将打好的鲜豆腐块竖放在地下室的木板架子上，保持相宜的温度，使发酵长出 2～3 厘米长的菌须，然后放进盐缸里腌七八个月，方可启缸出集，脍炙人口，具有颜色青灰、肉质松软、香味别致、增进食欲的特点，"闻着臭、吃着香，臭名远扬"，因而颇受用户的欢迎。

正宗的八义集臭豆腐，都是从小作坊里出来的。臭豆腐虽小，做起来却煞费功夫。在古镇街头，常可看到上了年纪的老师傅，推着一辆独轮车悠然走在青石板上，车上放着一个不太大的瓷坛，坛子里装着一块块奇臭无比的臭豆腐。无须吆喝，坛子盖一开，方圆几百米都闻得到这若有若无的独特臭味，你几摞、我几摞，一缸臭豆腐很快就被来自四面八方的主顾抢购一空。

### 微山湖麻鸭和咸鸭蛋

麻鸭是全国四大名鸭之一，主要分布在山东省南四湖地区，即南阳湖、独山湖、昭阳湖和微山湖。其中在微山湖年产量达千万只，存栏鸭 50 万只以上，是湖区长期培育的优质畜禽。微山湖麻鸭以鲜活鱼虾、贝类以及田螺为主食，并且脆莲嫩菱等也是麻鸭们喜爱的食物，所以麻鸭体型稍大，肉质柔滑，鲜嫩美味，是制微山湖五香麻鸭的上等原料。体型适中，轻巧灵活，眼大有神。觅食力强，产蛋率高，肉蛋品质均好，遗传性能稳定。育肥的小公鸭，肉嫩味美，肥度适中。用微山麻鸭制成的"麻鸭卧雪"为地方名吃。微山麻鸭从外观上可分为青麻鸭和红麻鸭两种。青麻鸭，羽毛中有一条黑羽线，其边缘为暗褐色，背部羽毛多呈青色，翼羽带黑色。红麻鸭，每片羽毛中央有一条黑羽线，其边缘为红色，背羽、翼羽皆为红褐色。公鸭头颈羽毛均呈乌绿色，发光亮泽，俗称"亮头"，少数颈带白羽圈。尾部有 4～6 根羽毛上翘，极为美观。成鸭以放养为主，觅食浅水内的鱼虾、螺类及各种杂草。微山麻鸭适于水面放养，每天早晨赶鸭入水，晚上入圈产蛋，很少补饲。

微山湖鸭蛋源自微山湖麻鸭，微山麻鸭属小型蛋用麻鸭，其腌制的鸭蛋久负盛名，该产品的特点是蛋心为红色、营养丰富。它富含脂肪、蛋白质以及人体所需的各种氨基酸，还含有钙、磷、铁等多种矿物质和人体必需的各种微量元素及维生素，而且容易被人体所吸收。优质的咸鸭蛋咸度适中，味道鲜美，老少皆宜。

微山湖咸鸭蛋与普通鸭蛋相比，咸鸭蛋中部分蛋白质被分解为氨基酸，由于盐腌，使蛋内盐分增加，蛋内无机盐也随之略增。生蛋黄中的脂肪由于与蛋白质结合在一起，看不出含有油脂，腌制时间久了，蛋白质会变性，并与脂肪分离，脂肪聚集在一起就成了蛋黄油，蛋黄中带有红黄色卵黄素及胡萝卜素，溶于蛋黄油呈红黄色，增加咸蛋的感官性状，咸鸭蛋出油则是腌好的标志。此外，咸鸭蛋中钙质、铁质等无机盐含量丰富，含钙量、含铁量比鸡蛋、鲜鸭蛋都高，因此是夏日补充钙、铁的好食物。

### 邳州豆虫

豆丹，邳州话称为豆虫，是豆天蛾的幼虫，以吃豆叶、喝甘露为生，在天然无毒、无公害状态下生长的昆虫，它体形优美，与蚕相似。成虫时长约5厘米，嫩绿色，头部色较深，尾部有尾角。从腹部第一节起，两侧有七对白色线。它危害豆叶，啮成孔洞，严重时植株尽成光秆，不能结荚。但在邳州北部邹庄、铁富一带，是具有地方特色的美味佳肴。它高蛋白、低脂肪，有温胃之功效。

豆虫常见于农村的豆地或槐树上，给人一种恶相，但很多人爱食用。把豆虫洗净，或煎或炸或炒，特别是用刀剁碎，与辣椒同炒，用煎饼或烙馍卷着吃，风味尤佳，系高蛋白食品，

邳州北部一带食用较多。

豆丹虽然是大豆的天敌，但是它的肉浆却无毒无害，是一种特佳的高蛋白食物，做成菜肴，十分鲜美，并有治疗胃寒疾病和营养不良的特殊疗效。据测定，豆天蛾幼虫的粗蛋白质量分数为 65.5%（干重），其中必需氨基酸占总量氨基酸的 52.84%，半必需氨基酸占 9.70%；粗脂肪质量分数为 23.68%，C162C18 脂肪酸占总脂肪酸的 99% 以上，不饱和脂肪酸为 64.17%，其中亚麻酸达 36.53%。如果将豆天蛾幼虫与鸡蛋、牛奶、大豆相比，则豆天蛾幼虫表现出了较高的蛋白质、必需氨基酸及必需脂肪酸质量分数，尤其是 C18:3 亚麻酸含量高。同时，豆丹还含有丰富的钙、磷、铁和维生素 B、维生素 B2 等多种人体需要的微量元素和营养因子。豆丹还具有降低胆固醇、防止高血压及动脉粥样硬化、治疗胃病等特殊功效，是一种纯天然的绿色食品。

很多人认为豆丹是虫子，一般不敢吃或不愿吃，尝后才赞不绝口。传统的做法先把豆丹放到水里浸泡溺死，然后用一根擀面杖，垫上一块木板，把溺死的豆丹从头到尾擀出内脏，放到水中清洗，去掉粪便即可。擀出来的豆丹肉青中带白，中间会有一块淡黄色的豆丹油，宛如晶莹的碧玉，然后放进开水锅里稍微煮一下（需要掌握火候的，否则就不鲜嫩了），使肉凝成完整的长条，用红辣椒、大蒜等调料烧煮就可以了。色彩诱人，香气扑鼻，令你垂涎三尺。

### 丰县青山羊

中国人吃羊肉，历史悠久，食法多样，而各地有各地的饮食习惯，各地烹羊技法也均有独到之处。而徐州人吃羊肉则是更胜一筹，"冬吃三九、夏吃三伏"，一年四季无时不食羊，经营者甚众，而风味特色专营店——羊肉馆，更是每天生意兴隆，特别是一入伏，万人食羊已是徐州夏天的一大特色。

徐州人食羊肉主要是以徐州当地所产的山羊为主，而不是用绵羊和其他品种的羊。对羊的品种的选择，包括羊的性别、年龄，甚至皮毛、花色等因素，对羊肉的质量和伏羊的美食起着重要的作用。

丰县的羊肉菜肴原材料来自丰县特有的青山羊和白山羊。丰县青山羊以其被毛由青白混生，形成天然青色而得名。青山羊以"四青一黑"为特征，即被毛、角、蹄和唇为青色，前膝为黑色，羊肉营养丰富，品质鲜美，年饲养量达百万只以上。丰县曾获全国"青山羊养殖基地""秸秆养羊示范县"等荣誉称号。

在丰县人的餐桌上，羊肉、羊腿、羊眼、羊肚、羊球、羊头等都是佳肴。光是菜名就让人垂涎欲滴。高祖白水羊肉、萧何羊腿、一品羊杂、刘三头烧羊肉、酸菜羊肉、御膳羊脑、凤城双鲜、珍珠羊肉丸、如意羊卷、羊芹细、地锅羊白细、酱羊蹄、凉拌羊肚、椒盐羊肉等，数不胜数。特别是丰县的羊肉汤，白汤红油，城乡皆喝，是冬季御寒之佳品。另外，丰县的羊肉茶和丰县西南邀帝城一带乡间喜宴必备的羊肉羹也颇具特色。

在丰县，羊肉汤的烧制和羊肉菜肴的烹调很有特色的饭店也是遍布城乡。包括县城北关的钓鱼台大酒店与大潮食府、南关的临府鱼村、东关的美味斋、西关的翠园和同仁聚等，有些甚至聘请新疆厨师，用丰县当地山羊，采用新疆土法烧烤羊肉，在蒙古包里品全羊，别有一番风味。

丰县拥有浓厚的羊肉汤文化，羊肉汤馆众多，且馆子的风景原始古朴。门前炉子上有白铁皮做的大净锅，煮熟的羊肉被捞出锅，放在案子上冷晾，切片，留着卖羊肉汤用，对于羊肉汤来说，肉离不开汤，汤也离不开肉。小小一碗羊肉汤里，烩进了徐州两汉文化，反映了徐州饮食文化的特点，形成了独特的羊肉文化。

较为著名的有曹州派、单县派、丰县派、萧县派、徐州派。曹州羊肉汤的特点是不放配料且肉脆汤清。单县羊肉汤的卖点是汤浓肉烂，奶白色的汤加上丁状的肉，着实地喝上一碗，人生的五味也就都上来了。我的一个单县朋友说，单县人善做汤也善喝汤，顶级的喝家，蒙上眼睛也能喝出汤的花色来。丰县羊肉汤的争风之处在于它的配料，灰褐色的芋粉丝，经处理后烩于一碗美汤之中，那口感真令你叫绝！萧县的羊肉汤则完全不是一个做法了，是在锅里烩制的，不似曹、单、丰以滚汤冲烫，所以那肉绵软似的烂，那汤也浓得粘筷子。

丰县的街头夜市到处都是推着小车卖羊杂碎的小贩，夜市倒是没有专门卖羊肉汤的，但却有很多别的地方吃不到的东西，譬如那锅里满满的都是羊头，有时路过会买上一两个，拿回家用刀劈开，里面便是鸡蛋大的羊脑，一手拿着勺子，一手抱着羊头，一口一口地剜着吃。而我的最爱则是另外一种丰县特有的夜市小吃羊盘肠，我未曾在其他任何一个地方发现，哪怕是徐州，那是用羊的肠子包裹羊板油在锅里煮成的一种小吃，若要吃时还需要配上我们那边的另外一种特产——烧饼。不同于苏南的那种一捏就碎的烧饼，那种烧饼一切便是一个空腔，把羊盘肠切碎了拌上调料放进去夹着吃，若嫌油腻还可掺进去一些羊肝一起吃。韧性的羊肠、滑腻的羊肉，再加上那香脆软绵的烧饼，真是一种无比值得留恋的美味。曾经在学校门口，三毛一个烧饼、一元一个盘肠，便是一份丰盛的晚餐，当然现在光是烧饼都已经一元一个了。

徐州人吃伏羊有着悠久的历史，与其地理环境也有着密切的关系。徐州地处丘陵地带，陵山众多，蔬草茂盛，这为山羊放牧提供了得天独厚的条件，也为徐州人吃羊肉提供了丰富的物质原料。山羊经过这一时期的喂养，肉质肥壮，鲜嫩可口，肥瘦相宜，膻味极小，用此羊肉烹制，汤汁浓白，其味香醇，令人胃口大开，徐州饮食行业古原料歌中有"东猪西羊青山鸡"之句，说明徐州人把羊作为原料，特别是特产原料，已广为流传。彭祖流传下来的"羊方藏鱼"，不仅仅是开创了"鱼""羊"为"鲜"的先河，同时也说明，早在帝尧时期，彭祖对羊肉的制作就有一定的研究，要求以鲜为主，汤汁要浓，取羊之本味，属于真正的绿色食物。

### 徐州臭干

油炸臭干也算是徐州的标志性小吃，在弄头巷口，常见一些小贩支起一只油锅，摆上成箱的臭干，随炸随卖。臭味传出，不用吆喝，自然有人光顾。一块块小小方方的臭干被放在油锅里，翻滚几下子，老板就熟练地用竹筷夹上。

臭干制作主要是制作卤汁，徐州传统的卤汁制作是采用秋季的老香椿叶与熟豆浆一起发酵，然后加入一些白豆腐干的下脚料（边料），再加入原盐、小茴香等香料，持续发酵后得到的。卤汁做好后，将做好的成品豆腐放在卤汁中浸泡。

臭豆腐有很多种类，全国各地均有出产，比较有名的有长沙臭干子、京派风味的王致和臭豆腐、湖北臭豆腐、南京臭豆腐、绍兴臭豆腐、江西臭豆腐、贵州臭豆腐、云南臭豆腐等。

### 邳州干爆鱼

干爆鱼，也称锅爆鱼、干小鱼、小干鱼，邳州人习惯于称之为干爆鱼。这种鱼多为野鱼，尤以沂河鱼最佳，在邳州等地非常普遍，在长不足三四厘米的时候就被捕捞上来，有的是在锅中或鏊子上烤干，有的系阳光晒干。烤干的小鱼在口感上更胜一筹，有时会配上鲜青豆，味道更佳。据考证，以干爆鱼为食的习俗已经有上千年的历史。

一般来讲，在秋冬季节，池塘抽干水后，会得到很多小鱼，长不足三四厘米，或每有闲暇，农村的孩子们便用两根拇指粗细的拉条十字交叉绑扎后弯成拱桥状，然后拿一块二尺见方的纱布，四角分别系在拉条的两端，整个外形像个提篮。网里放一些馍头、饼渣之类作钓饵，网上可以绑一根丈余的钓竿，以方便收放。通常半天时间，便可钓到斤把小杂鱼。支起钓网，埋入水中，过上一刻钟，再兴冲冲地提起钓网，便可见网底十数条活蹦乱跳、晶莹剔透的小鱼虾。家里大人收工回家后，简单拾掇一下，即可炒一盘香辣的小鱼青椒或者烧一锅鲜美的小鱼萝卜条、小鱼炖豆腐。有的时候，当天来不及做菜或者吃不完，人们常常将这些小鱼直接晒干，遇到阴雨天气，就放在大锅或平锅上慢慢用文火爆干，干韧鲜香，故

又称锅爆鱼，即用锅爆干的意思，细若筷子，颜色多呈银灰，其间或见红虾，闻之有浓烈的腥气、燥气。烤干的小鱼在口感上更胜一筹，小鱼的品种很多，一般以小虎头鲨居多，当地人称为"趴地虎""蚂泥咕丁"，也有小"麦穗鱼"等，大小不一，个头比较大的，也就三四厘米，大小只是相对而言。是过去家庭常备之品，每逢家中无菜或来客，都会炒上一盘，有时忙的时候，也会多炒备放。

新沂西南有骆马湖，盛产各种鱼虾。其中有一种寸许长的小黄鱼，生长在无污染的深水域，肉质鲜美，最适合做干爆鱼。据历史记载，乾隆皇帝三下江南，曾多次派御膳厨师采购小黄鱼，用来炖豆腐、炒辣椒。

辣椒炒小鱼是邳州流传最广的家常菜之一，顾名思义，主要材料就是辣椒与小鱼。辣椒以邳州特产——朝天椒为最佳，与邳州煎饼算得上是一对绝配，用餐时如果只有菜而没有煎饼，则是一件憾事。所以，现在一般饭店上这道菜时，必配一份煎饼。有诗写道："问君缘何苦相留，一饼能卷数十头。从此不敢桥头站，生怕鱼娘报子仇。"说的就是煎饼卷小鱼。现在，这一土菜逐渐从家庭走向了宾馆酒店。做法就是先洗泡干爆鱼，以去浮脏至软，备青红辣椒丝，加姜丝少许，其余依个人口味。上锅时，要热锅快炒。油冒烟后放干爆鱼，以猛火爆至金黄，放青红椒丝、姜丝、盐，略加酱油，翻炒而成。辣椒以青尖椒为最佳，有时还会配上鲜青豆，味道更佳。还有一法，乃以韭苔炒干爆鱼，亦是别有风味。

### 芊子

芊子，又称签子，徐州土菜，相传起源于汉代。沛县非物质文化遗产"十大碗"中，就有芊子，过去只有在乡下的结婚大席上才能吃得到。芊子既是一种食物，也是一种菜肴的复制品原料，做法很多，就是用蛋皮裹包肉馅，成长签状，很像过去开凿石的铁钎子形状，故名签子。和春卷的做法大同小异。

做签子要先吊好蛋皮，一般蛋皮要吊得大而薄，便于卷制。馅心多使用猪肉馅，也有使用牛肉馅的，素馅心较少，蒸制的较多，也有的直

接炸制，可单独成菜，
也可作为烩菜的原料。
过去大多都是现做现吃，
现在不少地方专门加工，
批量生产。有的为节约
成本或增加风味，在肉
馅中加入大量的淀粉和
面粉，有的加入一些其

他的辅料，如粉丝、冬笋、香菇等。

　　在丰沛一带过去的酒席上，签子是必不可少的一道菜，大多是将猪肉剁成馅，加适量葱姜、水淀粉、鲜汤搅动，加盐、味素、胡椒粉、香油、料酒，搅拌均匀；将鸡蛋打散，煎成薄皮备用，剩下的鸡蛋液加些面粉、淀粉搅成面糊备用。将调好的肉馅卷在蛋皮中，用鸡蛋面粉液涂在面皮上使其粘牢，将面皮向一个方向卷起，即成签子胚料。上笼蒸制，成熟定型，斜切马蹄大片，码齐放大碗中，浇上鲜汤，放入拍碎的葱姜、盐，蒸透后，滗出汤汁，反扣碗中，汤汁回锅勾薄芡，浇入即可。也可用6成热油温炸到成熟呈金黄定型，切成斜段后，油温8成热时下入复炸即可。或将蒸好的签子与皮肚、肉丸、腐竹等一起烩全家福。

### 睢宁绿豆饼

　　绿豆饼因状如金钱，原名金钱饼，是明太祖朱元璋御赐"吉祥饼"的雅称，并御赐"天下第一"。它的形体最小，直径仅1厘米左右，可能是世界上最小的饼了。以绿豆制成的饼，其制法是筛选绿豆，经浸泡、去壳、拐糊、调配、淋

糊、摊烙、阴晾等多道工序，纯手工精制而成。其烹调方法多样，可炒、可烧、可炸、可入汤；可做配菜佐食，亦可做主菜下饭，更可饭菜相兼。它是素菜荤做，配以大油、大火、大辣，其色金黄，视之诱人；其形玲珑，望之悦目；其香扑鼻，嗅之开胃；其味独特，食之快意。由于绿豆味甘、性平，可清热解毒，消痞通气，常食能补元气、和脏腑、通经脉、健脾胃，尤其消暑解酒，其效更佳。因此，是一种绿色保健食品，深受人们欢迎，既是农户的家常小菜，也是饭店的待客佳肴，更是沙集的传统地方名菜。外地客人来了，必要尝尝这道名菜，绿豆饼已打入了一些大中城市，成为高档饭店的特色名菜。

绿豆有利尿作用，是凉身性质的食品，可以防暑降温。并且含有丰富的钙和维生素A，对成长期儿童和老人有益。

知了

知了是蝉的蛹，又名蚱蝉、嘛叽嘹、黑老哇哇，幼虫期叫爬拉猴、蝉猴、知了猴、结了猴、肉牛、知了龟、神仙或蝉龟。属于昆虫纲、半翅目、同翅亚目、蝉科。它的体长在4～4.8厘米之间，吸取树根汁液，幼虫蜕壳以后，附于树枝上，吸风饮露，摄取树枝中的养分。它的前后翅基部呈褐色斑纹，外侧呈断状。雄的能鸣叫。每年的六七月份，是知了的繁殖季节，也是捉知了的时候。这时候，知了的幼虫"知了龟"（也称蝉猴）就相继出土，蜕壳变成知了。到了秋天，知了便产卵于树枝上，冬天便飘落到地上，于是又转入地下，逐渐形成知了龟。记得小

的时候，每到这一季节，便捉知了来煎着吃，每天黄昏时，便拿着小铲子，去挖刚刚爬出来的知了龟。到了晚上八九点钟时，拿着电筒去捉那些爬在树上或篱笆上正蜕壳的或刚蜕了壳的

214

知了。或者在中午，用面粉洗出的面筋去粘爬在树枝上的知了，或用一个塑料袋罩知了。然后，拿回家去翅、去爪、去头（大多不去头）洗净，撒上盐，腌上一夜，第二天早晨便可以用油煎吃，味道香脆鲜美。近年来，还常常为没有吃到知了而感到遗憾。

过去提起吃知了，有的人感到很惊奇，认为有毒不能吃。实际上知了不但没毒，能吃，而且很好吃。徐州及周围一带吃知了很普遍，每年六七月份大量捕捉，有些饭店、招待所还专门收购，近年来知了罐头也出现了，但其口味上不如当时做得好吃。还有的将收购来的知了放置冷库中，等到冬天时再拿出来吃，其口感没有什么变化。知了的食用方法多种多样，在我国各个地区，特别是在黄河中下游的广大地区早有吃知了的习惯。近年来，随着人们生活水平的提高，知了更是成了各大宾馆饭店餐桌上的极品。由于知了的独特食用价值，也被海外美食界广为青睐且奉为上品。

由于市场需求量越来越大，价格愈来愈高，仅靠野生资源已不能满足需要，目前已开始人工饲养。丰县近年来利用果园树木，在知了养殖方面，取得了一定的效果，现已经成为徐州地区主要的知了来源地，绿色安全，无污染。知了成为人类重要的绿色食品之一。

吃知了，不光现代有人吃，古代也有食用，北魏《齐民要术》中就有"蝉脯菹"的记载，曰："捶之，火炙令熟，细擘下酢。又云：蒸之，细切香菜，置上。又云：下沸汤即出，擘如上，香菜蓼法。"这里介绍了用知了的脯肉做菜的三种方法。李时珍的《本草纲目》中记载："扒食之，夜以火取谓之耀蝉。"知了的吃法，在民间比较多，主要是用油煎了吃。将知了洗净，去头、爪、翅，用盐、葱、姜腌入味，下油锅干炸或煎，质脆味香。也可以直接放在火上烤或用油煎炸后，蘸花椒盐吃。若是刚蜕壳的或把知了龟剥掉，也可以炒着吃，炒时放葱、姜、蒜丝、盐，炒干后就可以食用了。也可以按古代记载的那样，取其脯肉，蒸熟或水汆熟后，蘸食。由于知了的肉黏附外面的一层黑色硬壳上，故外面的一层硬壳不易去掉（但知了龟可以剥去其外壳），常常连

215

壳一起煎着吃。用油煎炸，主要是使其脆，吃起来不发柴。是否还可以做出其他味型的菜肴，倒可以研究研究。

知了肉素有唐僧肉的美誉。之所以叫唐僧肉，是因为我国四大古典名著之一的《西游记》中去西天取经的唐僧，原是释迦牟尼如来佛的二徒弟"金蝉子"（又称金蝉长老）转世，唐三藏由金蝉子转世为东土大唐高僧，喻有"金蝉脱壳"之意，所以人们将脱壳变身的蝉作为长生、再生的象征，因此，在《西游记》中也有吃了唐僧肉可以长生不老的说法。除了其营养价值之外，更有深厚的文化韵味在其中。由于金蝉的营养价值高和风格独特的良好口感，以及对人体发挥的多种滋补药效功能，民间便把知了肉比喻成可以让人长生不老的"唐僧肉"。目前已把知了摆上餐桌，作为保健食品，味道好，成为时髦的美味佳肴。

知了由于长期是吸风饮露和吸取树枝中的水分摄取营养，因此不必担心它体内的脏物。由于同时含有人体所必需的多种营养素，对促进生长发育、补充机体代谢的消耗、促进体虚患者康复等，都有极佳的辅助治疗作用，是难得的天然无公害高级营养食品。

知了不仅可以食用，而且还是重要的中药材料。据《中国药材学》记载，蝉若虫有益精壮阳、止渴生津、保肺益肾、抗菌降压、治秃抑癌等作用，蝉蜕富含甲壳素、异黄质蝶呤、赤蝶呤、腺苷三磷酸酶，具有疏风散热、透疹、退翳、止痉、补肾、清热、解毒的功效，常用于治疗外感风热、咳嗽音哑、咽喉肿痛、风疹瘙痒、目赤目翳、破伤风、遗尿、肠炎、小儿惊痫、夜哭不止等症。据李时珍的《本草纲目》记载，可用来治疗："小儿惊痫、夜啼、癫病寒热、惊悸，妇人乳难、胞衣不出，能堕胎。"

**丰县芦笋**

芦笋又名荻笋、南荻笋、龙须菜，学名石刁柏，为百合科植物石刁柏的嫩芽，因其供食用的嫩茎外形与禾本科植物芦苇的嫩芽相似，但实际截然不同，北京人称其为"龙须菜""猪尾巴""蚂蚁杆""狼尾巴根"；中国东北、华北等地均有野生芦笋，东北人称之为"药鸡豆子"；

甘肃人称之为"假天麻""猪尾巴""假天门冬"等。它天赐野成，嫩茎质细肉嫩，适口性强，白笋光直洁白，绿笋匀称艳绿，营养丰富，风味独特，集天然野生和绿色有机等特点于一体，在国际市场上享有"蔬菜之王"的美称，属世界十大名菜之一。欧美营养学者和素食人士视它为健康食品。

丰县芦笋是江苏省徐州市丰县的特产。从1987年开始，至今已有30年历史，是江苏省芦笋老产区，也是主产区，已从原来的老品种更新为优质高产、商品性好的品种。目前种植面积5万亩，以绿（青）笋为主，面积在4万亩。丰县产芦笋幼茎质地细腻，脆嫩多汁，营养丰富，速冻绿（青）笋、罐装白笋畅销西欧市场，保鲜绿（青）笋大批量出口日本和东南亚国家。

芦笋全身都是宝，具有很高的利用价值。芦笋的嫩茎营养丰富，质地柔软细腻，味道鲜美清香可口，食用方法多种多样，成为当今世界上流行的一种名贵保健蔬菜。芦笋的种子和储藏根可为药用；芦笋的地上茎枝枯死后，可作为工业原料和饲料；芦笋具有很好的观赏价值，枝叶可以作插花用，在路边、公园等栽培，既供人们观赏，又可增加经济收入；芦笋的根系比较发达，在水土易流失地方栽培可以防止水土的流失；芦笋耐盐碱能力比较强，在土壤含盐碱比较高的地区栽培，不但可以改良土壤，而且还可以增加经济收入。

芦笋中的天冬酰胺和微量元素硒、钼、铬、锰等，具有调节机体代谢、提高身体免疫力的功效，在对高血压、心脏病、白血病等的预防和治疗中，具有很强的抑制作用和药理效应。

芦笋冷藏保鲜，先用开水煮一分钟，晾干后装入保鲜膜袋中扎口放入冷冻柜中，食用时取出。食用方法多种多样，既可凉拌生食，又可炒、煎、蒸、煮、炖、煲、煨、烧等食用。常见的菜肴主要有：凉拌芦笋、酸辣芦笋、鹌鹑芦笋汤、芦笋鸡蛋汤、素炸芦笋、素炒芦笋、肉片炒芦笋、虾仁烧芦笋、芦笋虾仁蒸包、火腿炒芦笋、鲜菇、芦笋煎鸡蛋、糖醋芦笋片、芦笋烧干贝、芦笋鲍鱼汤等。

# 第四章　徐州饮食习俗

徐州市位于江苏省的西北部，是苏鲁豫皖四省交界之地，处于长江三角洲北翼，华北平原的南部，黄淮平原上。北倚微山湖，西连宿州，东临连云港，南接宿迁，京杭大运河从中穿过，京沪陇海铁路在此交汇，京杭大运河傍城流过，黄河故道横穿市区。交通发达，是公路和铁路的交通中心，作为中国第二大铁路枢纽，素有"五省通衢"之称。也是江苏省重要的经济、商业和对外贸易中心。

徐州市辖铜山县、丰县、沛县、睢宁县、新沂县、邳州，东西长约210公里，南北宽约140公里，总面积为11232平方公里，约为全国面积的1/900。市区有云龙区、鼓楼区、泉山区、九里区和贾汪区，面积为184平方公里。

据文字记载，徐州在周简王十三年（前573），已有关于彭城邑的史实。距今已有2500多年的历史，比南京早一个世纪，比苏州、扬州建城都早，是江苏省最古老的一座城市，也是国务院命名的历史文化名城之一。

徐州地形以平原为主，处古淮河的支流沂、沭、泗诸水的下游，以黄河故道为分水岭，形成北部的沂、沭、泗水系和南部的濉、安河水系。境内河流纵横交错，湖沼、水库星罗棋布，废黄河斜穿东西，京杭大运河横贯南北，东有沂、沭诸水及骆马湖，西有夏兴、大沙河及微山湖。现代的徐州，是"一城青山半城湖"，风景秀丽。夏季暖热湿润，高温多雨。冬季干燥寒冷，雨量较少。全年光照充足，积温高，降水较为充沛，水分资源比较丰实。这些气候和地理环境形成了徐州独特的食俗。

# 第一节　日常食俗

徐州市辖管六县，南方有人把徐州人和山东人都列入"老侉"或"侉子"的行列，也不足为奇，因为当地人口音同山东鲁南口音相似，在日常生活中，相邻地方也有相似的饮食习惯。主食上以米、面较多。民国时期以谷、麦、豆类为主，后逐渐增加山芋、玉米等杂粮。20世纪60年代，家境贫困的农民多以山芋青菜掺入主食。70年代，多数人家喜食面食。一日三餐，干稀粗细，视家境而言。与鲁南接壤的乡村有食煎饼习惯，十有八家备有铁鏊，用时置于地上，鏊底烧火，鏊上持竹劈子，将用水磨过的粮糊均匀摊成薄薄一层，待烤熟后即成煎饼。60年代以前，徐州杂粮多，主食离不开窝窝头，而且菜少，多蘸点辣椒酱吃，故有"窝窝头，蘸辣椒，越吃越添膘"之说。二抹头是介于干饭（米饭）、稀饭（米粥）之间的稠米饭，可咸可甜，是过去生活困难时好做的一种饭。

徐州人爱吃狗肉，相传源于西汉时期的刘邦，其历史悠久。古代徐州有"全狗宴"，现在大街小巷仍有供应，狗肉以卤煮为主，以沛县最甚。尤其是烧饼夹狗肉，更是沛县一大特色。许多来徐州的人，早上会专门开车去沛县吃烧饼夹狗肉，新出炉的烧饼加上刚出锅的狗肉，饼酥肉香，再配以黄豆热粥，比西安的肉夹馍要更胜一筹。其他县区也有食狗肉之风，各有特点。

徐州人还爱吃羊肉，有"冬吃三九，夏吃三伏"之说。羊肉馆到处可见，以丰沛萧砀县羊肉汤质优（具体资料参看"徐州伏羊"）。

徐州人及周边市区过去喜食鲤鱼。古代徐州就有"鲤鱼跳龙门""无鲤不成席"之说，因鲤鱼的"鲤"与"礼"谐音，"鱼"与"余"谐音，象征飞黄腾达、注重礼节礼貌、年年有余之意。在徐州，不论是黄河鲤鱼，还是大运河赤鲤以及微山湖的四孔鲤鱼，都是肉质鲜嫩，特别是微山湖四孔鲤鱼，此鱼除多出两个小鼻孔呈乌色外，其他与一般鲤鱼相似，但味道甘醇，深受徐州人民喜爱。现徐州名菜有"糖醋四孔鲤鱼""龙门鱼"等。逢年过节，女婿给岳父母送礼，必不可少有四孔鲤鱼。

徐州人比较讲究吃鸡。鸡在徐州食用得较为普遍，特别是在秋季（中秋节），当年的仔鸡这时候最鲜嫩。过去吃鸭鹅的较少，吃鸡的较多，多含有"吉利"之意，因此徐州酒席中鸡必不可缺少的。传统酒席中冷菜、炒菜、大件均离不开鸡，大菜中，过去讲究整鸡、整鱼。现今市场上"冯天兴烧鸡"最负盛名。名菜有"葱扒鸡""龙凤烩""凤凰卧巢""牝鸡抱蛋"等。

徐州人爱食辣，喜欢葱、姜、蒜、香菜、芥菜、茴香菜、辣椒等刺激味重的蔬菜，而且喜欢生食。这与徐州的地理环境有关。据资料研究，徐州一带和山东南部一些地方，并沿东陇海线均属"辣椒带"。徐州讲究辣味，特别是在乡土民间菜中，无不体现辣的感觉，干辣椒、青辣椒、辣椒酱、辣椒油、辣椒粉等无所不用，徐州的"拌五毒"就是典型代表（葱、姜、蒜、香菜、辣椒均切丝在一起凉拌）。辣椒品种以邳县最佳，被称为"辣椒之乡"。

徐州人还吃蝉猴、蝉蛹、豆虫、蚂蚱等昆虫。每到夏季，蝉猴破土而出，这是捕捉蝉猴的大好时机，特别是雷阵雨过后，泥土松软，树林里、园篱笆等处是捕捉蝉猴的好去处。如今蝉猴价格不菲，论个售卖，现在已有人工养殖，尤以丰县苹果园最甚。豆虫，学名豆丹，是徐州一带秋季收豆季节比较常见的一种昆虫，也是一种美味，这时候豆虫正肥，油炸煎烹，美味绝伦。但由于其外表不堪，有些人敬而远之。蚂蚱也是民间食用比较多的昆虫，徐州食用蚂蚱由来已久，据《新唐书·五行志》记载："贞元元年夏，蝗自东海，西进河、陇，群飞蔽天……民蒸蝗，曝，扬去翅足以食之。"另据今本《丰县简志》记载："永贞元年六月，蚂蚱自天而下，遮天盖地，十来天不息，将庄稼吃成光杆，百姓争炒蚂蚱吃。"现多用油炸食用。有些过敏体质的人应慎食。

徐州人爱食蒸菜。徐州到现在还保留着蒸吃野菜的习惯。过去农村中吃灰灰菜、地枣苗、槐花、槐叶、榆钱、荠菜、马兰头、枸杞头、马齿苋、扫帚菜、芹菜叶、桐蒿等已成习惯，到了春季最佳上市季节，是当地人的最佳选择。许多家庭买回家，或蒸、或炒、或凉拌、或做馅、或做汤，都是理想的选择。特别是做蒸菜，是徐州一大特色，也是徐州家庭野菜做法一绝。洗净拌些干面粉，稍放些盐上锅蒸，或以蒜泥、或以辣酱、或以油炒，旧时是春荒时期的救命饭，现在成了民间一大美味。现大街小巷有专门制作叫卖者，也登上了筵席的台面，成为徐州地区特色菜肴。

徐州人爱食地锅。徐州地锅是徐州饮食习俗中不可缺少的部分，源于民间。据说起源于汉代，当时行军打仗，军队为了赶时间，就在熬菜的时候，把面饼贴在四周，菜熟饼熟，饭菜均有。后流传在民间，过去农村特别是在农忙时，没时间做饭，只好在土灶上熬一些常见的家常菜，如茄子、豆角、冬瓜之类的，然后把面和成团，用手碾成饼，贴在菜的周围，饼的一端浸在菜汤中，饼熟菜香，饼一端带有菜肴汤汁的味道，另一端干香，既饭又菜，民间称之为"老鳖溜河沿"。在微山湖地区，在湖上作息的渔民，因船上条件所限，往往取一小泥炉，炉上坐一口铁锅，下面支几块干柴生火，然后按家常的做法煮上一锅菜，锅边还要贴满面饼，和民间这一做法大同小异。地锅菜的汤汁较少，口味鲜醇，饼借菜味，菜借饼香，具有软滑与干香并存的特点。如今，厨师将传统地锅菜的制法加以改良，从而推出了地锅鸡、地锅鱼、地锅牛肉、地锅三鲜、地锅豆腐、地锅龙虾等地锅佳肴，逐渐演变为市肆经营的这种地锅系列菜肴，甚至登上了筵席，形成徐州一大特色。

徐州人爱喝酒，各地均有各自的名酒。徐州市区有莲花泉白酒，新沂县有沭河大曲，邳县有邳州大曲，丰县有泥池大曲，沛县有沛公大曲，睢宁有睢宁大曲。不同的场合，酒席也不一样。若是亲朋好友聚在一起，较为随意，喝酒划拳没有什么讲究，若是宴请客人则有一定的规格要求。徐州当地喝酒有"一二三，三二一"之说，即第一杯一口气喝完，第二杯两口气喝完，第三杯分三口气。或倒过来。喝完第一口酒后，主人邀请吃菜，若有鸡必然先吃鸡，以图吉利。碰杯时，要把酒杯低于对方酒杯，以示敬意。有些地方不站着喝酒，如贾汪一带有"一碰俩，不碰仨，站着喝酒算白搭"，若站着喝也是坐下咽，喝完后要向对方亮杯，以示喝完。邳县等地有"续一个"的习惯，即第三杯酒，或者称为"加深印象"。沛县等地喝酒，自己先喝两个，以示有发言权，然后给在座的均端敬两杯酒。酒席中若有整鸡整鱼，鱼头鸡头要对着客人或年长的人，以示尊敬。过去招待贵亲、稀客的菜肴较为讲究，杀鸡宰鹅，上桌必具八到十样菜为敬。席间，年少的要与年长的敬上两杯酒，表示尊敬。敬完两杯酒后，还要陪碰两杯。有时也划拳娱乐，不会划拳则"杠子老虎"，或猜火柴杆，或哑拳。当主人视大家喝得差不多时，喝"门前盅"，即最后一杯酒，喝完后吃饭。饭后抽烟、谈话，此顿饭即示结束。

迎客饺子送客面，这是徐州迎来送往的习惯。

谈到食俗，不能不说一说徐州过去的庙会。庙会也是中国民间广为流传的一种传统民俗活动，是中国民间宗教及岁时风俗，其形成与发展和寺庙的宗教活动有关，在寺庙的节日或规定的日期举行，多设在庙内及其附近，进行祭神、娱乐和购物等活动，是中国集市贸易形式之一。徐州庙会很多，庙会上除了一些日常用具和小孩玩具等外，主要的就是周围的一些市肆小吃比较集中。这些流动的民间小吃业，随着庙会和集市的流动，活动在四乡八集以至外县，甚至发展到外省经营，形成一大帮派，他们都掌握各地庙会和集市的日期，一个接一个去赶场。在庙会开始的前一天，这些摊贩用独轮车载（或肩挑）黑色布篷、灶案用具等，在篷下设灶、摆案，就地取料，加工出售。由地方老大统一安排，供应品种相同的，设点要有一定的距离；同一地点往往搭配不同的品种，行话为"干湿搭配"。如炸糖糕、油条的与热粥配合联营；包子、油旋子与辣汤、玛糊配合联营。既方便顾客，又便于销售。民间歌谣唱

223

道："干秦行，无招牌，一把筷子竖起来。摆棋子，汤下月，拨云见日品种多。赶东集，下西市，吃喝喊叫做生意。有老大，无定市，搭起黑篷供饮食。"卖汤羹类的，就地挖个地窖，用泥块在平地加高坐锅，用秫秸或豆秸做燃料，烧好后再放入缸中卖；煎包子的则就地起灶；卖羊肉汤的就地杀羊等。叫卖是黑篷底经营的另一特色，多以长音招揽顾客，如"酸辣鳝鱼辣汤——""五香玛糊——"等。卖包子的多是摔打着锅铲，大声吆喝："包子多大油多深，一个四两（旧制 16 两为 1斤），两个半斤"；后音长久，声音洪亮，吸引顾客。俗语云："民间小吃数黑篷，敲砸叫卖有喊声。煎炸烙烤有稀洒（汤羹），供给闹市集会中。"

黑篷底饮食品种很多，品种齐全，各具特色，通常用暗语表示。

卖辣汤的，行业暗语叫"拨云"。因辣汤中有面筋片、鸡蛋穗、鳝鱼丝等，卖辣汤时，锅下有火，始终保持汤微开状，配料不断随滚泼涌上翻下，如云片飞动，盛时为使每碗厚薄均匀，用弯把铜勺横拿拨动，恰似拨动云片一般。俗语说"辣汤烧得好，要凭盛得巧"，故称卖辣汤的为"拨云"。

卖豆脑的，行业暗语叫"托月"。徐州的豆脑微咸带辣，吃起来鲜嫩可口。盛豆脑时用铜勺握执平旋，一片片雪白浑圆如月，故名"托月"。

卖热粥的，行业暗语叫"掏井"。因盛热粥的缸很深，需要用长把弯勺，将胳膊伸进缸里，弯着腰一勺一勺往碗里盛，似掏井之势，故名"掏井"。

卖玛糊的，行业暗语叫"扯条子"。因玛糊中有粉丝，又细又长又滑，用长木把勺子盛时漂浮在玛糊上。盛时先盛大半碗玛糊，然后用勺子扯盛粉丝，扯盛的粉丝量要恰好，须一次成功盛入碗中，既突出碗面，又不使玛糊溢出。行业中俗语云："五香玛糊味道浓，盛得得当在勺功。"也就是说，盛玛糊时难在盛粉丝上，所以叫"扯条子"。

卖油煎包的，行业暗语称为"摆棋子"。庙会、集市的油煎包子，大部分是圆的，由于过去经济不发达，肉类较少，包子素馅的较多，特别是以韭菜、豆腐、粉丝等做馅最多。俗话说"包子大了净韭菜"。这样的素包子，皮薄馅多，煎出的包子个大微黄。煎包子时，需要把包子放在煎锅中均匀摆好，故称"摆棋子"。

卖油旋子的，暗语称为"摆盘子"。油旋子摆在特制的铁盘中，四周凸中间凹，像个倒过来的鳌子。加热，倒入油，油旋子放入油中煎炸后，其形如盘，一片片摆在大托盘中，所以叫"摆盘子"。

卖糖糕的，暗语称为"毛滚子"或"油滚子"。糖糕是烫面，性柔而糯，包上糖按成扁圆形，经油炸鼓成球形，外皮起酥，故称"毛滚子"或"油滚子"。

买反手烧饼的，暗语称为"摘月"。反手烧饼也叫花边烧饼，是用半发面剂子包上椒盐，用手捻成饼，反手贴炉上，底火上炙，熟时用特制的铁铲从炉顶铲下，因饼为圆形，动作就像摘取月亮，故称"摘月"。另外，还有用缸炉烤的圆烧饼，烤时一个个贴在缸炉的四周，好像挂着的月亮，故暗语中称卖这种烧饼的叫"挂月"。

其他品种如油条、油馍、蒸包、馒头、麻花、鸡蛋饼、馓子肘、煎豆腐卷、石头馍灌鸡蛋、煎鸡头包子等，也都有暗语代替。

市肆的小吃和零菜有豆浆、豆脑、绿豆稀饭、玛糊、油茶、羊肉汤、辣汤、饦汤、丸子汤、馒头、花卷、煎包、蒸包、烧饼、油旋子、菜角、火烧、锅贴饺、水饺、绿豆面条、蛙鱼、凉粉、热豆腐（浇上辣椒酱）、油炸臭干（夏季较多，多配散啤酒），还有新疆的烤羊肉串。冷菜中大多有烧鸡、盐水鸭、酱牛肉、牛肚、猪头肉、猪大肠、猪脑、猪耳、猪心、猪肝、猪蹄、猪尾巴、狗肉、油炸小鱼、油炸虾、盐水田螺、拌皮肚丝、拌腐竹、花生米、香肠、粉皮、豆腐干、豆花干、羊肉、羊肚等。家庭中喜欢秋季腌雪里蕻、胡萝卜、萝卜干、腌萝卜缨、腌韭菜花、八宝菜、腌辣椒、咸鱼、糟鱼、三丁、腐乳等。

# 第二节　节日食俗

徐州节日主要有春节、正月十五、二月二（龙抬头）、清明节、端午节、大暑（伏羊节）、中秋节、重阳节、冬至等。

**春节食俗**

过年，即春节，是中国最隆重的节日。春节前，家家户户准备过年礼物。农村中过年前都要搞一些油炸食品，如炸果（糯米面蒸熟后，擀薄，切长方条，中间切一口，翻套，过油炸）、炸丸子（荤素都有，素丸子大多用萝卜、北瓜）、炸鱼、炸藕夹、炸山药夹等。城市居民也有炸果，做一些花生糖、芝麻糖等，鱼肉大多吃不完就腌制，做一些咸肉、腊肉、咸鱼等。农村中喜欢写"福"字倒贴，以示幸福要到来了。农村中过去还要蒸"黄团子"，或用谷面，或用玉米面，有三层意思：一是象征全家团圆；二是象征富贵，因为"黄团子"是金黄色；三是象征丰收，因其形状如粮囤。大年三十中午或晚上，全家围桌而坐，喝酒吃菜，以庆新年到来。

许多人以为，过春节就仅仅是大年三十这一天的时间。实际上徐州人过了腊八节，就视为过年了。民间俗语说："小孩小孩你别馋，过了腊八就是年；哩哩啦啦二十三，二十三糖瓜粘，二十四扫房日，二十五买豆腐，二十六买斤肉，二十七宰只鸡，二十八把面发，二十九蒸馒头，三十晚上熬一宿。"腊八过后，徐州人开始制作年货，为除夕做准备。这时候，天气寒冷，是制作风鸡、香肠、咸肉或风鱼的最佳季节。腊月二十三，俗称小年，传说这日是灶王爷上天之日。家家户户要在贴着灶神像的厨房灶头上"送灶""祭灶"。腊月二十四，家家户户要把家里角角落落拾掇干净，准备迎接新年，真正备年货，也是从这天开始。蒸馒头、糖包、枣糕和烙馍馍，炸（酥）藕夹、土豆、山药，炸丸子（多以萝卜丸子居多）、炸麻叶子、炸豆腐泡和炸鱼。蒸好的馒头存放在特大馍筐中，能吃很长时间，有钱的人家会做得很多，够吃一个正月。腊月二十五，推磨做豆腐，过去做豆腐是家家户户必须准备的年货，能放，也可以做成豆腐泡等。腊月二十六，宰猪囤大肉，以前肉少，不像现在，人们只在一年一度的年节中才能吃到肉，因此要提前买肉，主要用来做肉馅包饺子，农村杀猪过年的较多。腊月二十七，赶集宰鸡，一般在这天集中购买年货赶集的较多，同时也是为送节礼准备货物，鸡鱼肉是必不可少的，还有一些糕点之类。同时理发、洗澡、洗衣。腊月二十八，搡年糕、贴窗花。腊月二十九，祭祖。年三十大年夜，全家吃团圆饭，子时守岁"接灶君"，徐州人吃饺子。饺子馅有荤素之分，荤馅有猪、牛、羊肉；素馅多以新鲜时蔬、豆腐、馓子、鸡蛋、粉丝做成。包饺子时候有时候包几个硬币在里面，谁吃到，大吉大利。

正月初一除互相拜年之外，一般不出门，也不好扫地。穿新衣，拜天祖，开门放炮，喝元宝茶，发压岁钱，早上要吃饺子，而且要吃素馅的饺子，即素素静静过个年。同时，为招待拜年来客，家家户户要一早准备待客之物，多数是事先准备的炒花生、炒瓜子、油炸麻叶，有钱的还有些糖果、各色点心，如徐州的京果棒、蜜三刀、羊角蜜、大芙蓉、麻片等。正月初二走亲戚，媳妇回娘家。正月初三，蔬果祭门神。正月初四夜接财神，正月初五是小年，正月初六接亲戚较多……正月十五，闹花灯，吃元宵，过去没钱买花灯，家家户户用面做成面窝窝，蒸熟，放入豆油，用棉花做捻子，当作花灯，供小孩玩，之后还可以食用。元宵节过完，才算过完一个完整的年。

### 正月十五

正月十五吃元宵，元宵作为食品，在中国也由来已久。南方叫汤圆，北方叫元宵，二者制作也不同。"汤圆"是用糯米面包馅，"元宵"是用馅料裹蘸糯米粉。风味各异，可汤煮、油炸、蒸食，有团圆美满之意。在民间，元宵节还有蒸面灯的习俗。"雪打灯，好年成，拉风箱，蒸面龙。"这歌谣唱的正是元宵节蒸面灯的习俗。按照徐州的传统习俗，面灯蒸好后要先敬天地祖宗，然后在面灯上插好灯芯，倒上豆油，点燃后，这才真正成为面灯。许多人会将面灯放在不同的地方来表达对来年美好的祝愿，比如将面灯放在鸡栅边，就祝愿家鸡不生病、多下蛋。面灯实际就是蒸面窝窝，和面时，可以加点盐、花椒粉，也可做成各种形状，中间放油，点着后端着玩耍，油烧干后，可供食用，过去蒸面灯很普遍。正月十五这天都要蒸大包子。徐州的老百姓从正月十三起，家家户户就开始泡干菜，夏季晒干的萝卜缨子、马齿苋、苋菜、灰灰菜等掺上细粉、豆腐；条件好点的再配点猪肉、鸡蛋等，蒸出来个大、皮薄、馅香。

### 立春

立春这天，人们常说叫打春，要吃青萝卜，叫作"咬春"。"咬春"嚼萝卜，则取古人"咬得草根断，则百事可做"之意。打春要咬春，一要吃春饼，二要吃春卷。春饼就是将烙好的饼卷上菜肴，如土豆丝、蒜苗鸡蛋、豆芽之类的。

### 二月二

二月二，徐州俗称"龙抬头"，因从此雷声渐多。一般家庭吃糖豆、炒花生、爆米花、玉米花、炒黄豆等，并用来招待客人。徐州在这一天的传统小吃是糖豆，花样丰富，口感各异。丰、沛县一带，炒糖豆给孩子吃，名为"吃蝎子爪"，据说可以免遭蝎子蜇。有的将春节留下的大馒头蒸一蒸给老人吃，认为可以免腰疼；将元宵节留下的面灯给青壮年吃，认为可以增强体力。

### 清明节

清明节，给死去的人上坟，带点酒菜祭奠，以示对故人的怀念。徐州清明节的传统老习俗非常丰富，不仅要吃蒸菜和青团子，还要插柳、上坟祭祖、掩骨会、扫"金银灰"、春游踏青远足。在徐州地区，清明前一天为寒食节。《荆楚岁时记》称："去冬节一百五日，即有疾风甚雨，谓之寒食，禁火三日。"寒食节的起源，据说是与春秋时期晋国公子重耳的臣属介子推有关。重耳流亡国外十余年，介子推护驾有功，当重耳返回故国即位，介子推却躲入深山。重耳以放火烧山企图逼出介子

228

推，不料山火却将介子推烧死了。为了纪念介子推淡泊名利的高风亮节，民间便有 10 日禁火之举。在古代寒食禁火，只能吃冷食，家家户户在节前就纷纷制作甜干饼、锅摊饼、冷粥以便充饥。寒食节里，街上卖干饼的小贩特别多。有诗云："草色引开盘马地，箫声催暖卖饧饼。"清明节日食俗，徐州特色食品有蒸菜和青团子，这个时节，野生蔬菜正值鲜嫩时期，徐州多用来做蒸菜，也可以将野菜剁碎，与面和成青色菜团子，蒸、煮均宜，也可以蒸过后再烧成菜吃。徐州俗谚："二月清明榆不老，三月清明老了榆。"这是指立春早晚与榆钱子老嫩的关系。徐州习俗，清明时爱吃蒸榆钱。但若是春节后才立春，清明节的榆钱就老得不能吃了。除榆钱子外，清明时亦可多采些野菜，如地枣苗、老鸹嘴、荠菜等蒸食。清明过后是谷雨，是吃香椿的最佳时节。

**端午节**

端午节，家家户户吃粽子，吃鸡蛋。粽子馅中有加红枣、山楂糕、咸肉、腊肉、香肠、海米等。先说用料吧，以往徐州的粽子很少用糯米，用的是当地农村生产的黍子（淡黄色，比小米稍大，有黏性），粽子馅取的是皮薄、肉厚、味甜的徐州红枣，就连粽叶也是采用当地石狗湖（云龙湖前身）近郊河道生长的芦苇叶，从而构成了口感好、味道甜、清香浓的特点。徐州粽子的包法上，多取三角形，也有四角形的，俗称斧头粽子，在扎法上不用竹针，也不用棉绳，而是用蒲叶破开为绳。徐州粽子比南方粽子大些，这是适应徐州人大口吃食、大口咀嚼的习惯。多采用小火慢煮，并加入鸡蛋同煮，黍子米的黏性得到充分发挥，鸡蛋也具有苇叶的香味。有些人家还要放上新下来的独头蒜，有祛瘟辟邪之意，特别是劝小孩吃，民间有"吃了端午蒜，一夏无灾难"之说。鸡蛋加入粽子锅中煮，相传鸡蛋象征着龙蛋，是对曾经伤害过屈原尸身的龙的惩罚。

那时人们生活水平低，家宴不像现在那么丰盛。生活尚宽裕的，端午节家宴中少不了的是新蒜砸成泥蘸白水鸡蛋（鸡蛋是和粽子同时煮的）、细粉烧猪肉和新上市的青椒炒仔鸡等。

## 六月六

六月六为"曝阳节"。徐州城乡，人们习惯将衣服、书籍等物拿出来晒。俗话说："六月六，晒龙衣，湿了龙衣烂蓑衣。"如这一天下雨，则认为是个涝年。邳、睢一带，这一天要接出嫁的女儿回娘家消夏，有"六月六，接热肉，有娘送，无娘受"之说。若娘家父母年逢66岁，出嫁的女儿应于这天送66个水饺祝贺。这时也是徐州伏羊的开始。

## 中秋节

中秋节，是家庭团圆的节日，吃酒时必然少不了月饼和鸡，以示全家团圆幸福、吉庆有余。中秋节前几天，有婚约的家庭，男方要给女方家送去八瓶酒、八斤月饼、八条鱼、八只鸡、八斤馃子、八盒烟（现一般为一条或两条）、八斤水果（水果可几样，每样八斤亦可），即徐州过去的"八个八"礼。在中秋节传统的礼仪中，月饼被赋予了特殊的寓意，敬奉月神，祈求月神的保佑，风调雨顺，国泰民安，亲人团圆，并请月神享用美味的供品（祭文最后的"尚飨"，就是请月神来享用供品）。而被月神光顾过的供品（包括月饼），也就有神灵所带来的福祉和保佑，也就有了精神上的享受。

## 重阳节

农历九月初九，是我国民间的重阳节，徐州也不例外，爬山登高，备带食物，喝酒吃螃蟹，登高望月，以示一年比一年好。民间在重阳节前后，百姓利用刚收获的新黍米（似小米，有黏性）磨成面，包上山芋丁，并掺适量的白糖，制成黍米面山芋团子，与南方的重阳糕有相似之处。重阳要吃螃蟹，这时候螃蟹最肥。

旧时的徐州，十分注重过重阳节，几乎所有人都要摆顿重阳宴，不论菜肴好孬。现在仍有很多人在重阳节前一天，约上好友，带上酒肴，登山过夜，一时间，山顶人声鼎沸，遍及山野，政府有时候不得不出面协调指挥。

## 立冬与冬至

冬季有两个节气是很重要的，一是立冬，二是冬至。许多朋友会将立冬和冬至两个节气搞混，一般立冬是在 11 月，冬至是在 12 月。

立冬是秋冬季节之交，故"交"子之时的饺子不能不吃。现在的人们已经逐渐恢复了这一古老习俗，立冬之日，各式各样的饺子卖得很火。吃饺子是从汉代开始，慢慢延续下来，也得有一两千年的时间。也有不少人家立冬吃羊肉，有资料记载，立冬后徐州人每天吃羊 1000 只，说明徐州人有立冬吃羊肉的习俗。

冬至这天，徐州叫"立大冬"，俗称"立大冬，长一葱"（此后白天渐长）。徐州习俗，这一天要吃"冬疙瘩"，也叫"猫耳朵"，是一种形似猫耳朵的水饺。冬季入九喝鸡汤是徐州市冬季饮食进补的传统，而且徐州市每年的这一天都举办彭祖腊羹节。丰沛一带流行吃狗肉和羊肉，传说刘邦在冬至这天吃了樊哙的狗肉，赞不绝口。

**腊八节**

农历十二月初八是"腊八节"，腊八这天要吃腊八粥。腊八粥分甜咸两种，甜的多投瓜仁果脯，咸的则放入豆腐皮、香干丝、榨菜丁、冬菜、笋丝、肉丝等。粥煮好后，要盛上些先送亲邻，有小孩的人家让小孩多吃些亲友送的粥，以为可以"拉巴拉巴"（徐州话"拉巴"有扶助提携之意）。腊八节源于佛教，这天，各寺院尼庵都要用大锅煮粥，分送施主家，借以讨取布施。

**庙会食俗（黑篷底饮食）**

城隍庙会、火神庙会、阎王会、玉皇庙会、人祖庙会、黄楼会、福神会、云龙山会、蟠桃会、地藏王会、泰山会十二、五毒庙会、关帝庙会、留侯庙会、刘将军庙会。（具体见前文日常习俗。）

# 第三节　婚丧食俗

**喜宴（吃大席）**

结婚是男女之大事，现代自由恋爱青年较多，经媒人介绍的也有，但古代习俗"见面礼"在农村仍存在。旧社会时的男婚女嫁，全凭父

231

母之命、媒妁之言，只要男女双方家长同意，子女的终身大事就算定了。也有幼年订婚，俗称"娃娃亲"。提亲前，男孩的父母要请媒人吃饭，俗语云"成不成，酒两瓶"，这是给媒人的酬谢，媒人酒足饭饱后，才会当作一回事去办，不然会被讲小气。定亲的最后一天是赠送定亲礼物，由男方送至女方家里，俗称"传柬"，以示订婚。传柬前，双方商定具体日期，男方家请老先生写"敬求金诺"等字样。另外还带有盐、葱、筷子、花生、栗子、白果、红绿线、春麸子等。盐是延年益寿；葱指下一代聪明；筷子又称顺子，指什么都顺利；花生指婚后花开生育，有男有女；白果指白头偕老；栗子指早生贵子；红绿线指月老牵线搭桥；麸子指婚后有福。女方则忙着张罗酒席，找人陪客。席间双方随客划拳行令，直喝得一醉方休才肯罢休。但轻易不让新人喝酒。定亲以后，男方还要给媒人送条大鲤鱼，酬谢媒人介绍之功。女方收到后，要写回启，多写上"谨遵台命"等字样。

结婚酒席很隆重，在结婚的前一天，厨师就得来到男女方家中，备料顺菜，各种材料则由主人根据厨师开的菜单和料单，提前买好，整个婚礼有总管（指挥）、司仪、厨师、帮手、服务员等。

结婚酒席档次的高低一般视家庭情况而定。但酒席中鸡和鱼是必不可少的。菜肴一般是凉菜八样，大件四件，炒菜四件或六件，外加一甜汤一咸汤。其中炒菜中一般不可少有拔丝，以示情谊绵长。凉菜一般为五荤三素，并且要有鸡和鱼，以示吉利和年年有余。厨师在前一天顺菜时，主人要给开刀礼（一条毛巾和一块香皂）。新娘到达新郎家后，司仪典礼，拜天地、父母、亲戚等。在新娘的嫁妆中有时藏有红枣、花生、桂圆、栗子，以示意早生贵子。

客至开席。过去在开酒席前，每桌上四碟或八碟馃子，以供客人先"点心点心"。两次上席后，厨师开始上头菜，头菜一般以烧海参等海味居多，头菜装盘后，上放一山楂糕刻的双喜字，以示喜庆。服务员上头菜时，要报"头菜来了"。这时新娘要拿出事先准备好的用红纸包的礼钱，由服务员交给厨师每人一份，以示致谢。然后新郎新娘给各位客

232

人敬酒，上烟点烟。有时碰到开玩笑者，半天不得走开。给客人敬完酒后再到厨房给厨师敬酒，女方家来的酬客一般在晚上，由新娘的兄弟及亲戚组成，由一年长者带领四五个人，均是酒量大者，到男方家中，男方则选派酒量大会说话的人来陪酒讲话，双方划拳行令，直喝得一醉方休。厨师除了做菜以外，还要给新郎新娘下长寿面，面条一般不熟，每碗再放两只荷包蛋，鸡蛋也不熟，溏心，筷子用火烤后掀弯，使之食时不能像正常一样食用，面条好后，新郎新娘还要给厨师喜钱，每人一份用红纸包。临走主人还要给厨师喜酒、喜糖、喜烟等。条件好的还有红纸包（主要视情况而定）。若厨师和主人关系密切，红纸包、酒和烟一般退还给主人，以示自己人不必客气。

城市婚宴一般采用"三滴宴"，具体菜肴质量视家庭经济情况。农村酒席中，菜肴大多以实惠为主，因农村酒席，妇女小孩较多，大多是大鱼大肉丸子等。旧时多以每桌八碗为标准，俗称"八大碗"。辣、咸、味重，色红实惠，菜肴中以猪肉、猪耳、猪肝、猪肚、猪心及各地特产较多。下面是1987年沛县胡寨一农村结婚酒席菜单：

冷菜：盐水花生仁、五香蚕豆、凉拌藕、芹菜拌肉丝、糟鱼、菠菜拌猪血、卤鸡杂、芹菜拌虾。

热菜：红烧猪肉、烧羊肉、烧绿豆面丸子、烧藕夹、烧山药、拔丝山药、米粉肉、杂碎汤、糖醋鱼、清汤鸡、荷包蛋、红烧鲤鱼。

这是一桌在当时条件较好的酒席，对于条件一般的情况，菜肴可酌情减少。

### 丧席（喝丧汤）

丧席是指家中有人去世，为应酬亲朋好友来祭奠而开设酒席。过去丧席比较简单，以素为主，也喝酒，但酒席中豆腐是不可缺少的，以示白事（丧事也叫白事）。另外不能用粉丝（扯扯拉拉不吉利），也不能吃面条菜。

### 喜面和寿宴

喜面一般是生孩子满月摆的筵席，徐州传统习俗"送粥米"，就是娘家亲朋好友要送上一些米面、鸡蛋、挂面、红糖、馓子、新衣等物。到指定的日子那天，娘家哥哥将"粥米"担了送去。娘家送粥米，婆家要准备筵席，叫"吃喜面"。"吃喜面"讲究喝红糖茶泡馓子，红糖表示喜庆，馓子谐音"散子"，意多得贵子。还要吃"长寿面"，即下挂面再卧进两个鸡蛋，酒足饭饱之后，每位客人还要带上 10 个"红喜蛋"。"红喜蛋"习俗源于汉代，

寿宴，是指给老年人过寿承办的筵席，要有寿糕，现在多用生日蛋糕。八宝饭多做成寿桃形，象征老人长寿百岁。

# 第四节　饮食方言

"方言"据《辞海》解释：是一种语言的地方变体，在语音、词汇、语法上各有其特点，是语言分化的结果。"俗语""俗话"是流行于民间的通俗语句，带有一定的方言性。方言出自民间，徐州地区饮食中的方言俗语与饮食习俗有极大的关系，有其独特的代表意义，是徐州地方饮食文化中的重要组成部分。研究地方饮食方言俗语，应从地方的特产原料、工艺流程、成品特色、饮食风俗等方面进行研究，以从中探讨地方的饮食文化。

徐州的"饣它汤"是徐州地方饮食方言中最具典型的方言事例。"饣它汤"，源于彭祖的"雉羹"，其主要原料是以"雉"（野鸡）和"稷"（黄米）碾碎熬，熬至雉酥脱骨、稷熟出汁，再和以盐味，因此又称"饣它汤"。"饣它"字据传是地方庸儒品汤时，为乐趣而臆造的。另一传说为乾隆皇帝南巡时，途经徐州，品尝此汤后，问卖汤者此为"啥"汤，卖汤者随口答曰这就是"饣它"汤，以后就沿袭成俗了。

徐州在几千年的演变中，经历了战火洗礼、黄河泛滥等许多人为及自然的灾害后，本地人口稀少，南来北往涌入徐州的人很多，各地的地方方言混杂在一起，形成了徐州的独特的方言风格，也有的与其他地方方言有接近之处。具体来说，饮食中的方言主要体现在以下方面。

1. 特产原料

徐州的地方特产很多，很具有地方特色，以下是原料的地方方言俗称。

（1）植物性原料蔬菜类

"苔菜""黑菜"：指乌塌菜。

"架梅"：指四季豆。

"梅豆角子"：指扁豆。

"楮桃咎子"：指楮桃树上结有绒毛的果实。

"黍黍"：指高粱。

"玉黍黍"：指玉米。

"芫菜""香菜"：指芫荽。

"洋蒜"：指洋葱。

"搅瓜"：地方特产，产于邳州、睢宁一带，表面金黄色，又称搅丝瓜，蒸或煮后用筷子可顺搅成丝。

"豆角子""豆角"：指豇豆。

"地蛋""地豆"：指土豆。

"马马菜"：指马齿苋。

"辣疙瘩"：指蔓菁。

"腊菜"：指雪里蕻。

"苤了头""苤了疙瘩"：指苤蓝。

"地枣苗""卜蒜""野蒜"：指薤头，小蒜。

"灰灰菜"：指野苋菜。

"地角皮"：指地耳。

"白芋""红芋""山芋"：指甘薯。

"辣萝卜"：指红皮大萝卜。

"豆筋"：豆制品，指植物肉。

"马牙""转莲""望日葵"：指向日葵。

"地姜"：指洋姜。

"毛芋子"：指芋艿。

"洋柿子"：指西红柿。

"拉皮""粉皮""熟粉皮"：用淀粉摊制的面皮。

"大料"：指八角。

"忌讳"：指醋。

"鱼松"：指鱼腥草。

"长果""落生"：指花生。

"苔干"：地方特产，产于邳州、睢宁一带，一种莴苣的干制品。

"莪豆"：指白蘑菇。

"旺卜"：指南瓜。

（2）动物性原料

"唠唠"：指猪。

"鬼子肉"：指驴肉。

"驴顺"：指驴鞭。

"颌绷"：指颈部，"猪颌绷""鸡颌绷"。

"脯脯囔"：指畜类中奶脯等部位的肉。

"肚崩"：指奶脯肉。

"肋扇"：指五花肉。

"皮肚"：指油炸制的干肉皮。

"滚子"：指鸡蛋。

"青皮"：指咸鸭蛋。

"（草）厚子""（草）混子"：指草鱼。

"家鱼"：指白鲢或花鲢。

"曹鱼"：指鲫鱼。

"曹鱼壳子"：指小鲫鱼。

"餐子""餐条子""角嘴鲢子"：指小白鱼。

"鮥鱼""鮥燕"：指黄颡鱼。

"元宝鱼"：指青虾。

"虾婆婆"：海洋产品，指濑尿虾。

"屋蝼牛"：指蜗牛。

"歪蚌"：指河蚌。

"季花鱼"：指鳜鱼。

"趴地虎""麻泥丁""麻泥古丁"：指虎头鲨。

"鱼泡""鱼泡泡"：指鱼鳔。

"姐儿龟"：指蝉猴。

"姐了"：指蝉。

"老雀""小小虫"：指麻雀。

"麻鸪油"：指鹧鸪。

"作料"：指调味品。

2. 加工工艺

"阿锅"：把杂粮入锅中烧煮，"阿稀饭"。

"吊""吊汤"：烧煮之意，"吊汤"即煮汤。

"叠"：指上浆。

"馏"：把蒸熟后的食品重新加热蒸透。

"哈"：指菜肴上桌前短时间、快速蒸东西，哈透，哈一下。

"紧""掸"；指焯水，"紧一紧""紧长鱼""掸一掸""掸水"。

"渫"：指植物性原料焯水，焯水后制作干菜居多。

"泖"：指动物性原料焯水。

"熬"：烧煮之意，"熬菜""熬稀饭"。

"打活"：指在炉操作工后帮忙者。

"擗"：指把东西分开，"擗青菜"。

"豁"：倒掉之意，"豁水""豁掉""豁汤"。

"拨面鱼"：将面搅成稀糊，用筷子沿碗边斜拨，形状细长，掉入开水中煮熟。

"泻"：指出水，塌架。

"放油"：指过油。

237

“重油”：指再过一遍油。

“拉油”：指过油，“拉遍油”。

“拉水”：指用水烫，“拉遍水”。

“渡”：指用水浸泡，“渡一渡”“渡渡水”。

“煞”：指植物性原料经刀式处理后用盐腌出水，“煞水”。

“僵”：指东西干硬，咬不动，“炸僵了”。

“旋”：削之意，“旋掉”。

“码码”：指腌制，“码码味”“用盐码码”。

“鞘头”：指烧制的动物性原料中加入蔬菜等原料。

“欠火”“差把火”：指东西不熟或不透。

“淤锅”：指汤沸腾时泛出锅外。

“巴锅”：指食物粘在锅上，“烧巴锅子”。

“戗”：指把东西铲掉，“戗刀”“戗锅”。

“熥”：指把食品放在锅中小火煎（用油或不用油）。

“炕炕”：指把食品放锅中（不放油）或火边焙熟，“炕饼”。

“圆汽”：指蒸锅上汽。

“顺菜”：指事先加工配菜。

“走菜”：指上菜。

“跑菜”：指传菜。

“下口”：加调料调味。

“卧鸡蛋”：指做荷包蛋。

3. 饮食成品。

“饣它汤”：徐州地方风味小吃之一，用母鸡和麦仁熬制。1999 年获“中华名小吃”称号。

“辣汤”：徐州特色风味小吃之一，用母鸡及面筋熬制，胡辣味浓郁，常见的品种有“鳝鱼辣汤”“母鸡辣汤”“素辣汤”等。

“丸子汤”：徐州特色风味小吃之一，是在开水锅中煮绿豆面饼和绿豆面丸子，食用时配以红油、蒜泥等。

"玛糊"：又称"五香玛糊"，是用花生米、粉丝、豆腐（或豆皮）、大米、青菜等同熬，汁浓味足。

"发馍""馍馍"：指馒头。

"单饼""烙馍"：徐州特色面食之一，用水调面团擀成直径约 30 厘米的圆饼，放鏊子上烙熟。

"油馅子""油旋子"：用水调面团裹以馅心，用手捻薄，放热油中煎炸。馅心可荤可素。

"蛙鱼"：徐州风味小吃之一，用水淀粉加热成糊状，放入漏盆中，滴漏在冷水中，食时调味，配以徐州萝卜榨菜，风味独特。

"面鱼"：见"拨面鱼"。

"面片""面叶"：工艺似手擀面条，开头不是条状，而是长方形或三角形，煮食。

"汤丸子"：指元宵。

"麻叶"：油炸食品之一，用米面配以芝麻擀成薄饼，切长方形，中间划一刀，一端从口中翻过两圈，油炸。

"角蜜""羊角蜜"：徐州特色糕点食品，因形似羊角，馅心含蜜而得名。

"馃子"：糕点的统称。

"盐豆""萝卜豆"：徐州民间风味小菜，大豆煮熟，经发酵后，加以调味，湿者为"鲜盐豆"，干者为"干盐豆"，配以萝卜为"萝卜豆"。

"五香疙瘩"：徐州民间风味小菜，用蔓菁或苤蓝腌制，可炒。

"黑咸菜""面咸菜"：用蔓菁或苤蓝腌制后，经长时间加热煮透（10 小时以上），颜色发黑，肉质软面。

"豆卤""臭豆卤"：指"青方"，比较有名的有徐州万通酿造厂酿造的青方及邳州八义集的青方。

"喝饼"：一种面饼，多用于过去农村家庭烧菜时在菜四周贴饼，饭菜兼备，又称"老鳖溜河沿"，有时简化为菜汤中煮饼。

"锅盔"：指大、薄而圆的烧饼。

"朝牌"：指长方形的烧饼，形似古代大臣朝见皇帝时的牙板。

"地锅"：多与喝饼结合，属民间家常菜，烧木柴，小火，有地锅鱼、地锅鸡、地锅排骨等。

"托"：指蔬菜拌以面粉稀糊，经煎或炸制，如"煎南瓜托"。

4. 民俗习惯

"完""咧""谗""耍""啃"：在饭桌上均指吃。

"叼"：指用筷子夹菜吃。

"肴肴""压压"：喝酒后吃菜称"肴肴"。

"闪座"：中途离席称"闪座"。

"刹口"：解馋之意。

"碜"：食物中夹有沙，"碜牙""牙碜"。

"口轻""口重"：指调味品盐少或盐多。

"缩""胀"：贬义的吃，有骂人之意，"缩饱吗"。

5. 饮食用具

"净锅""铁古子"：煮汤或早点用来烧稀饭的盛具，多用铁皮制作，容量较大。

"锅腔"：四周用泥制，中空，前有进口（大），后有小口出烟，烧木柴。

"锅拍"：指锅盖。

"拍子"：用高粱秆扎制的圆形工具。

"箅子"：指烙煎饼或单饼时用来翻饼的竹制工具。

一个地区饮食文化内涵很多，饮食中的方言俗语只是其中的一个组成部分，随着社会的发展和交流，人们物质生活水平的提高，有些方言逐渐被通俗语言所代替，而饮食中的暗语、术语只是厨人们在长期的实践操作中的隐晦语言，其专业性较强，一般不被外人所理解。饮食中方言的形成，有的是根据原料或食品的外形、颜色、气味、口味、风味特色、制作工艺或动作的习惯等，结合方言中的其他语言特点而形成的；

有的是根据想象臆造而出现的，并且臆造的字较多，一般字典上查不到；有的是由于社会交流，本地语言和外来语言的结合。一方水土养一方人，美丽富饶的山川土地，哺育了勤劳智慧的徐州人民。徐州人嗜咸偏辣、喜饮酒的饮食习惯，体现了徐州人民粗犷豪放的性格特点。烹饪鼻祖彭铿、大师易牙及历代的烹饪工作者为徐州的饮食文化做了很大的贡献；独领风骚的文人墨客也在徐州的饮食文化中增添了浓重的一笔。

方言俗语是一种文化的体现，是一个地方人民智慧的结晶。研究地方饮食方言俗语，对研究地方的民俗习惯，探讨中国传统的饮食文化，有着非凡的意义。

由于方言是地方的一种土话，有很多无法在字典中查到，只有通过音、意、形等方面进行臆造，有些可能不能完全表达方言的本意，本文中臆造的字亦是如此。本书中的方言是徐州日常饮食中的一部分，还有待于继续搜集整理。

# 第五章　其　　他

## 第一节　名人与徐州饮食文化

徐州饮食文化是以徐州地方饮食为载体产生和发展起来的文化现象，是精神文明赖以产生的前提和基础，它与徐州的历史、区域、经济、民俗、物产、烹饪技法等密切联系，是人类社会发展和进步的标志。徐州饮食文化的内容丰富，包括彭祖饮食文化、烹饪原料文化、小吃文化、主食文化、菜肴文化（名菜、小吃、小菜）、面点（糕点）文化、早点文化、烹调技艺文化、日常食俗和节日食俗文化、食品文化、饮食礼仪文化、饮食器具文化、饮食方言文化、筵席文化、饮食养生文化、饮食诗文文化、名人饮食文化、餐饮经营文化、茶文化、酒文化等，有着丰富的内容和文化底蕴。

这些文化的存在和发展，反映了徐州饮食文化的历史悠久和徐州人民的聪明智慧，体现了饮食文化在人民生活中的重要作用，同时也推动了徐州经济的快速发展。有些饮食文化内容，经历了几千年的沿袭和传承，已形成了颇具特色的饮食文化特征，融汇在徐州地方文化中。

一个地域的文化底蕴的传承与延续，与史料记载有极大的关系，同时与名人的口传言播、诗书字画影响很大，徐州的饮食文化也是如此。

徐州历代名人辈出，许多名人都与徐州饮食文化结下了不解之缘，留下了大量的饮食佳作和脍炙人口的诗文绝句，还有大量的美丽动人的传说和典故。

### 彭　祖

为尧舜时期人物，因"雉羹"治好了尧帝的厌食症而受封于彭城。作为中国烹饪的鼻祖，他开创了中国烹饪的先河，其养生之道被后人奉为圣典，他为徐州留下了大量的历史财富，"彭祖文化""彭祖饮食文化""彭祖养生文化"说明了他对徐州乃至世界做出的贡献。彭祖饮食文化是以彭祖饮食内容为载体产生和发展起来的文化现象，是徐州饮食文化的重要组成部分，它是以彭祖文化为背景，其形成是在漫长的历史时期中，在自然环境、人文环境、社会生活等多种因素的影响下形成和发展的。它与徐州的历史、区域、经济、民俗、物产、烹饪技法等密切联系，是人类社会发展和进步的标志。其遗留下来的"羊方藏鱼""雉羹""麋角鸡""水晶饼""云母羹"等肴馔，至今仍广为流传。"爨阵八法"是彭祖对烹饪技艺的另一大贡献，对中国烹饪的厨房布局影响至今。

### 易　牙

战国时期的易牙，是继彭祖以后有史籍记载的烹饪大师。齐桓公称霸，九会诸侯，易牙任"司庖"，就是专管齐桓公的饮食，因"烹子事主"而得到齐桓公的宠信，传说干政事败后，晚年流落于徐州，求教彭祖的烹饪之道，其创制的"易牙五味鸡"及用于齐桓公会诸侯的"八盘五簋"筵流传至今。前人有诗赞美他："雍巫善味祖彭铿，三访求师古彭城。九会诸侯任司庖，八盘五簋宴王卿。"他不仅善于烹饪之道，更是第一个运用调和之事操作烹饪的庖厨。他又是第一个开私人饭馆的人，晚年流落徐州，他开设了"易牙居"，创立了"易牙五味鸡""五味芹芽"等食疗菜，因此也可以说他是中国食疗的创始人。后人为纪念这位大师，历代都有以易牙命名的饭庄。后人总结了易牙的经验，写成《易牙遗意》一书，广为流传。

### 项羽与虞姬

项羽与虞姬，是历史上绝配的英雄与美女。相传，虞姬姿容绝代，博学多才，为避秦乱随父居宿迁。项羽，将门之后，身高八尺，重瞳炯耀，一表非凡，勇猛过人。一日，二人庙会相见，一见钟情，虞姬禀告父亲，邀其家中做客，虞姬亲自烹制"鸳鸯鸡"，虞姬的父亲即将虞姬许配项羽，并资助项羽反秦。后项羽建都彭城，虞姬在开国大典设制了"龙凤宴"，一时传为佳话。"龙凤宴"古朴庄严，造型典雅，制作讲究，技术复杂，是徐州古代著名筵席，代代相传，有人题诗云："一餐龙凤宴，尝尽天下鲜。珍馐佳寰宇，疑是上九天。"后项羽兵败垓下，自刎乌江，上演了一场霸王别姬的悲剧，"龙凤宴"中的名菜"龙凤会"，后人取名为"霸王别姬"即出于此，后因在婚宴上有不吉利之嫌，现又恢复为"龙凤会"。

## 刘 邦

汉高祖刘邦，沛县丰邑中阳里人，汉朝开国皇帝，汉民族和汉文化伟大的开拓者。对汉族的发展，以及中国的统一和强大有突出贡献。刘邦讨伐英布，回故里集名师、汇珍馐，大宴百官百姓，击筑作《大风歌》，名扬天下。后有人赞云："集四海琼浆高祖金樽于故土，会九州肴馔筷铿膳秘以彭城。"可见筵席盛况。刘邦取得天下后，定都西安，据《三辅旧事》载："太上皇不悦关中，高祖迁丰沛屠儿、沽酒卖饼商人，立为新丰县，故一县多小人。"徐州饮食随之影响到西安，这就是历史上有名的"东食西迁"，因其出名的"沛公狗肉"更是驰名全国。皇后吕雉，与刘邦可谓患难夫妻，吕雉为人有谋略，刘邦死后，吕雉先后掌权达十六年。相传有次吕雉过生日，亲自指点做了一道"牝鸡报蛋"，其意为牝贵子牡，女尊男卑，表达了吕雉的政治野心，后经历代相传，成为有权有势的人家妇女做寿的必备菜，流传至今。这道系村野风味菜，历史悠久。楚汉相争，一次刘邦败绩，被项羽追赶躲在一个小山洞避难。当时山上有户人家想招待他，适逢这天是谷雨，是香椿芽正盛的时候，随手掰来做了两个菜。刘邦食后，感到醇香无比，美不可言，遂问香椿为何这样好吃。主人说："雨（谷雨）前香椿芽嫩如丝，雨（谷雨）后香椿芽生木质。王爷来得正适时。"次日刘邦走出门外，见不远处有香椿数株，便顺口说出"但愿香椿长春"。后来这几株香椿树的芽果然比其他树芽晚老一个季节。为此有人题诗云："椿芽时已过，枝嫩权芽生。汉王长春愿，食之齿颊香。"徐州香椿就此名扬四方。

## 刘 裕

宋武帝刘裕，徐州人，卓越的政治家、改革家、军事家，被誉为"南朝第一帝"。刘裕九岁入学，父亲设宴庆贺，特意做了有寓意的四道菜：第一道红烧鲤鱼，希望将来富贵有余；第二道菜烧肉，希望将来为人忠厚；第三道清炖鸡，取百事吉利之意；第四道烩蛋，希望将来事业辉煌，贵为人主。总的意思是希望刘裕能像跳过龙门的鲤鱼，平步青云。刘裕听后说，何不现在就让鲤鱼跳龙门？说完把烧肉块枕在鱼头下，把鸡块垫在鱼尾下，让鱼头、鱼尾翘起来，再把烩蛋浇在鱼身上，然后对大家说，这鲤鱼不就跃过龙门，到了金色的云彩中了吗？在座宾客大为赞赏。刘裕当了皇帝后，率军来到彭城，回忆往事，踌躇满志，遂命厨师将四道菜做成一个大件，并赐名"龙门鱼"。从此，龙门鱼作为一道名菜流传至今。

## 朱 温

朱温，即后梁太祖，五代梁王朝建立者，砀山人。相传朱温未发迹时有次犯事入狱，出狱后有两位结义兄弟为他接风喝酒压惊，厨师为他做了一道"红烧黄钻鱼头"。酒菜摆好后，有一人迟迟不到，另一人外出寻找，朱温由于久在狱中，饥饿难忍，等不及竟独自把鱼头吃了、二位兄弟顺水推舟说，这鱼头就是为你做的，愿你独占鳌头，旗开得胜。朱温后来当了梁王，回到砀山，回想当年情景，重温当年"红烧黄钻鱼头"，赐名为"独占鳌头"，从此徐州一带吃黄钻鱼头成风，也成了宴客的常用佳肴，因系梁王所食，后人也称为"梁王鱼"。

## 关盼盼

关盼盼，唐代徐州名伎，徐州守帅张愔宠妾。据说，关盼盼在夫死守节于燕子楼十余年后，白居易作诗批评她只能守节不能殉节，她于是绝食而死。张愔曾经邀请白居易到府中，设盛宴殷勤款待。酒酣时，关盼盼表演了自己拿手的《长恨歌》和《霓裳羽衣舞》。关盼盼不仅能歌善舞，还擅长烹调，亲自为大诗人白居易做了一道"油淋鱼鳞鸡"，白居易大为赞叹，当即写下一首赞美关盼盼的诗，诗中有这样的句子："醉娇胜不得，风袅牡丹花。"意思是说关盼盼的娇艳情态无与伦比，只有花中之王的牡丹才堪与她媲美。这样的盛赞，又是出自白居易这样一位颇具影响的大诗人之口，使关盼盼的艳名更加香溢四方了。后来白居易重访故地，关盼盼又做了一道"葱烧孤雁"，向诗人表达像孤雁一样忠贞。徐州古迹"燕子楼"现在犹存，清末名人钱食芝曾题诗云："千年故事已成古，名楼佳肴传世人。"

## 韩　愈

韩愈，南阳（今河南省孟州）人。贞元十五年（799）春，他从汴州之战中逃了出来，经河南来到徐州，投靠在同乡徐泗节度使张建封的门下，做了个节度使推官，在徐州大约住了一年。韩愈在徐州时年约三十二三岁，在徐州写了近十首诗，为徐州的人文景观增添了光彩。传说韩愈好饮食，曾亲自创制了不少名菜，如"愈炙鱼"，在徐州广为流传。

## 白居易

白居易，字乐天，号香山居士，唐代著名诗人。九岁时，其父白季庚来徐任彭城县令，全家随任寄寓徐州，他在徐州生活了二十三年之久，一直到三十二岁离开徐州，他把徐州当作了第二故乡，对徐州倾注了深情。他在《江南送北客因凭寄徐州兄弟》诗中写道："故园望断欲何如，楚水吴山万里余。今日因君访兄弟，数行乡泪一封书。"千古文坛传为佳话，其影响波及海内外。乐天嗜酒，也精于厨事，当年他在徐州爱吃一种鸭子，因其字"乐天"，故称"乐天鸭子"（荷叶醉鸭）。此菜在七十年前是徐州庆合园饭庄的名菜，名声远扬。

## 苏　轼

苏轼，字子瞻，又字和仲，号东坡居士，眉州眉山（即今四川眉山）人，苏洵的长子，苏辙的兄长，是北宋著名文学家、书画家。曾任徐州太守，在徐州一年又十一月，为徐州人民做了不少好事，也写下了许多描绘徐州风土人情的名篇佳作。苏轼不仅是位才华超群的文豪，也是一位美食家兼烹饪大师，自号老饕。他善于调味，精于食道，其《老饕赋》《炖肉歌》等饮食诗文，流传甚广。北宋熙宁年间，苏轼到徐州任知府，元丰元年（1078），徐州连降暴雨，黄河岔道洪水决堤，水情险恶，苏东坡亲自率吏民防洪救灾，经过几天几夜的连续奋战，终于战胜了洪水。地方百姓被苏东坡的精神和行为所感动，为感谢苏东坡的辛苦，纷纷杀猪宰羊送到府衙，苏东坡推辞不及，遂令厨师把这些物料烹制后回赠百姓，其中一道，百姓称为"回赠肉"，也称"东坡回赠肉"。后人有诗赞曰："狂涛淫雨侵彭城，昼夜辛劳苏知州。敬献三牲黎元意，东坡烹来回赠肉。"除此以外，还有苏东坡的"金蟾戏珠""五关鸡""醉青虾"留世，后人并称为"东坡四珍"。后有人题诗赞"东坡四珍"："学士风流赞老饕，烹调有术自堪豪。四珍千载传佳话，君子无由夸远庖。"苏东坡还热爱徐州的热粥，写下了脍炙人口的《豆粥》诗："君不见滹沱流澌车折轴，公孙仓皇奉豆粥。湿薪破灶自燎衣，饥寒顿解刘文叔。又不见金谷敲冰草木春，帐下烹煎皆美人。萍齑豆粥不传法，咄嗟而办石季伦。干戈未解身如寄，声色相缠心已醉。身心颠倒自不知，更识人间有真味。岂如江头千顷雪色芦，茅檐出没晨烟孤。地碓舂秔光似玉，沙瓶煮豆软如酥。我老此身无着处，卖书来问东家住。卧听鸡鸣粥熟时，蓬头曳履君家去。"这些流传下来的东坡饮食诗文，显示了当时徐州的饮食状况。后人为纪念这位大师，创有"东坡草堂宴"。

### 刘伯温

辅佐朱元璋奠基明朝江山的刘伯温也是一位美食家和烹饪家，曾三次来到徐州。一次，地方官宴请他，其中一道"炒苔菜荚"，他赞不绝口，相传还曾亲自指导厨师做了"南煎丸子""酿苦瓜""里脊苦瓜""莲子苦瓜""野味三套"五个菜。后来"酿苦瓜""里脊苦瓜""莲子苦瓜"失传，后人根据其爱好，创制了"刘基丸子"等名菜。民国时期，徐州兴盛园菜馆就经营"刘基丸子""野味三套"等名菜。从其著有的《多能鄙事》卷一至卷三的饮食部分，可见其对饮食极有研究。

## 刘　墉

刘墉，字崇如，号石庵，另有青原、香岩、东武、穆庵、溟华、日观峰道人等字号，清代书画家、政治家。山东省高密县逄戈庄人（原属诸城），祖籍江苏徐州丰县。乾隆十六年（1751）进士，刘统勋之子。官至内阁大学士，为官清廉，有乃父之风。刘墉做过吏部尚书、体仁阁大学士，工书法，尤长小楷，传世书法作品以行书为多。

"一品粘肉"是新沂一道自制的民间菜。相传刘墉随乾隆下江南，晚上入住马陵山，趁着乾隆独自出游之际，刘墉想到此处邵店的圣泉寺，成亲王和家父刘统勋都为此题过字，便想一睹风采。走到中午，顿觉腹中饥饿，便走进路边一小酒店，店主人正在案上粘肉，刘墉好奇，便问何菜。店主人说，是祖辈流传下来的一种做法，还没有名字，于是刘墉点此菜细细品味，连声夸好，待结账时，刘墉面露尴尬，竟忘了带银两。店主人打量着刘墉，觉得此人气度不凡，是读书之人，便请他题写菜名。刘墉爽快答应，因店中无笔墨，刘墉随手拿过当柴烧的玉米芯，在木板上写了四个大字——"一品粘肉"。刘墉回去后，觉得十分内疚，遂用上好的宣纸写下"一品粘肉"四个字，并留下落款，派人送去，此时店主人才恍然大悟，如获至宝，"一品粘肉"也就成了小店的招牌菜。

还有一次，刘墉随乾隆第三次南下，途中又一次来到新沂马陵山。乾隆看到山上树林中开放着一串串白色的小花，便问："这是什么花？"刘墉上前答道："此乃槐花。"乾隆再向远看，只见众多男女老幼正在采摘，不由眉头紧皱，问道："这么好看的花为何乱加采摘？"刘墉忙上前答道："此花可吃。"乾隆十分好奇："这花既然可吃，朕也要尝一尝。"听说万岁爷要吃槐花，这可吓坏了县令，这是老百姓用来充饥度荒的，怎么能给皇上吃呢？刘墉请来几个厨师高手，建议配上马陵山产的花生米，去掉槐花的涩味，加入鸡蛋，清蒸上盘。乾隆感觉此菜外酥内嫩，清香可口，赞不绝口。刘墉见皇上高兴，忙说："如今当地百姓一日三餐把槐花当饭吃呢。"乾隆不解："此花做菜尚可，如何当饭？"刘墉说："每年槐花盛开之日，也是春荒之时，百姓家中无粮，只好以槐花充饥，此事还望圣上体恤百姓，放粮救济，度过春荒。"乾隆忙说："应该应该，刘爱卿，你去办吧。"为纪念乾隆对百姓的厚爱，人们便将此菜称作"龙口花香"。

### 李 蟠

李蟠，江苏徐州人，字仙李，号根庵，又号莱溪。生于顺治十二年（1655）五月二十九日，卒于雍正六年（1728）四月初一，享年七十三岁。李蟠出身于书香门第、诗礼世家，天资聪敏，二十八岁入泮为博士弟子，三十六岁中举，四十三岁（康熙三十六年）钦点状元，是徐州明清两朝唯一一位文状元。殿试时，因对军政、吏治、河防靖条答对贴切，符合事理，且见解独到，遂被康熙皇帝钦点为一甲进士第一名，授官翰林院修撰。

康熙三十八年（1699），朝廷派李蟠出任顺天府乡试主考官，却遭到流言蜚语中伤，被判充军。三年后赐归故里，从此闭门著书，直至善终。著有《偶然集》传世。所书《东坡放鹤亭记》《金刚经》，世人视为珍宝，惜已散失。今徐州户部山有状元府旧址，云龙山上有其撰写的碑文三种。

一次徐州地方官宴请李蟠，席间有两道菜用羊做的菜——鱼羊烩和羊羹，异常鲜美，引起了李蟠的赏识，遂作对联一副："烹饪鱼羊鲜馔解解解老饕之馋；调理大羊美羹试试试厨者之技。"康熙年间，徐州有个悦来酒家，是当时首屈一指的名牌老店，此店名师李自尝有四道拿手菜：银珠鱼、醋熘酥鱼丁、多味龙骨、鱼衣羹。李蟠品尝后曾写诗赞曰："酒家悦来誉九州，古彭烹盛选鳌头。鲤鱼脱身化银珠，多味龙骨腹中圃。大海漂浮王子衣，鸾刀纷纶糖醋熘。"从此酒家名冠九州，四道名菜盛极一时。

### 文兰若

文兰若，徐州人，名聚蕙，字兰若，生于光绪十五年（1893），病逝于 1973 年。父亲文元柱，清代贡生。兰若先生幼承庭训，学识渊博，年轻时参加同盟会，并参加过五四运动，因目睹官场污浊，毅然永不为吏，后在"一高"任教师。一生清贫，甘做布衣，排行居五，人称五爷。以声韵学、历史学研究著称。钟情于饮食文化，对烹饪颇有研究，有"文老饕"之称，有家传《大彭烹事录》和自编《东坡食谱》，对《齐民要术》《随园食单》等古籍食谱了如指掌，如数家珍。

据我老师胡德荣先生讲，20 世纪 60 年代初，一次胡老师去文先生家，文先生留胡老师吃饭，说有四个菜，"一品豆腐""状元红""凉调高洁""万象更新"，一汤谓之"一龙戏二珠"，主食艾窝窝。名称高雅，想必是珍馐美味待上桌时方才明白，原来这天有人送文先生两个鸡蛋，他大做文章，自制糟豆腐一块（一品），红辣椒酱一碟，调韭菜一碟，葱花调蛋白一碟，三寸碟盛装，两个蛋黄、一棵小白菜做汤，萝卜丝加少许面捏成饺状，曰艾窝窝。几个菜都出自《金瓶梅》。

### 康有为

康有为，广东省南海县丹灶苏村人，人称"康南海"，中国晚清时期重要的政治家、思想家、教育家，资产阶级改良主义的代表人物。光绪二十四年（1898）开始进行戊戌变法，变法失败后逃往日本。民国十六年（1927）病死于青岛。康有为作为晚清社会的活跃分子，在倡导维新运动时，体现了历史前进的方向。但后来，他与袁世凯成为复辟运动的精神领袖。

清末，徐州有一家饭庄闻名遐迩。店名"者者居"，是取《论语·子路》"近者悦，远者来"之意，旧址在徐州老南门内，即现在的彭城路中段。者者居饭庄有一位有名的厨师，叫翟世清。翟师傅是徐州人，光绪年间曾一度在北京某大饭店担任掌灶厨师。一次，适逢康有为来这个饭庄赴宴，与洋人对对联。原来，当时八国联军正入侵中国，他们是为炫耀武力，胁迫清政府投降，通过日本公使呈递给清廷外交官一副上联，要求属对，内含对我国的藐视和挑衅。其文曰："骑奇马，张弓长，琴瑟琵琶，八大王王王在上，单戈能战。"文意实是一张战表。康有为面对挑衅曰："伪为人，袭龙衣，魍魉魑魅，四小鬼鬼鬼犯边，合手并拿。"此对可称杰作！他不仅展示了高超的中国文字艺术，更重要的是直接打击了帝国主义侵略者的嚣张气焰。

翟师傅闻悉这一事件，激起了强烈的义愤，当即利用徐州的一道古典名菜"众星捧月"加以改进，做成一个特殊的大件上席。他在菜面中心排出"中国"二字，用莲子做星辰，而在菜周围偏东北处用枣子排出一个"日"字，象征中国如太阳照满乾坤，侵略者的阴谋绝不能得逞。半副对联一道菜，使侵略者不敢小视，灰溜溜而去。由此，康有为与翟世清得以相识，并互相钦佩。

公元1917年，康有为来徐州。这时翟世清已由北京返徐，在西园菜馆主持烹饪。西园菜馆旧址在徐州南门外奎西巷路北，后台老板是清末的张三举人。有一次，徐州南货业"杨渐记"的老板杨鸿斌（与张勋为干亲家）在西园菜馆宴请张勋，康有为也在座。由于张勋爱吃海参，便让翟世清主持配制一桌扒海参全席。其中有一道徐州名菜清炖鱼丸，宾主品尝之后，赞不绝口。康有为当即询问厨师来历，才知道正是在京烹制"众星捧月"、大举中华士气的翟世清，于是连忙邀请他共叙往事。接着，翟世清又向康有为介绍席上的清炖鱼丸。原来，这道徐州名菜是清康熙年间徐州著名厨师李自尝首先创制的。康有为听后即席赋诗赞道："元明庖膳无宋法，今人学古有清风。彭城李翟祖彭铿，异军突起吐彩虹。"诗中所言"彭铿"，就是传说中活了八百岁的彭祖，他可说是中国烹饪学的鼻祖，唐尧时代受封于彭城。赋诗毕，康有为又书写了一幅条幅："彭城鱼丸闻遐迩，声誉久驰越南北。"对翟世清所制的清炖鱼丸赞赏备至。

不久，康有为从山东泰安得到鱼中稀世珍品——"赤鳞鱼"，专请翟世清师傅来烹制。这种赤鳞鱼产于东岳泰山黑龙潭上一带的山泉之中，体长约五六寸，通体半透明状。夏天如果将钓得的赤鳞鱼放置在石头上，不多时即会化下一摊油。赤鳞鱼刺细如线，其味鲜美非凡。以翟世清师傅的精湛的技艺，烹调东岳名贵的赤鳞鱼，真是堪称双绝。康有为于筵席上品尝完之后，立即乘兴挥毫，书对联如下："龙潭赤鳞自出没，玉鼎烹来馈珍馐"；"山珍海味乃虚名之士，鸡鱼蛋豚是将相之材"。此事一时传为美谈。

### 钱食芝

清末民初的徐州秀才钱食芝擅画山水，亦善写梅。其山水画师法清代画家王石谷，书法追摹汉魏碑刻，兼学清代书法家刘石庵，诗学陶渊明。钱食芝早年曾与苗聚五、杨侯、闫咏佰等人，创办了徐州市著名的"集益书画社"。1913年，他发起成立并负责"东方书画社"，主要成员有李兰、章亚古、张伯英、张从仁、苗聚五等。他著有《怀微草堂诗书画合册》。其传世绘画作品有山水长卷《秋山行旅图》等。钱食芝先生也是著名画家李可染的第一位绘画启蒙老师。

钱食芝常以诗书画自娱，对烹饪既擅长又有研究，曾写有"红黍是好友，白鱼我仇人；鲜莪长交往，狗肉冤更深"等诗文。

徐州南关芭子街（编笆子的多，今之建国西路），是当时比较繁华的商业街，有家酒楼叫"畅春楼"，店名由钱食芝题写。该店有道看家菜"明炉烤鸭"较为有名。一次，钱食芝与苗聚五、胡敬轩等人来吃烤鸭，众人酒意正浓时，让钱食芝以此作文助兴，钱食芝遂赋《祭鸭文》一首："生前呱呱叫，行动摇摇跐。死后无藏身，而今我腹揣。"这一文人逸事，在学者及厨行中传为佳话。

### 李厚基

李厚基，字培之，江苏丰县人。北洋武备学堂毕业。初为直隶总督署卫队管带，后历任北洋军第二镇管带、标统，第四镇第七协协统。辛亥革命时，参加进攻武汉。民国建立，改称第四师第七旅旅长。1913年进兵上海，任吴淞要塞司令。同年带兵入闽，历任福建镇守使、护军使。1916年投靠皖系，任福建督军兼省长，参加督军团活动。1918年，段祺瑞发动对南方的战争，他任闽浙援粤军总司令，被击败。第一次直奉战争后，投靠直系。1923年被皖系徐树铮与孙中山的北伐军联合驱走。1924年11月，任山西援军副司令，旋改任南下宣抚，任全威将

252

军。后寓居天津。

有一次，李厚基回徐州，徐州豪绅为了讨好他，在快活林酒家宴请他。席间，李厚基乘兴畅谈他随李鸿章访问欧美的经过，谈到吃牛肉问题。他说："在俄国吃的俄式烤牛肉，与中国回民烤牛肉不同，俄国是大长条，先腌后再隔火炙，别有一番风味；在美国吃的烤牛肉，是烤时加调料，烤后再蒸，蒸好再烤，风味又不一样。"他又说："一次，我同李大人在美国纽约。当时，美国要人宴请，席设在著名的中国万里云菜馆。有一道菜是洋葱炒牛肉丝，鲜嫩微甜稍辣，得到李大人的称赞。以后李大人每餐必点此菜。因为李大人是中国的钦差大臣，洋葱炒牛肉丝这道菜就很快在美国闻名遐迩，美国人把此菜翻译成'炒杂烩'或'李（鸿章）杂烩'，并且成为中国饭店的代称。遗憾的是，李大人没有在中国吃到可口的洋葱炒牛肉丝，究其原因，是因为美国有专养成的食用牛，肉质鲜嫩，而中国是非老牛不杀。"李厚基谈罢不胜感慨。

李厚基在讲这番话时毫无目的，而快活林主要股东之一、商会会长徐厚基听后，感到这是一次显示快活林厨师特长的大好机会，他马上找厨师张继阁商量。过了一会儿，一道鲜美的洋葱炒牛肉丝端上桌来，李厚基吃了几口，大为惊叹，说他没想到徐州能做出这样鲜嫩的牛肉丝，便询问其故。徐厚基答道："这是我店名厨张继阁用'软炒法'炒制的。所以老牛肉质虽老，如掌握好火候，也能炒得鲜嫩。"李厚基听了十分赞赏，乘兴口占一联："李杂烩誉满美国，张师傅名扬徐州。"从此，洋葱炒牛肉丝就成为徐州名馔，前来快活林品尝者络绎不绝。

李厚基有一次宴请亲友等知名人士，地点在兴隆园菜馆（今兴隆巷奎河西岸），头天预订了三桌"八盘五簋宴"，主要菜点有金丝鱼丸、龙爪夺珠、鸳鸯鱼、烤方肋、八士饼等。李厚基有个随员姓权，食后赞叹不已说："我们福建人认为福建菜有着天然的海鲜，花色多，品种全，用料精细，制作精细，历史悠久，但是比起徐州四千多年的烹饪历史，就算不了什么了。"并乘兴作词一首：

满园百花香，翠柳竹林。漪澜荡漾水云光，河畔交荫碧玉芒，妙在花趣。

宾客遍遐方，济济沧沧。四筵舞著更飞觞，品尝彭城珍馐味，忘是他乡。


这首词后来被徐州书法家苗聚五用行书写成，装裱后挂在兴隆园。

### 桂中行

桂中行，字履真，江西临川人。晚清将领，并工书画，尤能画兰。光绪元年起，在徐州做了八年知府。

桂中行在徐州期间，经常与友人便服到饭馆饮酒作乐。一次，桂中行与友人来到百花园菜馆（淮海路大慈庵处）娱乐，点了一桌"四盘四"便餐，还叫来歌妓陪酒，弹唱作乐，边吃边品。桂中行说，无酒不成宴，无令酒不欢。我们今天来一个见景生情的酒令，由席上实有之物，做出拆合字，还要有一个双音两读的字，加虚字不许重复，还得与前对仗相偶。众人皆赞同。桂中行指着"羊方藏鱼"为题说："六月鱼羊食之鲜也，鲜矣！"第二位客人指着歌妓为题说："三位女子择其所好者，好之！"第三位客人一时犯难，认罚三杯。正在这时，堂倌上来中碗烧杂拌，接着上炸八块、火镰肉、野鸡羹，随口说了句"九个菜都已上齐"，这位客人马上来了灵感，说："我的酒令有了，'九件成皿馔哉盛乎，盛焉'。"于是乎，桂中行与第二个客人也随从三杯，互相扯平，酒足饭饱。

### 张 勋

张勋，原名张和，字少轩、绍轩，号松寿老人，江西省奉新县人，中国近代北洋军阀。清末任云南、甘肃、江南提督。

清朝覆亡后，为表示效忠清室，张勋禁止所部剪辫子，被称为"辫帅"。1913 年镇压讨袁军。后任长江巡阅使、安徽督军。1917 年以调停"府院之争"为名，率兵进入北京，于 7 月 1 日与康有为拥溥仪复辟，12 日为皖系军阀段祺瑞的"讨逆军"所击败，逃入荷兰驻华公使馆。

后病死于天津。

民国三年（1914），徐州官绅为张勋六十大寿宴请于道台衙门，当时全国各地知名人士都派代表前来祝寿。祝寿的礼仪和筵席的设置都由孔子的七十六代后裔孔令贻主持议定，设立三个厨房，分别制作高级筵席、普通筵席和素宴，总计一百多人。高档筵席采用徐州明代流传下来的"五吉筵席"，原料全为进口的高档原料；普通筵席全为徐州传统筵席"十全宴"；素宴采用徐州元代慈航园素菜馆流传下来的"天花宴"和"菊花宴"，招待释道两家人员。这次张勋寿宴一连摆了七天，共计六百余桌，名流云集，盛况空前。

### 张宗昌

张宗昌，字效坤。山东掖县（今莱州市）人。绰号"狗肉将军""混世魔王""长腿将军""三不知将军""五毒大将军""张三多"等，奉系军阀头目之一。张宗昌曾残酷镇压青岛日商纱厂工人罢工，造成"青岛惨案"，1932年9月3日，被山东省政府参议郑继成枪杀于津浦铁路济南车站。

一次张宗昌在徐州，其母随行赴宴。席上有鲜荔枝，张母不知如何吃，把荔枝连壳吞下，当众出丑，传为笑谈。张宗昌见状，第二日又大开筵席，将前次宴会的主客统统招来，特嘱厨师专制荔枝状糖果奉上，几可乱真。进食时，张母从容自若，仍囫囵吞食。客人不知里就，反而欲剥壳再食，张遂雪前耻。

张宗昌来徐，住吴氏学堂（今之解放路小学），举行军事会议。徐州兴盛园为会议举办五桌鱼翅全席，由徐州名厨李兴诗主持，颇得张宗昌赏识，当即聘为随军厨师，随张去天津，与溥仪的厨师得以交流经验。溥仪的厨师给李兴诗讲述了满汉全席，李兴诗也给他们讲述了徐州古典筵席"龙凤宴"，二人后来合作制作"龙凤宴"。

名人在徐州，很多都与徐州菜留下了不解之缘，有些是资料记载，有些是传说逸事，但无论如何，这些名人雅士都对徐州烹饪的发展起到了推动作用，无形中推动了徐州饮食文化的发展。首先体现了徐州饮食文化内容丰富，既体现了徐州的烹饪之道，也有大家风范的文化底蕴；其次，体现了徐州传统饮食文化的内涵和精髓，这些名人的饮食和掌故，不是简单地追求美食，更是对徐州饮食文化的赞赏，使徐州的饮食文化上升到更高的境界；再次，体现徐州厨行先辈的聪明智慧和勤劳善作，在徐州饮食文化的传承和创新上不断变化，使徐州饮食文化的内容不断得到丰富和提高；最后，徐州饮食文化不仅仅是美食的相关内容，更多的是与徐州的诗词音乐、文学艺术、地理历史、风土人情、文化交流等紧密联系，使徐州饮食文化的历史传承永远闪烁下去。

# 第二节　徐州饮食"老字号"

## 花园饭店

花园饭店始建于 1916 年，业主吴继宏祖籍苏州，落户徐州，以经销英美烟草而发家致富，他出资两万银圆，从上海雇来建筑技工，仿照上海时新别墅样式，兴建了这所花园住宅，于 1919 年正式开张营业。当时这座浅褐色的西式楼房成为徐州全城建筑最新颖、设备最完善的饭店，雇有南北名厨，备有中西餐点，厅堂陈设红木家具，房间设置壁炉暖气，并有西式卫生间。

最先住进花园饭店的是辫子军头张勋，他曾多次在饭店宴请士绅名

流，密谋复辟"大业"，在军阀混战时期，张宗昌、褚玉璞、孙传芳等军阀巨头都曾住在这里。国民党将领冯玉祥、张治中、冯玉祥、邱清泉、于右任、黄维、黄百韬、李宗仁、蒋介石也在这里暂住过，冯玉祥与蒋

介石拜把兄弟就在这个饭店换的帖，他俩结拜留念的照片，就是在当年的老商会门前（现市政府附近）拍摄的。

1938 年 5 月，徐州沦陷，日军强占饭店，开设了日式的鹤家屋旅馆，成为日军部队的高级招待所。

抗战胜利后，周恩来、张治中、马歇尔组成军事调停三人小组，来到徐州后即住进花园饭店，张治中、马歇尔住南楼，周恩来住北楼，为三人小组服务的电台机构设在北楼。蒋介石、蒋纬国父子也曾在花园饭店下榻。

1949 年 4 月，徐州市人民政府接管了花园饭店，并光荣地接待了我军的周恩来、朱德、陈毅、刘伯承、粟裕等高级将领。

1951 年，人民政府以四万四千元（包括不固定资产）洽买过来，与九州饭店合并，改称淮海饭店，对内是市政府第一招待所。

1991 年 1 月，恢复花园饭店原名。

花园饭店地处徐州市繁华的中心商业圈，目前是按四星级酒店标准建造的现代化商务酒店。酒店保留了民国建筑风格，气派大方，豪华典雅的设计体现出传统文化与现代艺术的完美结合。

### 宴春园饭庄

宴春园饭庄创始于清光绪年间，是李会春（名画家李可染之父）、李会霖兄弟俩开办的。兴盛于 20 世纪二三十年代。

李会春兄弟俩原籍铜山县黄集后场，年轻时以打鱼为生，常来徐州卖鱼，出入于各大菜馆，他们虽然以打鱼为

生，却留心于烹饪这一行，借卖鱼之机常帮菜馆干些杂活，受到店主和厨师的一致好评。后经他人介绍，他们在马市街东头开了一间小饭铺，供应炒菜、汤点、蒸包等。质优价廉，深受顾客喜爱。名厨师高贯忠收李会春为寄名徒弟。

徐州有名的潘益泰杂货店的四老板，是小饭铺的常客，爱吃他们的荷叶肉等。潘老板看他俩能干，遂把坐落在兴隆巷东头的房舍包括小花园一处出租给他们开饭店，字号"宴春园"，地方书法家葛琪宾题写的招牌。当时宴春园规模较大，共有三进院子，二三十间客房可同时摆席四十余桌，花园内绿柳成荫，园内也设客座。

饭店正门是虎座门楼，黑漆双扇大门上书有一副对联："正走间哼哪来好美味，抬头看嗷此处有佳肴。"二道门也是双扇门，上有一联："周八士闻香下马，汉三杰知味停车。"

宴春园虽居小巷，但环境优雅，风味独特，且位于南关商贾云集之地，富户所居之区，因而生意兴隆。平均每月摆宴一千余桌，营业额达三千元左右，毛利率约百分之二十。当时每桌筵席价格：海十样二元，大十样、大三滴三元二角，鱼皮席四元八角，燕菜席九元六角。宴春园在经营中，以上等筵席为主。

宴春园客厅摆设讲究，每个客厅都有雕花的茶几、八仙桌、太师椅，各屋布置有别，四壁皆有字画装饰，餐具、茶具非常精致。有的客厅条几摆有香炉、烛台灯，为会亲、婚礼、结金兰之交的场面备用之物。

在经营管理方面，由李会春兄弟俩总管一切，下设账房、库房，管理人员各有专职又相互合作。

宴春园厨师荟萃，有名厨田玉璋、陈学奎、高贯忠等二十余人，徒弟十多人，其烹调方法多样，代表菜有"葱烧野鸭""粉丝鱼丸""明炉烧鸭""红烧黄钻鱼头""火腿烧南罗"等名菜。

宴春园后期加强阵容，更加兴盛。1932年，李会春兄弟俩相继去世，此店就交给胡庆昌经营，一直延续到日军侵占徐州（1938年5

月）。

1989 年 10 月 30 日，徐州饮食公司恢复宴春园饭庄，在大同街 93 号开业。饭店融古今建筑风格于一体，并请李可染先生题写"宴春园"店名，文化部长贺敬之题写"开琼筵以坐花，飞羽觞而醉月"的李白诗句。

### 汪家羊肉馆

从清末至解放初，徐州最大的羊肉汤馆要数汪玉泉（无字号）的羊肉馆了。这家羊肉馆坐落在下街（今解放路）中市路西，四间门面，南、北屋各五间，后边是厨房，设有两个大甑锅，中间有宝盒棚。另外还有养羊的场所。汪玉泉善于经营管理，品种搭配得当。他是以羊肉汤为主，兼营羊肉面、凉拌羊肉、杂碎、冷调菜多种，并有面食羊肉烫面蒸饺、麻盐缸贴、大小圆烧饼等。他的羊肉汤是地方风味，其法是原汤本味，羊肉是现杀现用（有专人养羊及杀羊）。用大甑锅煮羊肉，待熟羊肉冷却后，截丝切薄片。大甑前边有接桌，经常摆着数行（十个一行）的碗，里面放着水粉丝，上盖羊肉片，还有辣椒油、香菜末，碗里的肉有纯肥的、净瘦的，还有肥瘦相间的及杂碎。主要的招待员（堂倌）是丁玉东，他响堂报菜，唱说如流。一桌坐好几位，经客人点定，他从客堂里唱说："一碗肥，两碗瘦，三碗杂碎。"掌灶师傅按客人所点，从甑中舀原汤浇上即成。这个店品种搭配得当，服务上桌，先吃后算账，以此招揽各界顾客，朝夕门庭若市。

### 徐州小吃馆九阳春

九阳春饭庄兴盛于八十年前，坐落在今之徐州饭店西边，此处同时还有颐和园和三和园饭庄。这三家并列路北，都挂天津风味的招牌。此三家起源于津浦铁路开通后，东车站一带很繁荣，饮食业供不应求。那时有天津白案师傅白世德、陈继明等人，在金龙巷南头开设"一分利"小吃馆，以快餐面食著称，生意极为兴盛。后因故关闭，这伙人被雇用，分别在这三个馆子工作。供应菜点是以徐州风味为主。菜点有炒肝尖、爆三样、辣子鸡、烧全家福、扒三样、坛子肉；汤有虾杆萝丝汤、鸡羹汤、片儿汤、木樨汤等；面食有拧丝卷子、水饺、大饼、焖饼、烩饼、炒饼、打卤面、炒面、炸酱面、素面、肉丝面等。这三家小吃馆各有门面五间，内有厨房客堂，规模不大，布置整洁。两边挂着上书字号的竖牌，中间挂有写着菜肴品种的小牌，下坠红绿绸子，门前有站牌，都是很招眼的幌子。九阳春老板王贤阳善于经营，并有良好的服务态度。客人进门先让坐，端茶递香巾净面后，响堂报菜。菜案师傅如实配制，灶上顺序出来，敲勺为号，并敲出餐桌的号。服务员应声上菜，饭后唱说算账。再次递香巾，端漱口水。临走送出门外，那时的服务员，要数叶昌顺最有名气。

### 功德林素菜馆

功德林素菜馆开设于 1936 年，坐落在今之马市街西头路南，是继"觉林"（道家风味）之后的一家纯素菜馆。这两家素菜馆都是"居士林"（民间信奉佛教的组织）资助开办的。功德林以面筋成菜者，有百种之多。不过民初素菜荤名盛行，起源于道家素食爱好者，为以素乱荤之故。当时功德林曾有"糖醋鲤鱼""炒虾仁""冬菇烧大肠"等，享有盛誉，因之生意兴隆，朝夕门庭若市，但因加工较为复杂，价格较为昂贵，后来勉强维持。徐州素食源远流长，历代都有素食菜馆应市。如清代的三清斋、慈航园等，都是纯素菜馆，而且不用动物原料来命名，菜品均以蔬食原料与烹调方法命名。如流传已久的徐州蔬食八珍有冬菜炒豇豆、口蘑锅巴、炸响铃等。素菜取料于蔬菜、食用菌等。其主要原料是豆腐、面筋，因此豆腐、面筋有素食之肉之称。北宋道家葛长庚咏面筋诗云："结庵白云处，山供味味新。嫩腐虽云美，麸筋最清纯。"是说豆腐鲜嫩，还不及面筋清纯。行谚云："面筋之功，百菜赖之。"

### 樊信犬肉店——夜来香

烹食狗肉在我国有久远的历史。公元前 11 世纪的西周时代，宫廷宴会、祭祀大典中皆有狗肉制作的食品。周天子所食八珍之一的"肝膋"就是用狗肝与网油做成；湖南长沙马王堆一号汉墓出土的随葬器物中有"狗巾羹一鼎""狗苦羹一鼎""犬肝炙一器"等多种以狗肉制成的食品，这些都证明中国古代食用狗肉已有很丰富的经验。徐州一带食用狗肉更是久负盛名。距今六百八十余年前的元朝大德年间，徐州有个樊信犬肉店，专门经营狗肉食品，当时南来北往的商贾行旅，乃至过往官吏都一尝为快。犬肉店主樊信是沛县屠狗出身的汉朝开国功臣樊哙的后裔，这爿店铺由他和徐州厨师合伙经营，主要供应早晚点，热凉菜肴都是以狗肉制作。樊信会做几个拿手名菜：一是用明炉炙烤的叉烤犬脯；二是不去皮的砂钵狗肉；三是水晶压腿，做法是先腌后煮，压平冷却刀切装盘；四是坛子狗肉，做法是把狗肉煮熟、脱骨，配鸭肉加辅料装坛，密封坛口，放到谷糠火中煨一天一夜，等冷却后取出，刀切装盘；此外还有炸肝菁卷、烧犬头、炒臀尖等。樊信犬肉店最受欢迎的还要数卤犬肉，味厚、醇香、酥烂，在这几种好处之外，还有一种异乎寻常的鲜。相传樊信做卤犬肉时，用的是祖上樊哙当年煮过老鼋的老汤，因此与众不同。樊信犬肉店后来取名"夜来香"，就是由这美味的卤犬肉而得名。

元朝大德五年（1301）冬，著名书法家鲜于枢从杭州返京就任太常典簿，途经徐州。鲜于枢书法豪健、遒劲，柳贯曾经这样描写过他："鲜于公面带河朔伟气，每酒酣放，吟诗作字，奇态横生。"这位才华横溢的艺术家在仕途中很不得志，终生只做个史椽之类的小官，因此，他往往在陶情诗酒之际，以濡毫挥翰自娱。这次奉命北上，逆旅长夜，思绪万千，久不能寐，忽然夜风吹过，阵阵奇香扑鼻。晨起命仆从打听，原来离徐州驿舍不远处就是樊信的狗肉店，夜间闻到的香气是卤犬肉出锅时散发出来的。鲜于枢不觉大喜，酒瘾上来，亲自前往品尝痛饮。樊信听说顾客是位大书法家，灵机一动，特为客人做了道精美的肴馔"犬鼋烩"，这是樊信从祖上流传下来的鼋汤卤犬肉悟出来的一种方法，他取甲鱼和狗肉同烩，去二腥得异香。鲜于枢吃起来连声赞美，樊信趁其酒兴正浓，上前请求鲜于枢为自己的店铺写块匾额，鲜于枢亦不推辞，乘着几分酒意，挥毫写下了"夜来香"三个大字，写得纵逸雄健，这"夜来香"的意思更是雅俗共赏，饶有趣味。从此"夜来香"

犬肉店声誉日隆，门庭若市。

## 兴隆园菜馆

民国九年（1920），徐州南关兴隆巷路南，靠近奎河边有家兴隆园菜馆，虽然只有两进小院，客堂也不大，但是庭院中数百盆花草，姹紫嫣红，四季花开不绝。旁临奎河，一曲清流，岸边垂杨依依，渔舟往来如画。这怡人的风光，给凭窗小酌的客人平添几许兴致。时逢初夏的一天傍晚，奉军直隶督办褚玉璞在十余骑军人拥簇下来到兴隆园。落座后，招待员侯金钊上前请督办点菜，不料这位督办竟像《水浒传》中的鲁达一样粗鲁地说："选好的端上来！"当即由胡庆昌师傅主持，采用时鲜原料，精心制作一桌丰盛筵席，其中有一道糟蒸鲥鱼。鲥鱼一上来，褚玉璞竟大发雷霆，责问为何鱼不去鳞。鲥鱼是油鳞鱼，制作时要保持鱼鳞完整，否则会影响鲜味和破坏营养。说穿了怕他无法下台，不说要大祸临头，侯金钊灵机一动，说道："回禀督办，乾隆皇帝下江南，途经徐州时，吃过这种鱼，他说是不去鳞味道更好，因此徐州厨师做鲥鱼至今不敢去鳞。"褚玉璞听罢，转怒为喜，说："原来这道菜是受过皇封的，我错怪了你们。"品尝之际还赞不绝口。由此可见民国初年军阀留恋帝制的可笑心理。

## 兴盛园菜馆

民国时期，徐州兴盛园菜馆坐落在徐州南关下街中段路东（今解放路中段苏园巷头），有门面三间，两进小院，瓦房十多间，客堂陈列优雅古朴。徐州书法家苗聚五曾为兴盛园书写楹联："周八士闻香下马，汉三杰知味停车"；画家李兰曾画巨幅《风雨归棹图》及彭祖像装饰厅堂。老板李兴仁继承翟世清技艺，加上善于经营，因此生意兴隆。兴盛园经常承办婚丧筵席和各行业会议及团体筵席，上至高级筵席，下至普通便饭，一应俱全。品种上，烤烧扒熘爆及四季时鲜各具特色。李兴仁有一手绝活就是制作"古彭四珍"。李兴仁去世后，梁立业接管兴盛园。在兴盛园最突出的就是李兴诗，他是李兴仁的胞弟，颇有文化。民国时期军阀张宗昌来徐，住吴氏学堂（现址解放路小学），举行军事会议，兴盛园为会议承办五桌鱼翅全席，由李兴诗配制，颇得张宗昌称赞，当即聘为随军厨师，随张去天津。张宗昌失败后，李兴诗返回徐州，被宴霖园聘为主管厨师。

## 庆合园饭庄

徐州宴春园菜馆于 1938 年 5 月在日本人进徐州时被炸毁，原宴春园经理胡庆昌于当年农历八月，在道平路中段路南新开"庆合园饭庄"，全班人马都是宴春园的老人，其规模有两进院、瓦房二十四间，有腰楼，以承办红白筵席为主，兼门市营业。承办的筵席，多者千余桌，少者一二百桌，一般都是公馆衙门的高档酒席。徐州的知名人士、大地主、资本家办理的红白筵席，多数由庆合园来办，十余年生意兴隆，至 1951 年关闭。

## 释菜馆慈航园

元末明初，位于交通枢纽的徐州出现了空前的繁荣，佛教兴盛，寺庙众多。那时徐州有一家由寺院僧人开办的素菜馆，名字叫作"慈航园"，取佛教教义中"普度众生"之意，主管厨师是僧人慧远。慈航园的释家菜纯以素取料，做法考究，形成了与官邸风味、民间风味迥然不同的释家风味菜。"慈航园"的"大花""菊花宴""素八珍"等多种筵席知名于世，流传不已。"天花宴"，取意于六朝高僧于金陵说法"天花乱坠"的佛门佳话。先上一个大型冷拼盘居中，象征无上尊者如来；周围再上十个冷盘，象征十大护法金刚；接着陆续上六个大件、四小碗、四个坐菜，最后上的是"一品锅"，又名"一品慈航"，总计为二十六道菜，随一品锅上的饭食叫作"罗汉饭"。菜肴的数目都是以佛教的典故而来。"菊花宴"，为元代禅宗高僧创制。先上八个冷盘；次上八个大件：金钵红莲、落霞飞鹜、孔雀开屏、蜜饯菩提、糖醋金针、爆檀香球等；最后上八个小碗，共二十四道菜。其中每一组菜都是八道，总结出人生的八个方面"苦、乐、成、败、称、讥、荣、辱"。菊花宴的最后一道菜是菊花火锅，上席带炉，又称菊花炉。"素八珍"则是主管厨师慧远和尚在研究和继承宋代的蔬食养生经验后，加以改进创制的。有炒碎豆腐、冬瓜燕菜、糖醋响铃、香元四宝、炸万年青、口蘑锅巴、烹瓢椒子、酸辣莪豆。

## 食疗饭庄

明代，徐州有纪念食疗创始者易牙的"易牙阁饭庄"。易牙阁有四种风味迥异而且有治疗疾病作用的食疗菜流传于后世。这四种菜即养心鸭子、四谛丸子、杏仁豆腐和三正鸡。相传秦朝时，徐州有一名侍女，名叫黄花，善烹饪，父兄均被征修秦始皇陵，先后死去。一次，秦始皇巡视，途经徐州时心疾发作，黄花女向始皇敬献"养心鸭子"，始皇大喜。原来，黄花女的本意是在鸭肚内藏金针一枚，准备上菜之际，刺死秦始皇，以报家仇。不料，事败身死，卒于荒郊。次年黄花的墓上长出了一种金黄如针的野菜，为纪念黄花，取名黄花菜。相传养心鸭子的做法就是在一只肥鸭肚内填装黄花菜、百合等，文火炖至酥烂而成。"四谛丸子"来源于佛经梵语，四谛指的是生、老、病、死，人生无常，应以苦为主的意思。古时邹县有位富豪，忧虑不能长寿，久之成疾。一个化缘的老和尚演说佛法，居然打动富翁；又做了一道叫作"四谛丸子"的菜，富翁服后，积疾豁然皆去。四谛丸子的做法相传是取面筋泡，内加茯苓粉等物，外挂蛋清糊，过油蜜饯而成。

## 宴霖园

民国年间，在原大公巷袁家花园，有一座宴霖园菜馆，老板是李会霖，聘请胡庆昌为主管厨师，陈志云负责接待。陈志云出身贫苦，自幼在兴廉园菜馆学习做招待，由于刻苦好学，很快就通晓了烹饪行业的各种知识，还自学文化。由于善于揣度各种顾客的心理和要求，解决问题圆滑迅速，在同行中赢得了"陈保险"的诨名。

有一次，菜馆里来了六个地痞，为首的是包揽词讼、私贩毒品的青帮闻人赵之亭。入座后，陈志云上前招呼、报菜，不料对方摆出一副有意刁难的架势，无中生有，菜要"东西菜"，汤要"南北汤"。声言如果做不出，就得奉送他们一桌酒席。菜馆上下，人人面面相觑，又气又急。哪知陈志云不慌不忙来到厨房报菜，要一个苔菜炒冬笋、一个火腿冬菇汤。汤、菜上桌后，众痞棍要起哄，陈志云缓缓地说道："诸位且坐下。这汤和菜是以五行取义定名，东方甲乙木为青色，西方庚辛金为白色，南方丙丁火为红色，北方壬癸水为黑色。苔菜炒冬笋，一青一白为'东西菜'；火腿冬菇汤，一红一黑为'南北汤'。这乃是彭祖传留下来的，除了小店，你走遍全中国也没处去吃！"一席话说得赵之亭哑口无言，只好付账溜之大吉。

### 两来风酒楼

1942 年 5 月，山东人刘广宗在文学巷开菜馆，兼营馄饨。有名人书一对联"客从两面来，顾主风踊至"，取其"两来风"而得店名。1952 年 10 月，因经营不好，刘广宗把店交给劳方自救。由劳方韩广诚任经理，改名"新新两来风菜馆"，主营

两来风酒楼 （1947年月设）

炒菜、馄饨、面条等。1956 年公私合营，该店与富春火烧铺、魏记小吃店合并为"文学饭店"。该店于 1985 年由平房扩建为三层楼房，店名也恢复原来老字号"两来风酒楼"，当时徐州市人大常委会副主任常玉亮同志题写了匾额。

店内有高级餐厅五个，可同时接待五百余人就餐。1986 年 10 月，江苏省副省长王冰石等来店就餐，并题写了"四方宾客至，两面春风来"的佳句。

主要菜点有：冰糖肘子、虎皮肉、烧凤翅、鳝鱼辣汤、插酥烧饼、油酥火烧等。鳝鱼辣汤于 1983 年曾获得江苏省名点小吃称号。

### 三珍斋菜馆

1929 年，安徽怀宁县的程裕昌和弟弟程恒昌跟着父亲到徐州谋生，在大同街干起馄饨挑。1932 年在大同街东头阳春池对面租一间房住，在巷口开设馄饨摊，不久迁到顺河街，在火车站附近摆起馄饨摊。1932

年在益智社东隔壁开设馄饨店，取名"复兴馄饨馆"。1936年租用无锡人庞南华在大同街西头的三珍斋店址，沿用"三珍斋"字号开三珍斋馄饨店。1938年，徐州沦陷，生意惨淡，被迫停业。1939年在大巷口恢复营业，除馄饨外，还经营面条、油酥火烧。1945年下半年，抗战结束后，在大巷口北头四开馄饨馆，主营馄饨、面条、烧饼，又增添了小笼蒸饺。徐州解放后，随着市场的逐步繁荣，程裕昌为扩大经营，于1949年5月搬出原破旧房子，迁至大同街34号营业，又增添了炒菜，店名改为"三珍斋菜馆"。1956年1月19日，三珍斋菜馆参加公私合营，程裕昌同年5月调到饮食公司任业务科副科长。1985年在菜馆二楼增设四川餐厅。

经营菜点近百种，名菜点有：鸳鸯海参、鱼香肉丝、宫保鸡丁、麻辣牛肉、豆瓣鱼、干烧对虾、千层油糕、双麻酥、馄饨蒸饺等。

### 凌云楼羊肉馆

1948年4月，山东滕县人王纯之在太平街31号开设羊肉菜馆，主营羊肉汤、油饼，兼营炒菜。当时政府有一位姓凌的官员入股，借徐州云龙山的"云"，店面是二层楼，各取一字，定名为"凌云楼"，楼下为厨房。1954年4月，劳方生产自救，在中枢街153号经营"新凌云楼羊肉汤馆"。1956年公私合营，迁到大同街72号，经理是山东的朱子贵。1964年同馅饼粥店合并，1966年改名为"新华回民饭店"，

1979 年恢复原老字号"凌云楼羊肉馆"。1982 年 6 月扩建，由原来的一百九十平方米增加到三百八十平方米，可同时接待三百余人用餐。

主要名菜有：涮羊肉、烤鸭、烤羊腿、羊方藏鱼、冯天兴牛肉、干烧鱼等。名点小吃有：母鸡辣汤、羊肉锅贴饺、素煎包、葱油饼、羊肉肉合等。电影明星仲星火、秦怡，书法家尉天池、李伯忍等曾在此用餐。

### 天津菜馆

天津菜馆原名狗不理包子。1938 年，天津师傅杨六到徐州开设狗不理包子铺，不久天津人吴振奎也来徐州，在复兴路开设狗不理包子铺。名厨魏宏图十二岁在天津狗不理包子铺学艺，于 1944 年三十一岁时来徐州，先在车站合

天津菜馆 （1938 年 春九）

股开洪顺合饭店，1946 年和刘国富等人合股在金谷里娱乐场开天一坊饭庄，经营天津包子等，后魏宏图又在大同街开公义德包子铺。1980 年，徐州市饮食公司在彭城路宽段恢复了狗不理包子铺，聘请名厨魏宏图、刘国富等人执厨。

主要名菜有：冬菇卷、茄汁鱼片、冰糖肘子、蛤蟆鸡、菊花鱼等。面点主要是狗不理包子，选料讲究，皮薄汁浓、鲜美可口。

### 老广东菜馆

创始人是广东中山县的梁智明。他曾经在上海学糕点做西餐，1943年来到徐州，先后在日本驻徐领事馆、美国在徐空军部队任厨师，也在蒋纬国的装甲部队从事烹饪。1947 年在青年路模范商场内，夫妻俩开老广东菜馆，经营的叉烧肉、炒面较为有名。以后又在大同街、彭城路

经营。1978 年又迁回大
同街钟鼓楼南面经营广
东风味菜。1986 年，又
在彭城路路东改建开业，
1988 年 12 月，同鲁兴菜
馆兑换营业地址。

老广东菜馆（1947年开办

主要名菜有：烤乳
猪、烤鸭、上汤鸡、发
菜蹄筋、鲜菇鱿鱼、蚝
油牛肉等。

**聚福楼菜馆**

1947 年，河北省东
光县的刘清臣开办聚福
楼菜馆，经营面条、炒
菜、天津蒸包、烧饼等。
"文革"时改为"聚丰
楼"，1979 年恢复原店
名，1989 年改建后面积
达七百二十平方米，可
接待三百多人就餐。

经营菜点一百多种，主要名菜有：霸王别姬、拔丝楂糕、虎皮肉、
糖醋鱼等。名点有母鸡饦汤、插酥烧饼、油条等。

聚福兴菜馆

川鲁餐厅

鼓樓飯店（1975年扩建开业

269

## 1949 年 10 月饮食行业网点情况统计表（菜馆业）

| 编号 | 店名 | 地址 | 建立年份 | 创建人 | 从业人数 | 资金（万元） | 营业面积（间） | 备注 |
|---|---|---|---|---|---|---|---|---|
| 1 | 九州饭庄 | 淮海路 190 号 | 民国三十八年 | 杨昌明 | 33 | 20 | 10 | |
| 2 | 同乐园 | 兴隆巷 39 号 | 民国三十七年 | 张广平 | 11 | 20 | 14 | |
| 3 | 庆合园 | 道平路 270 号 | 民国二十七年 | 胡庆昌 | 10 | 24 | 17 | |
| 4 | 都一处 | 彭城路 318 号 | 民国三十六年 | 吕桥桐 | 7 | 12.5 | 13 | |
| 5 | 东来村 | 祠堂巷 4 号 | 民国三十八年 | 郭先溥 | 18 | 20 | 13 | |
| 6 | 永安饭店 | 大巷口 42 号 | 民国三十六年 | 柴秀荣 | 12 | 22 | 17 | |
| 7 | 一品香 | 大同街 67 号 | 民国三十四年 | 刘清标 | 10 | 22 | 14 | |
| 8 | 致美楼 | 大同街 30 号 | 民国二十二年 | 勋诗纯 | 18 | 30 | 10 | |
| 9 | 登瀛楼 | 大同街 61 号 | 民国三十八年 | 翟爱松 | 12 | 8 | 4 | |
| 10 | 大福来 | 彭城路 365 号 | 民国三十八年 | 蒋耀祖 | 6 | 3.8 | 7 | |
| 11 | 一枝香 | 统一街 33 号 | 民国三十七年 | 程茂哉 | 4 | 10.5 | 6 | |
| 12 | 树德义 | 彭城路 317 号 | 民国二十八年 | 王树森 | 5 | 3 | 5 | |
| 13 | 新明楼 | 进化二巷 90 号 | 民国三十四年 | 司七俊 | 6 | 5 | 8 | |
| 14 | 袁记 | 统一街 130 号 | 民国三十年 | 袁玉文 | 2 | 1 | 3 | |
| 15 | 东来顺 | 统一街 301 号 | 民国三十七年 | 马广银 | 6 | 2.8 | 11 | |
| 16 | 瑞和居 | 统一街 281 号 | 民国三十七年 | 李柱良 | 2 | 1.5 | 5 | |
| 17 | 庆合园 | 统一街 225 号 | 民国二十八年 | 李学德 | 2 | 8 | 8 | |
| 18 | 任记 | 统一街 213 号 | 民国三十八年 | 任运礼 | 2 | 2 | 4 | |
| 19 | 恩复兴 | 大马路 256 号 | 民国三十四年 | 白柱清 | 2 | 3 | 7 | |
| 20 | 记乐园 | 大马路 211 号 | 民国三十二年 | 张继春 | 2 | 7 | 4 | |
| 21 | 龙泉阁 | 三民街 92 号 | 民国七年 | 汪仁俊 | 7 | 4 | 8 | |
| 22 | 忠义楼 | 复兴路 370 号 | 民国三十七年 | 杨筱清 | 3 | 1.6 | 3 | |
| 23 | 颐和园 | 大马路 9 号 | 民国三十八年 | 秘玉衡 | 3 | 30 | 7 | |
| 24 | 皖北饭馆 | 淮海路 19 号 | 民国三十八年 | 陈子和 | 7 | 3 | 10 | |
| 25 | 四海青 | 复兴路 39 号 | 民国三十八年 | 张建标 | 3 | 5 | 4 | |
| 26 | 翠玉轩 | 三民街 134 号 | 民国二十一年 | 周振元 | 4 | 4.8 | 8 | |
| 27 | 迎阳楼 | 复兴路 299 号 | 民国三十六年 | 李筱亭 | 5 | 5 | 5 | |
| 28 | 王记 | 建国路 165 号 | 民国三十二年 | 王洪珍 | 3 | 2.5 | 2 | |
| 29 | 天香楼 | 三民街 64 号 | 民国三十年 | 李玉田 | 10 | 10.5 | 9 | |

| 编号 | 店名 | 地址 | 建立年份 | 创建人 | 从业人数 | 资金（万元） | 营业面积（间） | 备注 |
|---|---|---|---|---|---|---|---|---|
| 30 | 同一村 | 治平路129号 | 民国三十七年 | 杨同道 | 1 | 1.5 | 2 | |
| 31 | 宴宾园 | 大马路212号 | 民国三十二年 | 李鸿宾 | 2 | 5 | 4 | |
| 32 | 大中华小吃部 | 大同街41号 | 民国三十八年 | 姚昌云 | 1 | 8 | 1 | |
| 33 | 冯天兴 | 公园西巷38号 | 民国三十七年 | 冯庆山 | 5 | 8 | 6 | |
| 34 | 天一坊 | 金谷里29号 | 民国三十三年 | 李登岳 | 3 | 3 | 6 | |
| 35 | 盛和园 | 广在东巷18号 | 民国三十八年 | 王允盛 | 3 | 3 | 5 | |
| 36 | 如意村 | 文亭街99号 | 民国二十七年 | 王德志 | 4 | 4 | 5 | |
| 37 | 四和春 | 彭城路56号 | 民国三十八年 | 张开祥 | 1 | 4 | 3 | |
| 38 | 海北春 | 大同街124号 | 民国三十七年 | 刘承清 | 2 | 1 | 1 | |
| 39 | 树德义 | 王大路1号 | 民国三十五年 | 王树芝 | 6 | 2.5 | 6 | |
| 40 | 德兴斋 | 大马路376号 | 民国三十七年 | 刘海庭 | 1 | 1.25 | 5 | |
| 41 | 天和涌 | 大马路1号 | 民国三十五年 | 张成凤 | 2 | 1 | 2 | |
| 42 | 德盛园 | 二马路33号 | 民国二十七年 | 季昌秀 | 3 | 1 | 2 | |
| 43 | 人人菜社 | 淮海路47号 | 民国三十八年 | 蒋长柱 | 2 | 1.5 | 1 | |
| 44 | 刘记馄饨馆 | 文学巷41号 | 民国三十七年 | 刘广宗 | 1 | 1.1 | 3 | |
| 45 | 陈云记 | 马市街4号 | 民国三十四年 | 陈先云 | 2 | 1.8 | 3 | |
| 46 | 同义春 | 建国路195—1号 | 民国三十八年 | 权茂勤 | 3 | 3 | 2 | |
| 47 | 玉龙春 | 复兴路320号 | 民国三十四年 | 李玉生 | 2 | 3 | 3 | |
| 48 | 俊美春 | 三马路16号 | 民国三十七年 | 孟凡春 | 2 | 1 | 2 | |
| 49 | 同心馆 | 津浦西马路125号 | 民国三十六年 | 范九凤 | 2 | 1 | 4 | |
| 50 | 东升园 | 徐铜路30号 | 民国三十七年 | 陈启生 | 4 | 1 | 4 | |
| 51 | 李记 | 建国路327号 | 民国二十七年 | 李彦平 | 1 | 1 | 2 | |
| 52 | 永盛园 | 烈士巷3号 | 民国三十三年 | 张奎盛 | 2 | 1 | 3 | |
| 53 | 好友小吃部 | 余窑15号 | 民国三十八年 | 祖立纯 | 1 | 2 | 2 | |
| 54 | 义隆园 | 土城街3号 | 民国十三年 | 陈忠鼎 | 2 | 2.5 | 5 | |
| 55 | 廷记 | 千里巷1号 | 民国三十八年 | 臧学兰 | 2 | 1.5 | 2 | |
| 56 | 庆乐天 | 统一街62号 | 民国三十一年 | 段福庆 | 2 | 1.8 | 3 | |
| 57 | 茂三园 | 丰财街10号 | 民国三十八年 | 闫魁福 | 3 | 5 | 2 | |
| 58 | 广长馆 | 丰储南街47号 | 民国三十七年 | 张泰鸿 | 1 | 1 | 3 | |

附表2

## 1956 年合营菜馆一览表

| 店名 | 店主 | 地　　址 | 从业人数 | 资金（元） | 公私方代表 | 备注 |
|---|---|---|---|---|---|---|
| 云赞居 | 张富春 | 淮海东路1号 | 9 | 1650 | 私方:张富春<br>公方:卜兆山 | |
| 胜利 | 周庆义 | 淮海东路4号 | 11 | 1385 | 私方:周庆义<br>公方:裴继洪 | 1936 年并入同芳园 |
| 升意隆 | 娄开明 | 公园西巷2号 | 5 | 858 | | 同年并入惠乐村 |
| 祥记 | 赵松友 | 公园西巷3号 | 4 | 231 | | 同年并入惠乐村 |
| 惠乐村 | 郑连黄 | 公园西巷45号 | 6 | 120 | 私方:郑连黄<br>公方:常开志 | |
| 三珍斋 | 程裕昌 | 大同街34号 | 14 | 717 | 私方:程裕昌<br>公方:韩德春 | |
| 聚福楼 | 刘清臣 | 淮海路294号 | 8 | 166 | 私方:刘清臣<br>公方:徐传锦 | |
| 天盛园 | 刘国富 | 大同街1号 | 3 | 186 | 私方:刘国富<br>公方:孙振奎 | |
| 同芳园 | 胡继同 | 淮海路6号 | 8 | 713 | 私方:胡继同<br>公方:张传伟 | 1961 年并入常福兴 |
| 树德义 | 王树芝 | 王大路1号 | 5 | 66 | 私方:王树芝 | |
| 三义居 | 孙德太 | 复兴路100号 | 6 | 389 | 私方:孙德太<br>公方:裴继洪 | |
| 增兴德 | 慈玉林 | 复兴路251号 | 4 | 445 | 私方:慈玉林<br>公方:鹿士龙 | |
| 常福兴 | 马顺成 | 大马路2号 | 6 | 143 | | |
| 德兴斋 | 刘汉章 | 大马路376号 | 7 | 275 | 私方:刘汉章 | |
| 美味斋 | 权启增 | 大马路38—1号 | 6 | 136 | 私方:权启增<br>公方:枕正业 | 同年并入云赞居 |
| 鲁兴 | 王发太 | 大同街4号 | 9 | 600 | 私方:王发太<br>公方:周云来 | |

| 店名 | 店主 | 地 址 | 从业人数 | 资金（元） | 公私方代表 | 备注 |
|---|---|---|---|---|---|---|
| 老广东 | 梁启明 | 大同街 109 号 | 4 | 643 | 私方:梁启明<br>公方:夏德芳 | |
| 凌云楼 | 钱振乔 | 中枢街 153 号 | 7 | 200 | 私方:钱振乔<br>公方:朱子贵 | |
| 两凤来 | | 方学巷 41 号 | 10 | 127 | 工人自救 | 1960 年交徐州旅社 |

附表3

## 1958 年饮服公司下辖软食网点表

| 店　名 | 地　址 | 企业性质 | 备　注 |
|---|---|---|---|
| 1. 两来风菜馆 | 淮海东路 | | |
| 2. 豆府作坊 | | 国营 | |
| 3. 徐州饭店 | 复兴北路 | 国营 | |
| 4. 同芳园菜馆 | 淮海路6号 | 国营 | 1960年交徐州旅社 |
| 5. 常福兴菜馆 | 大马路2号 | 合营 | |
| 6. 德兴斋菜馆 | 大马路376号 | 合营 | |
| 7. 增兴德菜馆 | 复兴路251号 | 合营 | 1961年并入常福兴 |
| 8. 三义居菜馆 | 复兴路100号 | 合营 | |
| 9. 树德义菜馆 | 王大路1号 | 合营 | 1959年开复兴路拆除 |
| 10. 聚福楼菜馆 | 淮海路294号 | 合营 | 1959年开复兴路拆除 |
| 11. 惠乐村菜馆 | 公园西巷45号 | 合营 | 1959年开复兴路拆除 |
| 12. 鲁兴菜馆 | 大同街4号 | 合营 | 1959年开复兴路拆除 |
| 13. 老广东菜馆 | 大同街103号 | 合营 | |
| 14. 凌云楼菜馆 | 中枢街153号 | 合营 | 1987年改建为北京餐厅 |
| 15. 云赞居菜馆 | 淮海东路1号 | 合营 | |

以上资料摘自《徐州市饮食公司饮食史志》。

这些老店，现在大多已经消失，现徐州仅存的不多，有待于进一步挖掘研究，恢复部分老字号。

附表4

## 1988 年徐州市饮食公司名菜、名点小吃分布

| 店　名 | 地　址 | 电话号码 | 名　菜 | 名点小吃 | 风　味 |
|---|---|---|---|---|---|
| 三珍斋菜馆 | 大同街 70 号 | 32168 | 鱼香肉丝、宫保鸡丁、鸳鸯海参、麻辣牛肉、豆瓣角、干烧对虾 | 鸡丝馄饨、原笼蒸饺 | 四川风味、徐海风味 |
| 凌云楼菜馆 | 大同街 118 号 | 24926 | 烤鸭、涮羊肉、羊方藏鱼、冯天兴牛肉、盐爆鱿鱼 | 母鸡辣汤、羊肉锅贴饺、素煎包、油酥饼 | 清真、北京风味 |
| 聚福楼菜馆 | 淮海东路 118 号 | 33257 | 霸王别姬、拔丝楂糕、虎皮肉、糖醋鱼 | 母鸡佗汤、天津包子、捅酥烧饼、油条 | 徐海风味 |
| 老广东菜馆 | 彭城路 63 号 | 24171 | 烤乳猪、上汤鸡、发菜蹄筋、蚝油牛肉 | 蚝油拌面、广东炒饭 | 广东风味 |
| 天津菜馆 | 彭城路 126 号 | 32118 | 冬菇卷鱼片、冰糖肘子、蛤蟆鸡、菊花鱼 | 天津狗不理包子、小米稀饭 | 天津风味 |
| 北京餐厅 | 解放路 22 号 | 32725 | 北京烤鸭、葱烧海参、抓炒鸡丝、滑蛋虾仁 | 锅贴饺、馅饼、辣汤 | 北京风味 |
| 富春包子铺 | 大同街 60 号 | | | 三丁包子、豆沙包子、生肉包子、菜肉包子 | 扬州风味 |
| 车站饭店 | 复兴南路 23 号 | 24671 | | 辣汤、蒸包、煎包 | |
| 常福兴菜馆 | 津浦西路 73 号 | 22179 | 三鲜炒面、扒鸡条、炸鸡 | 羊肉拉面、油饼、水饺 | 清真风味 |
| 江南春菜馆 | 复兴北路 1 号 | 24900 | 香酥鸭子、松鼠鳜鱼 | 辣汤、煎包 | 清真风味 |
| 红星饭店 | 坝子街 27 号 | 26967 | | 甜、咸麻花 | 苏州风味 |

| 店名 | 地址 | 电话号码 | 名菜 | 名点小吃 | 风味 |
|------|------|----------|------|----------|------|
| 鲁兴菜馆 | 大同街19号 | 23815 | 葱烧海参、清炒虾仁、奶汤鱼肚、九转大肠 | 母鸡饦汤、什锦素煎包 | 山东风味 |
| 鼓楼馆店 | 中山北路63号 | 33109 | 拨丝楂糕、糖醋鲷鱼、烧甲鱼、炸八块 | 猪肉水饺、蒸包 | 徐海风味 |
| 迎宾菜馆 | 淮海东路18号 | 27600 | 将军过桥、翡翠蹄筋、蜜汁山药、醋椒鳜鱼、芙蓉海底松 | 各色年糕、小笼蒸包、捅酥烧饼 | 淮扬风味、上海糕点 |
| 淮海鱼馆 | 淮海东路61号 | 23500 | 清蒸鲫鱼、龙门鱼、红烧鱼、双色虾仁 | 蟹黄蒸包、椒盐花卷 | |
| 西来风酒楼 | 文学巷2号 | 23041 | 虎皮肉、冰糖肘子、烧凤翅、爆炒鳄鱼卷 | 鳝鱼辣汤、干饭把子肉、油酥火烧 | 徐海风味 |
| 素味香菜馆 | 中枢街4号 | 29248 | 素板鸭、素白油鸡、素长鱼、姜汁口蘑、罗汉全斋、炸响铃 | 什锦素煎包、母鸡饦汤、捅酥咸甜烧饼 | 素菜 |
| 同园面食馆 | 大同街99号 | 27425 | 麻辣仔鸡、东安鸡、冰糖湘莲、酸辣海参、红煨鱼翅 | 炸酱面、茄汁面、糖酥面、芙蓉面 | 晋阳风味面食 |
| 湖南餐厅 | 苏堤北路1号 | 26145 | | 葱油饼、辣汤、糖糕、蒸包 | 湖南风味 |

# 参考文献

［1］赵明奇，韩秋红．论彭祖文化的形成、发展与历史地位［J］．扬州大学烹饪学报，2008（1）：22－25.

［2］董原．尚书·礼记［M］．西安：三秦出版社，2012.6.

［3］李振华译注．楚辞［M］．呼和浩特：内蒙古人民出版社，2012.12.

［4］朱浩熙．彭祖［M］．北京：作家出版社，2006.10.

［5］（唐）孔颖达．《礼记注疏》卷十五．1892.

［6］钱峰．胡德荣饮食文化古今谈［M］．徐州：中国矿业大学出版社，1998.10.

［7］杨伯峻．论语译注［M］．北京：中华书局，2006.12.

［8］王健．徐州简史［M］．北京：商务印书馆，2015.8.

# 后　记

2017 年 10 月，徐州政协文史委委托本人编写一本《徐州饮食》。后酝酿提纲和内容一月有余，虽然对地方饮食文化零星研究多年，但仍战战兢兢，恐怕内容不尽如人意。

饮食是人类生存的物质基础，饮食活动创造了一个色彩斑斓的文化世界，饮食文化在人类的整个文化中占有不可替代的独特地位，更是中国传统文化中最具有特色的现象之一。从火的发明到应用，人类从生食变为熟食，实现了饮食质的飞跃；盐的发明和使用，使饮食从本味到调味快速演变。饮食已经不仅是满足人们的生理需要，而且也在一定程度上满足了人们的精神层面的需求。徐州悠久的历史孕育并创造了饮食文明，在历史的长河中，勤劳的徐州人民逐步创立了浓厚的地方饮食文化，在中国饮食文化的发展史上，占有举足轻重的地位。在历史发展的长河中，创造了灿烂的饮食文化，并且经过历代的发展，流传至今。

徐州是个依山傍水的城市，其得天独厚的自然地理环境和气候，为徐州饮食文化的发展奠定了丰厚的物质基础；徐州是个人杰地灵的城市，历代名人辈出，推动了徐州饮食文化的发展和创新；徐州是个交通枢纽城市，南北交流，文化融合，丰富了徐州饮食文化的内容，促进了徐州饮食文化的发展；徐州人民是勤劳勇敢的人民，在对生活美好的追求中，创造和延续了徐州饮食文化的特色。

本书简要介绍了徐州饮食的发展历史以及重要历史时期的彭祖饮食文化和两汉饮食文化，也阐述了具有浓厚地方特色的伏羊文化和酒文化，对徐州的饮食特色也做了较为详细的介绍，穿插了部分的徐州物产和饮食习俗，搜集整理了部分的老字号和名人与徐州饮食的故事，力争该书既有学术性，也有趣味性，便于读者初步了解徐州饮食文化的内涵，增强徐州饮食文化的诱惑力。

本书在编写的过程中，得到了徐州政协文史委领导的重视和指导，也得到了徐州同行们的大力支持和帮助，为本人提供了大量的资料，江苏省徐州技师学院领导也多次了解情况，指导该书的编写工作。在此，向他们表示衷心的感谢。由于本人才疏学浅，特别是对一些地方饮食史料研究还不够细致，不到之处在所难免，尤其是一些学术观点，仅代表个人思想和观点。同时由于徐州饮食文化内容丰富多彩，面广量大，不能一一列入。因此，不到之处，请读者谅解。

2018 年 11 月 1 日

**图书在版编目（CIP）数据**

徐州饮食／钱峰著. — 北京：中国文史出版社，
2019.2

（徐州历史文化丛书）

ISBN 978 - 7 - 5205 - 0879 - 7

Ⅰ．①徐… Ⅱ．①钱… Ⅲ．①饮食 - 文化 - 徐州

Ⅳ．①TS971.202.533

中国版本图书馆 CIP 数据核字（2018）第 270400 号

责任编辑：牟国煜　薛未未

出版发行：**中国文史出版社**

社　　址：北京市海淀区西八里庄 69 号院　邮编：100142

电　　话：010 - 81136606　81136602　81136603（发行部）

传　　真：010 - 81136655

印　　装：廊坊市海涛印刷有限公司

经　　销：全国新华书店

开　　本：720×1020　1/16

印　　张：18.25　　字数：191 千字

版　　次：2019 年 2 月第 1 版

印　　次：2019 年 2 月第 1 次印刷

定　　价：88.00 元